21 世纪机电类专业规划教材

i5 智能加工中心加工工艺与编程

主　编　成建峰　赵　猛

副主编　黄云鹰　王震霞　顾贤杰

参　编　姜海朋　邢焕武　李婷婷　林子皓　张禄军　顾　巍

张　强　卞凯凯　曾　鹏　李怀亮　刘玲丹　王　晶

蔡世友　邵　蕾　雷　娟　龙柚励　白　欧　尤　磊

主　审　朱志浩　纪晓雷　陈　灿

机　械　工　业　出　版　社

i5 智能系统是由沈阳机床股份有限公司自主研发的、具有自主知识产权的智能化数控系统。该系统具有很多智能化功能，例如图形引导、三维仿真、工艺支持、特征编程、图形诊断等，目前已经有很多职业院校和技工学校的数控专业在实训课程中引入了该系统。本教材根据 i5 智能系统的特点，参照数控专业的教学要求进行编写。本教材主要内容包括：立式加工中心基础知识、加工中心加工工艺、i5 智能加工中心编程指令、固定循环编程、宏程序、计算机辅助编程、WIS（车间信息系统）。扫描书中二维码，可登录 i5 在线文库网站（http：//doc. i5cnc. com）观看模拟仿真加工视频。同时本教材配有教学视频、电子课件、教学大纲、实验指导书等供读者下载学习。

本教材适合职业院校和技工学校数控专业师生使用，同时可供读者自学使用。

图书在版编目（CIP）数据

i5 智能加工中心加工工艺与编程/成建峰，赵猛主编 . —北京：机械工业出版社，2018. 4（2020.1重印）

21 世纪机电类专业规划教材

ISBN 978-7-111-59479-6

Ⅰ. ①i… Ⅱ. ①成… ②赵… Ⅲ. ①数控机床加工中心－程序设计－高等职业教育－教材 Ⅳ. ①TG659

中国版本图书馆 CIP 数据核字（2018）第 056671 号

机械工业出版社（北京市百万庄大街 22 号 邮政编码 100037）

策划编辑：宋亚东 责任编辑：宋亚东 张雁茹

责任校对：王 延 封面设计：马精明

责任印制：郜 敏

北京中兴印刷有限公司印刷

2020 年 1 月第 1 版第 2 次印刷

184mm ×260mm · 14 印张 · 360 千字

3 001—4 000册

标准书号：ISBN 978-7-111-59479-6

定价：39. 80 元

前言

i5 智能系统是沈阳机床股份有限公司完全自主研发的智能化数控系统。“i5”由五个英文单词“industry”“information”“internet”“intelligence”和“integration”缩写而成，其自身集合了“工业化”“信息化”“网络化”“智能化”和“集成化”的基因，是国家智能制造领域的标志性示范项目。i5 智能系统具有改变工业模式和制造方式的潜力，它深度贴合着以信息技术与制造业加速融合为主要特征的智能制造行业方向，符合“中国制造 2025”的国家发展战略。同时，i5 智能系统的技术创新历程也充分映射了中国产业升级“创新、协调、绿色、开放、共享”的理念。

本教材是基于 i5 智能系统，以用户需求为导向，以提高从业人员专业技能为目标，以智能加工中心的操作、编程为重点内容而编写的。本教材内容全面，涉及知识点广泛，使读者能够循序渐进地学习并掌握数控铣削理论知识及相关技能。本书具有以下特色：

1. 知识体系完整。本教材作为综合性的实用教材，注重内容的先进性、实用性和系统性，由浅入深，由易渐难，使不同水平的读者能够根据自身需求系统性地学习、掌握完整的数控铣削知识。

2. 案例丰富。对于主要编程指令和功能，本教材首先通过简单案例进行剖析，边学边练，之后使用综合案例进一步提升学生能力，以保证学生能够独立学习，灵活运用。本教材结构清晰，每一章的讲解都结合着企业的实际加工案例，确保学生在学习本课程后能够直接适应企业的工作模式。

3. 配套资源丰富。本教材结合网络微课堂的形式，通过大量的机械加工、数控技术的实例教学视频，直观地介绍了实际切削的操作步骤，有助于学生高效学习，深入理解。同时本教材配有电子课件和试题答案。

本教材共分 7 章，包括立式加工中心基础知识、加工中心加工工艺、i5 智能加工中心编程指令、固定循环编程、宏程序、计算机辅助编程、WIS（车间信息系统）。

本教材具体编写分工如下：赵猛、王震霞、曾鹏编写第 1 章；成建峰、黄云鹰、刘玲丹编写第 2 章；张强、卞凯凯、邵蕾、雷娟编写第 3 章；张禄军、成建峰、顾巍、林子皓编写第 4 章；姜海朋、邢焕武、蔡世友、龙柚励编写第 5 章，李怀亮、成建峰、顾贤杰、尤磊编写第 6 章；王晶、李婷婷、白欧编写第 7 章。全书由成建峰负责统稿，朱志浩、纪晓雷、陈灿担任主审。

由于时间仓促，加之编者水平有限，书中难免有疏漏之处，如有宝贵建议请发送邮件至 training@ i5cnc. com，以便编者修订完善。

编　者

目录

如何加工一个零件

请大家思考这样一个问题，对于图 1 所示的综合加工图样，毛坯尺寸为 90mm × 90mm × 9.5mm，材料为铝合金，该如何一步一步地完成零件加工呢？

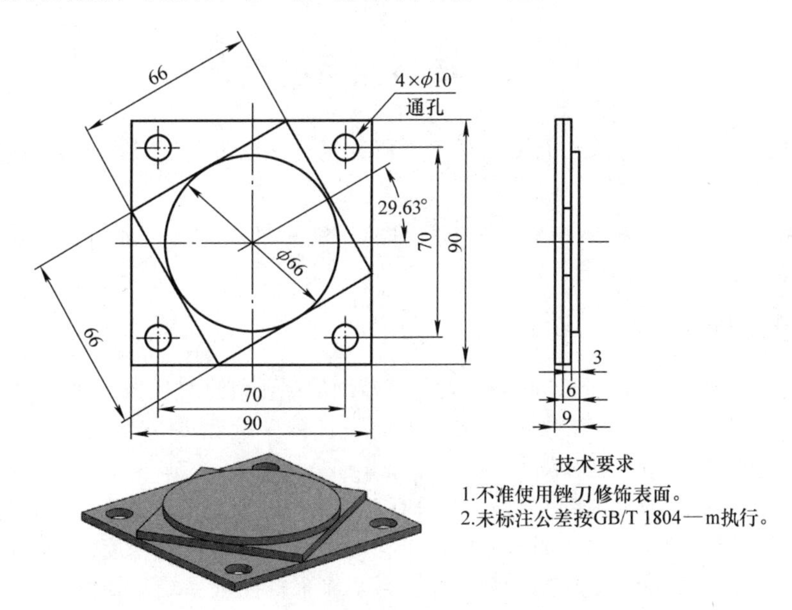

图 1　综合加工图样

这个零件的加工步骤如下：

第一步：分析图样，制订加工工艺方案。

第二步：装夹工件，完成对刀。

第三步：编写加工程序，模拟仿真，确保程序正确。

第四步：实际完成加工。

请同学们先记住上述步骤，然后来学习本书的内容，相信同学们在学习本书后，一定会对数控铣削加工产生极大的兴趣（如想下载本例的完整模型及程序，请扫描下方二维码，登录 i5 在线文库 http：//doc. i5cnc. com/下载）。

注：扫描二维码可查看综合加工图样模拟加工视频

第1章 立式加工中心基础知识

第1节　i5智能系统简介

i5智能系统是由沈阳机床股份有限公司上海研究院自主研发的、具有自主知识产权的智能化数控系统。

i5（industry，information，internet，intelligence，integration）是指工业化、信息化、网络化、智能化、集成化。

一、i5数控技术

数控即数字控制（Numerical Control），是一种借助数字化信息对机械运动及加工过程进行控制的方法。数控系统是指为实现数字控制功能而设计的一套解决方案，一般由三大部分组成——控制系统、位置测量系统和伺服系统。

控制系统是数控机床的“大脑”，是一个具有计算能力的控制器件或者一台计算机，负责向伺服系统发送运动控制指令。位置测量系统负责检测机械的运动位置精度，并将信息反馈到控制系统和伺服系统，达到精确控制的目的。伺服系统将来自控制系统的控制指令和测量系统的反馈信息进行比较和调节后，通过控制电流驱动伺服电动机，再由伺服电动机驱动机床部件运动，所以伺服是将电能转化为机械运动的过程。控制系统和伺服系统之间由总线连接，总线负责传递信息数据，是整个系统的“神经网络”。i5智能系统的结构如图1-1所示。

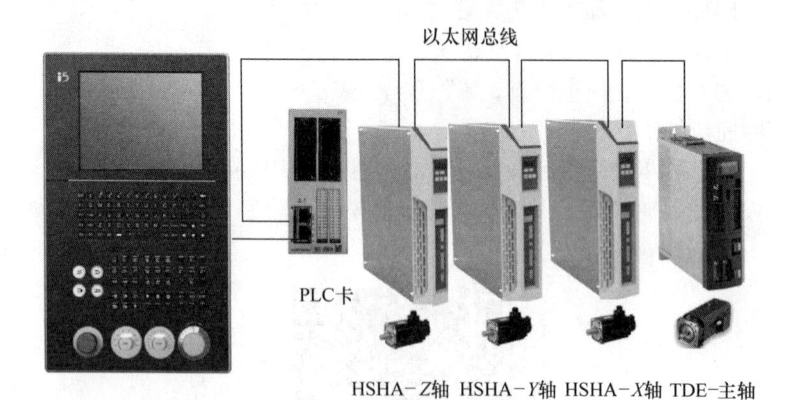

图1-1　i5智能系统的结构

二、i5智能系统的特点

传统数控系统由于采用专用、封闭的结构，已经不能满足现代制造业智能化、信息化的发展需求，这就迫切需要开发具有开放性、通用性，性能稳定的新型数控系统，i5 智能系统就是基于这样的发展趋势开发出来的。i5 智能系统的特点如下：

1. 基于 PC 平台的数控系统

i5 智能系统是基于 PC 平台的开放式数控系统。相较于嵌入式系统的封闭性，基于 PC 平台的数控系统具有开放性（软硬件可分离、硬件通用等），方便操作者进行系统的升级、维护和二次开发。同时，基于 PC 平台的数控系统另一大优点是拥有高速、精确、海量的计算能力。

2. 智能化的数控系统

智能化是 i5 智能系统产品化的中心原则，这种智能化并不是学术角度所描述的具有感知能力、自学习、自诊断、自判断功能，这类高、精、尖的智能功能是给客户带来便利、让工作变得简单的智能化功能，主要包括图形模拟、工艺支持、刀具寿命管理和机床报修等，概括起来就是具有操作智能化、编程智能化、维修智能化和管理智能化 4 大特点。

3. 互联化的数控系统

在单台 i5 机床实现联网以后，i 平台与 iSESOL 平台也随之建立，进一步推动了 i5 系统的互联化。

（1）i 平台　i 平台可以为 i5 数控机床的用户提供信息化服务，如远程诊断、车间信息系统（WIS）和在线工厂等。在 i 平台的支持下，一旦通过网络把多台智能机床连接在一起，一个智慧工厂的雏形便出现了。有权限的管理人员可以在移动终端或计算机上，从远程通过互联网看到车间内所有机床的实时状态，甚至可以通过手持移动终端（如智能手机）安排车间的生产计划并控制机床的操作。图 1-2 所示为 WIS（车间信息系统），图 1-3 所示为 i 平台（在线工厂 Android 版）。

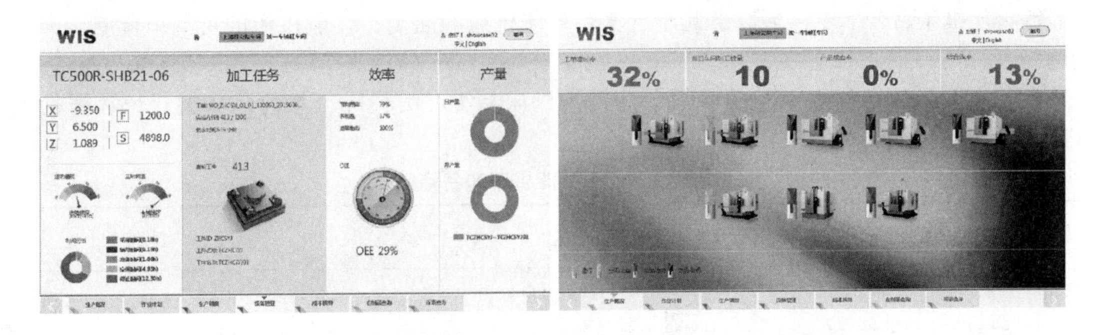

图 1-2　WIS（车间信息系统）

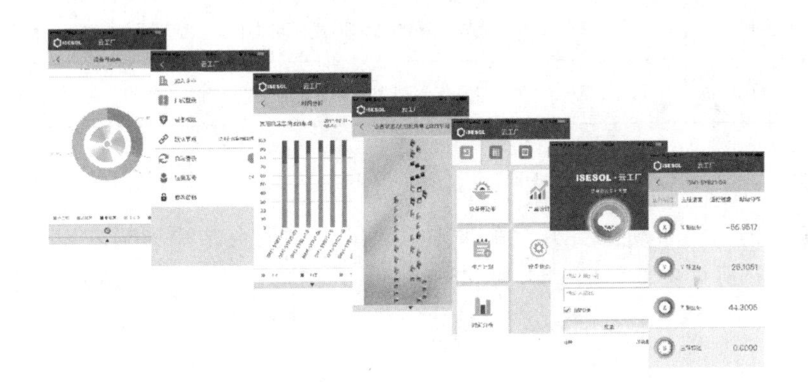

图 1-3　i 平台（在线工厂 Android 版）

（2）iSESOL平台　iSESOL即智能工业工程与在线服务平台（Smart Engineering & Services Online），主要功能包括生产能力调配与协调、制造支持、产品定制化、机床租赁、制造业人才培训和交互式智能制造等。与i平台一样，iSESOL平台也是云平台，区别在于i平台是i5产品全生命周期的一个平台，只对i5用户开放；而iSESOL平台则是一个为工业化服务的信息平台，是对所有人都开放的。i5系统的架构如图1-4所示。

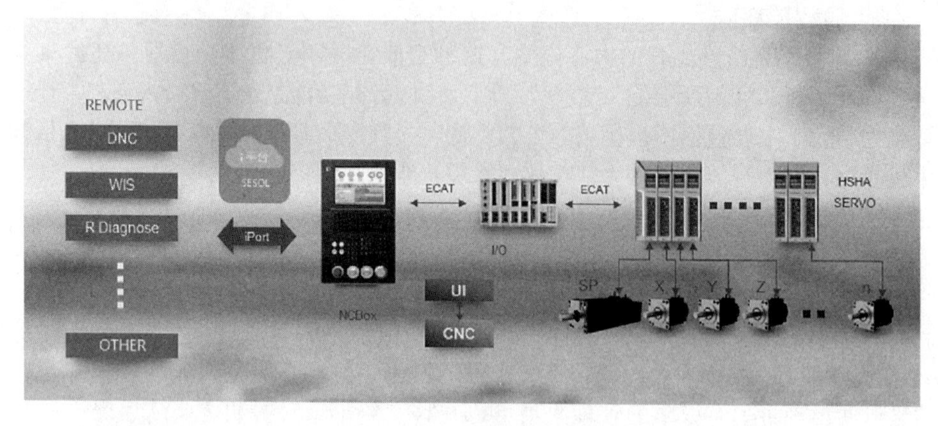

图1-4　i5系统的架构

三、i5智能机床介绍

i5智能机床命名主要包括以下几个含义：智能机床的品类；智能机床的类型；智能机床的结构平台。

i5智能机床的名称由4部分构成，分别为机床品类、类代码、系代码和型代码，详见表1-1。

表1-1　i5智能机床的名称

序号	名称	代码	说明
1	机床品类	i5	智能机床品类代码
2	类代码	T/M…	机床类别，如车床类产品、铣床类产品等
3	系代码	1，2，3…	代表机床的结构形式，与类代码一起表示某类机床的结构形式
4	型代码	1，2，3…	与系代码和类代码一起表示某产品平台的一种规格

i5智能机床命名示例如图1-5所示。

i5智能铣床的结构布局主要分为两种形式，即十字滑台结构和门式双转台5轴结构，如图1-6所示，分别对应着M1、M4和M8三个系列的加工中心。其结构布局的特点见表1-2。

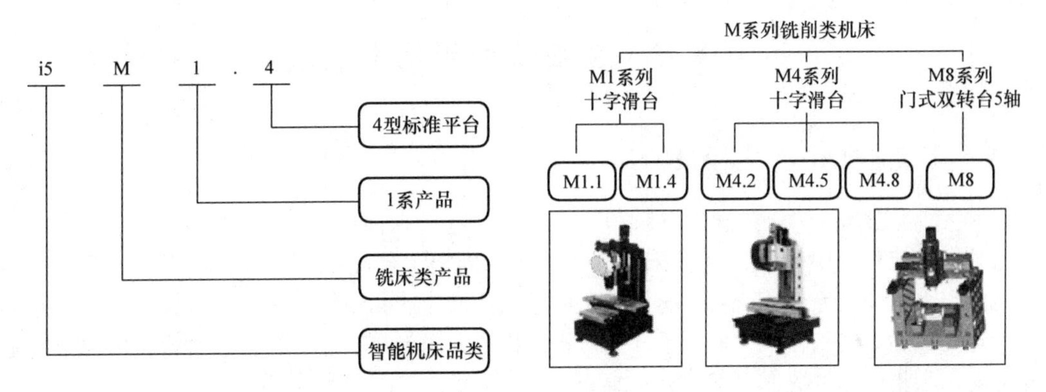

图1-5　智能机床命名示例　　　　图1-6　M系列智能铣床结构布局

表1-2　i5智能铣床产品结构布局特点

系列产品	结构布局	特点	典型机型
M1	十字滑台结构平台	高速，轻量化立柱结构和十字滑台设计，高精度，整体占地面积小	M1.1、M1.4
M4		大转矩，高速高精度的导轨丝杠，伺服电动机直连，定位精度高	M4.2、M4.5、M4.8
M8	门式双转台5轴	5轴5面，工件在一次装夹后自动连续完成多个平面的高速铣、镗、钻、铰、攻螺纹等多种加工工序	M8.4

本书主要以市场上最为常见的i5－M1.4智能加工中心为例进行介绍，其主要结构如图1-7所示。

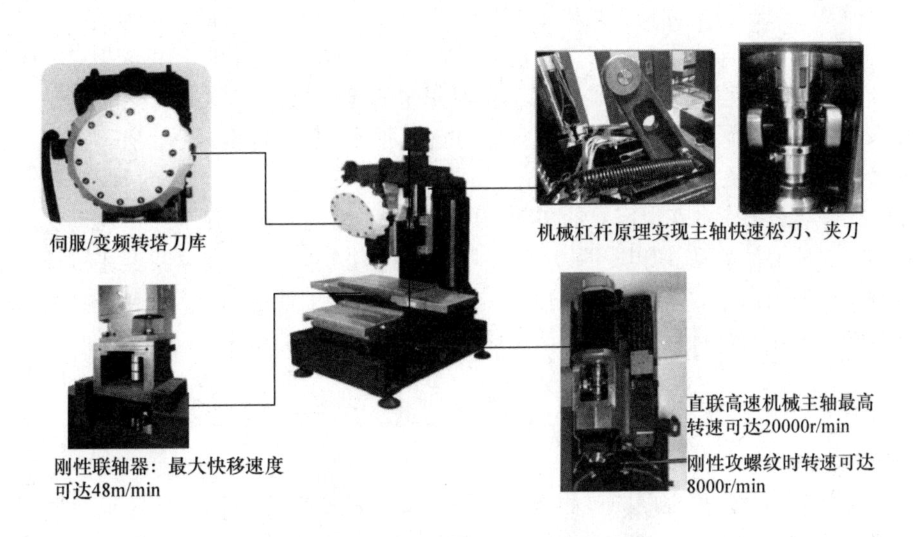

图1-7　i5－M1.4智能加工中心主要结构

第2节 i5系统编程基本知识

一、立式加工中心坐标系

1. 立式加工中心坐标系的定义

为了在数控程序中精确描述机床的运动轨迹，确定工件在机床中的位置及简化程序编制，数控机床引入了坐标系的概念。i5智能加工中心采用右手直角笛卡儿坐标系，如图1-8所示。

面对机床站立，平伸我们的右手，大拇指所指的方向就是X轴正方向，食指所指的方向是Y轴正方向，中指所指的方向是Z轴正方向。

2. 坐标系的分类

立式加工中心坐标系主要分为两类，一类叫作机床坐标系，即MCS（Machine Coordinate System），另一类叫作工件坐标系，即WCS（Workpiece Coordinate System），如图1-9所示。

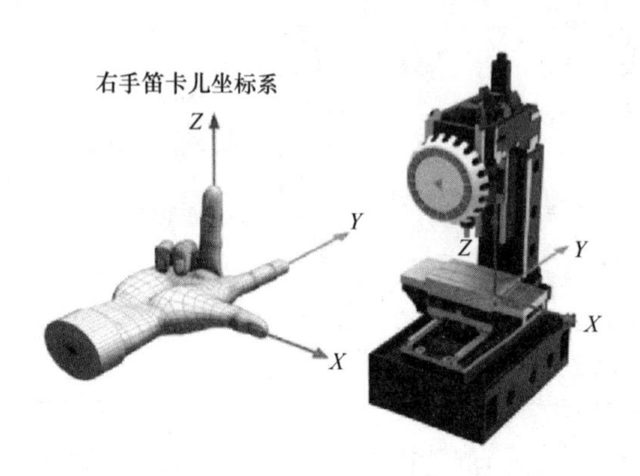

图1-8 坐标系定义

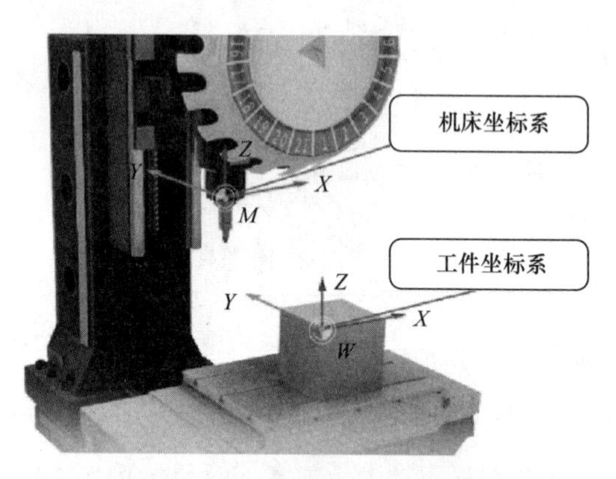

图1-9 机床坐标系和工件坐标系

机床坐标系也叫机械坐标系，是机床固有的坐标系。机床坐标系的原点即机床零点，也称为机械原点，由机床生产厂家设定。机床开机回零时，回到的那一点就叫作机床坐标系的原点。

工件坐标系也称编程坐标系，是加工工件时用来确定工件几何体上各要素的位置而人为设置的坐标系，由编程人员设定。对刀时所设定的坐标系就叫作工件坐标系。

3. 坐标轴的确定及方向判断

X方向的移动是工作台在滑座上的移动，Y方向的移动是滑座在床身上的移动，Z方向的移动是主轴箱在立柱上的移动。如图1-10所示，判断各轴正方向时，应遵循工件相对静止而刀具运动的原则，即不论机床的结构是工件静止、刀具运动还是工件运动、刀具静止，都看成是刀具相对于静止的工件运动，且规定刀具远离工件的方向为坐标轴的正方向。

二、立式加工中心编程基础

1. 数控编程概述

数控编程是指编制数控程序的过程。数控程序就是将零件的加工信息（包括加工顺序、零件轮廓轨迹尺寸、工艺参数、辅助动作等）用数控系统规定的功能代码和格式编写的加工程序单。数控编程一般分为手工编程和自动编程两种。手工编程是指从零件图样分析开始到最后的

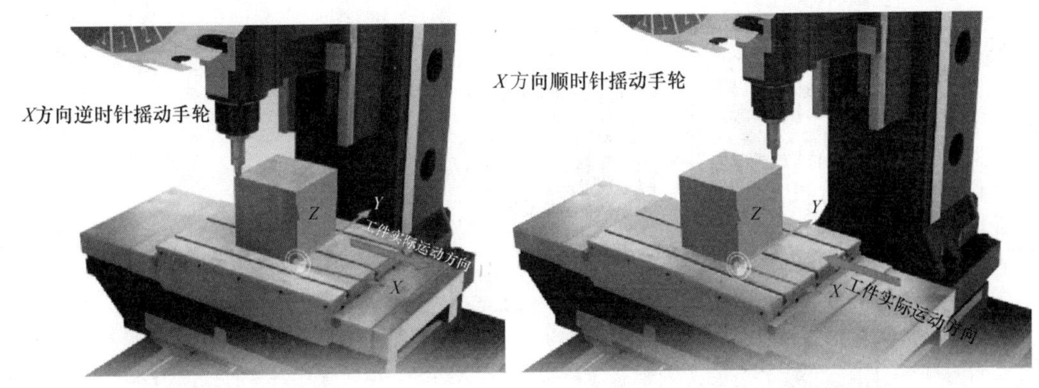

a) 逆时针摇动手轮　　b) 顺时针摇动手轮

图1-10　坐标系方向判定

加工程序编制工作全部由人工完成。自动编程则是指在计算机及相应软件的支持下自动生成加工程序。程序编写的一般步骤如图1-11所示。

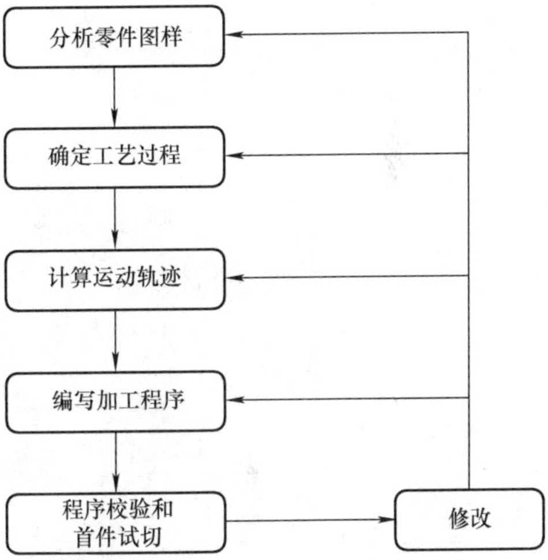

数控系统中，数控指令大致分为运动控制指令和逻辑控制指令。进行运动控制的指令有G代码（准备功能代码）和F代码（进给功能代码）；进行逻辑控制的指令有M代码（辅助功能代码）、S代码（主轴速度功能）和T代码（刀具功能）。这些数控代码组成一段完整的程序，最终实现零件的完全加工（数控指令详见附录A）。

分析零件图样
确定工艺过程
计算运动轨迹
编写加工程序
程序校验和首件试切
修改

图1-11　程序编写的一般步骤

2. 程序结构

i5智能系统的程序由程序名、程序内容和程序结束符三部分构成，如图1-12所示。

在i5智能系统中，程序的名称不会出现在程序中，是在新建程序的时候输入的。中间若干程序段构成了程序主体，是整个程序的核心部分。程序最后一段是程序结束符，它是程序结束的一个标志。

3. 程序命名规则

程序名是程序的唯一标识名，在数控系统中不允许出现同名程序。i5智能系统中程序名命名规则如下：

1）程序名可由字母、数字和下划线组成，程序名开头只能是数字或者字母，名称长度不能超过32个字符。例如：2016_cujiagong、rough_1等。

2）程序名中严格区分字母大小写。例如：2008_ ABCD和2008_abcd是两个完全不同的程序。

3）新建程序的程序名不能与系统标准循环名称相同，标准循环名称如图1-13所示。例如：CYCLE83、CYCLE84、CYCLE88等都是不规范的程序名。

4）i5系统主程序的扩展名可兼容多种格式，如txt、nc等，例如：556. txt，zzm. nc。子程序的扩展名必须是小写iso，例如：pxz. iso。

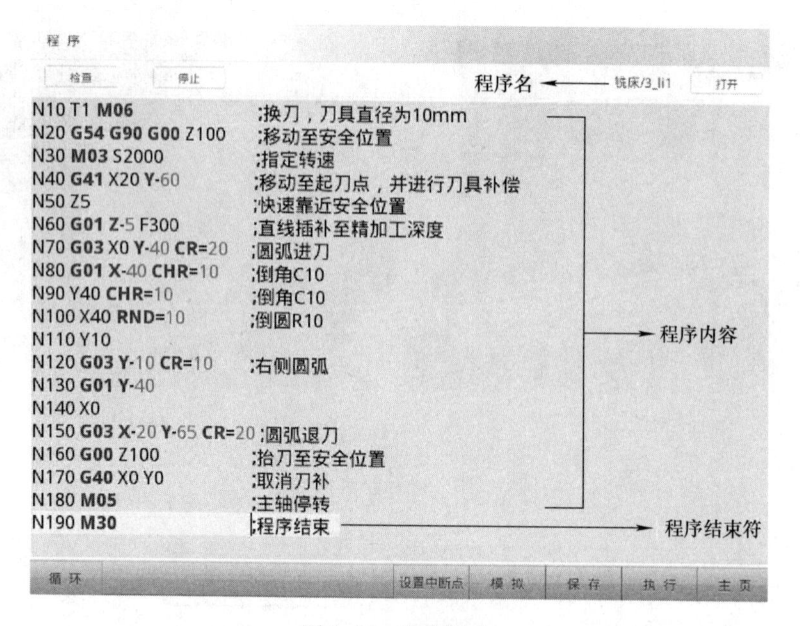

图 1-12 程序构成

图 1-13 i5 系统标准循环名称

4. 程序内容的组成

作为整个程序的核心，程序内容规定了一段完整的加工过程，包含了各种控制信息和数据，它由若干个代码构成。程序内容应具备的主要功能字有准备功能字（G）、坐标字、进给功能字（F）、主轴功能字（S）、辅助功能字（M）和刀具功能字（T）等。

（1）组成程序段的代码 程序段是程序的基本组成部分，每个程序段由若干个代码构成，而代码又是由表示地址的英文字母、特殊文字和数字构成的，如 G02、Z10 和 M3 等。

程序段代码示例如图 1-14 所示。

在这个示例中，N 代表程序段号，最多是五位数，一般建议以 5 或 10 为间隔进行编辑，以

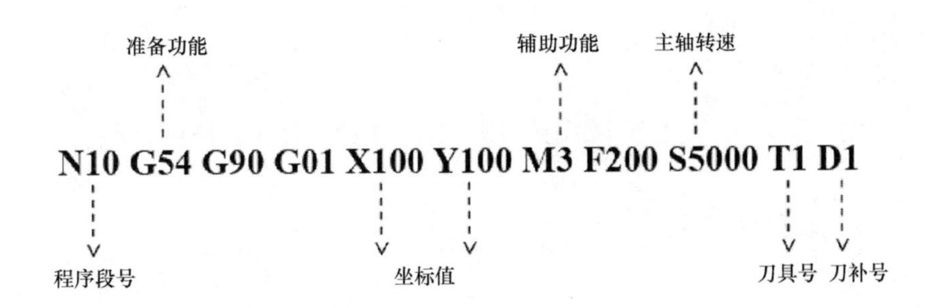

图 1-14　程序段代码示例

便以后插入新程序段时不用改变程序段号的顺序。程序段号的编写可省略，但仍建议编写，以增加程序的可读性。

图 1-14 所示的程序段能够实现的功能是：在工件坐标系 G54 下，刀具以直线插补的形式移动到 X100、Y100 的位置，进给速度为 200mm/min，主轴正转，转速为 5000r/min，刀具号为 T1，刀补号为 D1。

（2）组成程序段的符号　为了使程序段结构清晰明了，当程序段有很多指令时，建议大家按照图 1-15 所示的顺序排列。

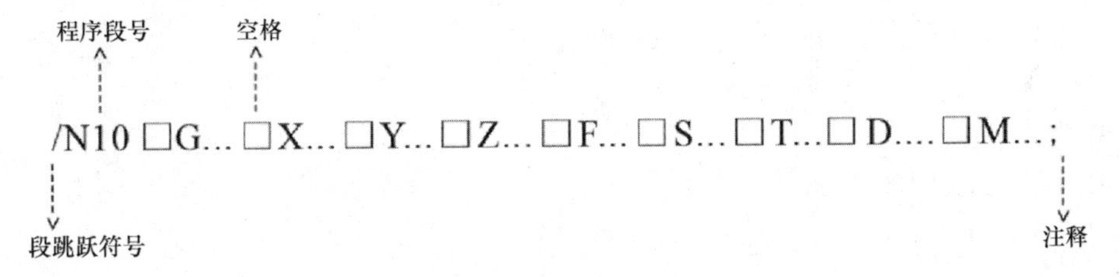

图 1-15　程序段符号

图 1-15 中，斜杠“/”表示在运行中可以跳过的程序段，但是必须与段跳跃功能按键同时使用；建议在程序的书写中在不同指令之间加入空格，有一些空格是必须要加入的，例如程序段号后边的空格；分号“;”代表注释，它是对程序段的解释说明，当程序执行到分号时，分号后面的程序段不会被执行，而是自动执行下一段程序。在一个程序段中可以编写多个 G 指令和 M 指令，其他功能指令只能有一个。并不是每一个程序段都需要完全写出每个指令，不需要的指令以及模态指令可以省略。

5. 程序执行优先级

编写程序时，一段程序中包含多个指令，例如图 1-16 所示的这段程序，它并不是按照程序编写的顺序执行的，而是按照系统中规定的优先级来执行的。

同一段程序中执行顺序如下：

第一优先级：N 代码。

第二优先级：T 和 D。

第三优先级：F 和 S。

第四优先级：G 指令。

第五优先级：段前执行 M 功能。

第六优先级：运动指令。

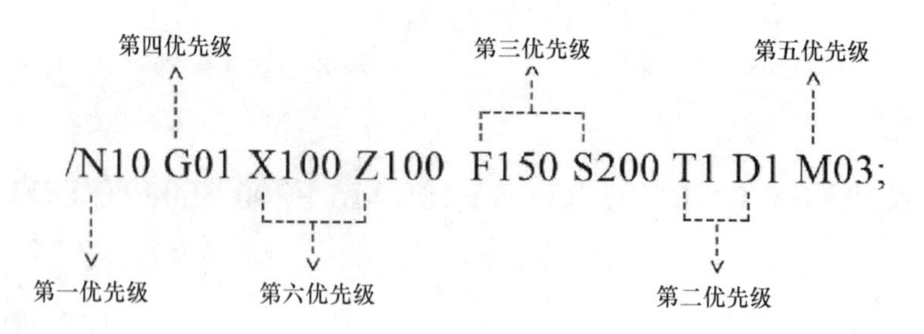

图 1-16 程序执行优先级

第七优先级：段后执行 M 功能。

注意

1）段前执行 M 功能：是指当运动指令和 M 功能在同一程序段出现时，M 指令在运动指令之前执行，例如："G01 X100 Y100 M03 S1000;"表示主轴先转动 1000r，进给轴再运动。

2）段后执行 M 功能：是指当运动指令和 M 功能在同一程序段出现时，M 指令在运动指令之后执行，例如："G00 X100 Y100 M05"表示进给轴先运动到位，之后执行主轴停转。

3）如果记不住优先级，可以将一个程序段拆分写成多行，例如：可将下面一行程序拆分成多行，系统会按照顺序一行一行地依次执行这些语句，也就避开了优先级。

N10 G01 X100 Y100 F500 T1 D1 S2000 M03

可拆分成：

N10 T1 D1 M06

N20 G01 X100 Y100 F500

N30 S2000 M03

6. 主程序和子程序

数控程序从执行的角度来讲可分为主程序和子程序。在一个加工程序中，若存在连续的程序段重复出现，可将重复的程序段按照规定的格式单独编写成子程序，然后按照需要在主程序内调用，以简化编程。

（1）子程序的定义　主程序和子程序之间并没有一个严格的界定。一般情况下，如果一个程序单独执行，那么可以称之为主程序；如果一个程序被其他程序调用，那么可称之为子程序。

注意

主程序和子程序主要的区别在于格式上。

1）子程序名的扩展名必须是小写的 iso，而主程序名的扩展名可以是 nc、txt 或者其他格式。

2）子程序的程序结束符是 RET，而主程序的程序结束符为 M30 或者 M02。

（2）子程序的分类　在 i5 智能系统中，子程序分为标准子程序和参数子程序两种。标准子程序不带参数，和主程序一样，其可以被其他主程序或子程序调用。参数子程序开头必须有 PROC，结尾处为 RET。其通过传递参数给子程序实现具体功能。

（3）子程序的调用　在编写程序的过程中，经常用到调用子程序的功能。

在 i5 智能系统中子程序的调用格式如下：

CALL 子程序名 P_；调用子程序

其中CALL是调用子程序的标志，可省略编写，但仍建议使用CALL指令，以便程序的阅读。子程序名不包含扩展名，P后面的数字表示调用的次数，如果没有指定P，则代表调用子程序一次。例如：例1表示调用子程序2017CU. iso两次，例2表示调用子程序2017CU. iso一次。

例1：CALL　2017CU　P2　；调用子程序2017CU. iso两次

例2：2017CU　　　　　　；调用子程序2017CU. iso一次

子程序不仅可以被主程序调用，还可以在另一个子程序中进行调用，这个过程就称为子程序嵌套。上一级子程序和下一级子程序的关系，与主程序和第一层子程序的关系是相同的。

> **注意**
>
> 调用子程序时，如果发现有找不到子程序的报警，可按照以下步骤查找问题：
>
> 1）主程序和子程序是否在同一个文件夹下。
>
> 2）核对主程序中调用子程序的名称与程序列表中子程序的名称是否一致。
>
> 3）子程序名的扩展名是否为iso。

（4）模态调用子程序　在数控程序中能够以模态方式调用任意的子程序。通过在子程序前使用关键字MCALL，可以进行任意一个子程序的模态调用。使用该功能，可以在每个带轨迹运动的程序段之后自动调用该子程序并进行加工。如果需要关闭模态调用功能，只需要单独编程MCALL，后面不带任何子程序名称。

模态调用子程序格式如下：

MCALL 子程序名　　　　；模态调用一个子程序

……　　　　　　　　　……

MCALL　　　　　　　　；取消模态调用

模态调用子程序对于简化重复使用钻削循环时的编程有重要的意义。下面的例子就是通过模态调用子程序完成连续钻孔。

N10 M03 S1500

N20 G00 X0 Y0 Z10

N30 F100

N40 MCALL CYCLE81(10,0,3,-20,0)；此处激活模态钻孔

N50 Y0；钻第一个孔

N60 Y20；快移至该位置，钻第二个孔

N20 Y40；快移至该位置，钻第三个孔

N80 Y60；快移至该位置，钻第四个孔

N90 MCALL；取消模态调用

N100 M02

> **注意**
>
> 1）除了单独使用MCALL来关闭模态调用功能，也可以通过重新模态调用一个其他的子程序，改变该功能。
>
> 2）模态调用不可嵌套，即模态调用的子程序不可以在内部包含其他模态子程序的调用。
>
> 3）MCALL与子程序名之前必须加一个空格，否则运行程序时系统会报销。

7. 信息编程

信息编程指令MSG的功能是操作者可以根据自己的需要，在系统界面“信息显示区

域”上方打印一条编制的信息。该信息会一直生效，直到出现一条新的信息，如图1-17所示。

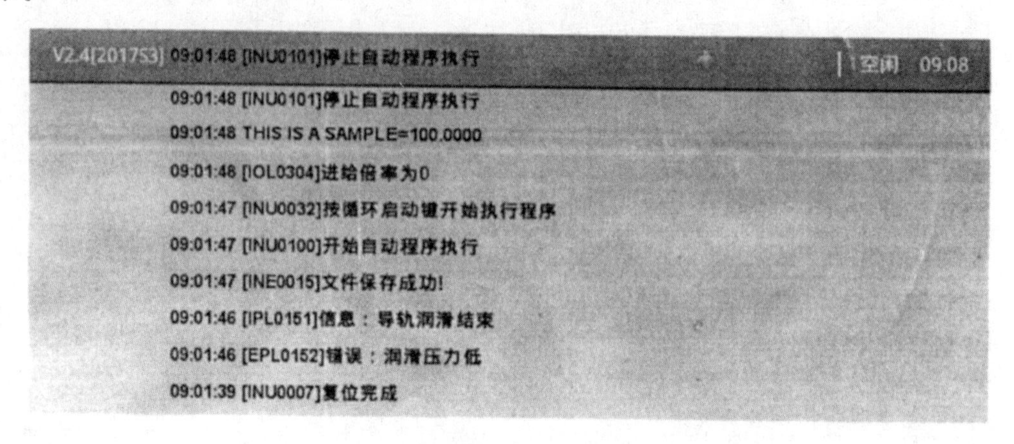

图1-17 MSG功能

编程的格式为：MSG( ) ；在括号内编写所要打印的信息

示例：

MSG(“THIS IS A SAMPLE =”, 25*4)

显示结果为：“THIS IS A SAMPLE = 100.0000”

在MSG信息显示指令中还可加入表达式和变量等，在显示时将这些表达式、变量的当前值显示出来（类似高级语言的print语句）。在编程时可以用引号把编辑内容分开，但是需要在引号之间加“,”隔开。在这一基础上，信息编程能实现三种模式的报警号：错误(E)、警告（W)、信息（I)。若第一个引号中信息编号首字母为大写的“I/W/E”，那么系统会自动判别并在显示结果中加上方括号。其中，“I”表示当前正在进行的系统操作；“E”表示由编程错误、设置参数错误和操作错误等引起的错误报警，在解决问题后需要按复位键解除报警；“W”则可用于提示操作者使用不规范，若不进行相关改进，系统也能照常运行。

示例：

MSG(“IWO142”,“工作台移动”)

显示结果为：[IWO142]工作台移动

MSG(“EUS701”,“错误使用开关”)

显示结果为：[EUS701]错误使用开关

MSG(“WDO620”,“请关闭防护门”)

显示结果为：[WDO620]请关闭防护门

第3节 i5立式加工中心的操作

i5智能系统基于先进的运动控制底层技术和网络技术，操作界面简单友好，较其他系统而言，操作方便、容易上手、编程简捷是其最显著的特点。下面简单介绍其操作步骤。

一、加工中心操作步骤

1. 界面介绍（见图1-18）

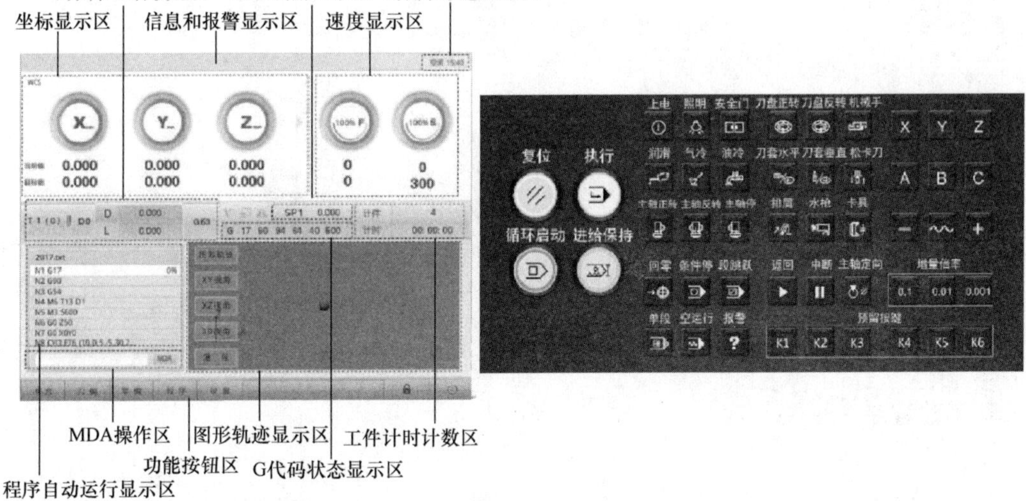

图1-18　界面

2. 开机（见图1-19）

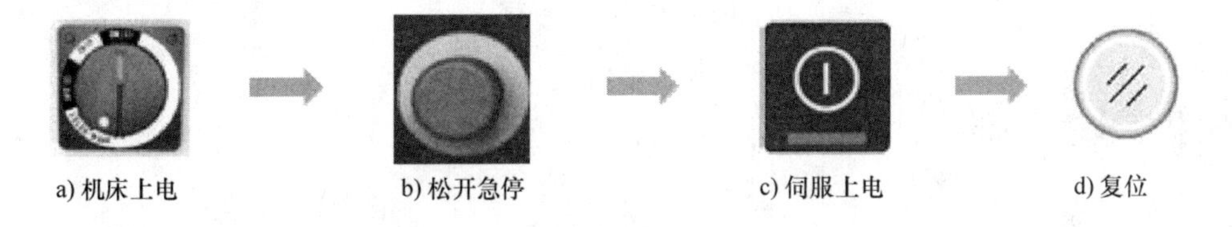

图1-19　开机

3. 手动移动进给轴

（1）连续移动（见图1-20）

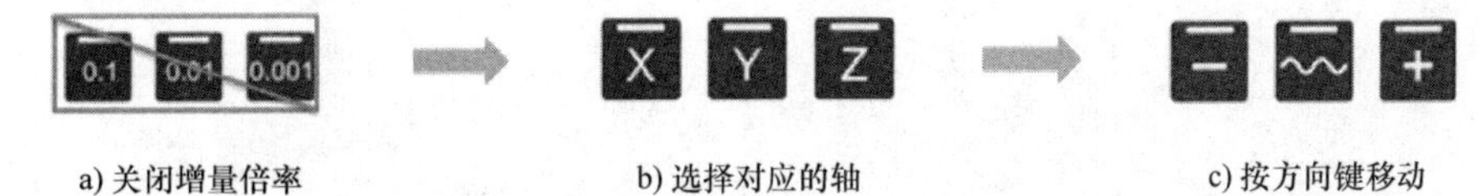

图1-20　手动移动进给轴——连续移动

（2）增量移动（见图1-21）

图1-21　手动移动进给轴——增量移动

（3）手轮移动（见图1-22）

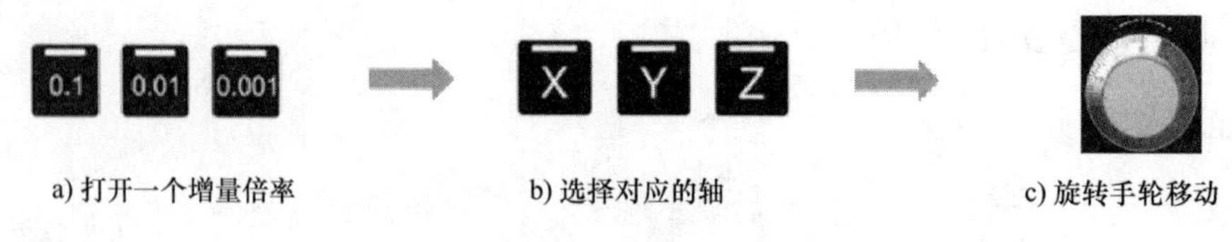

a) 打开一个增量倍率　b) 选择对应的轴　c) 旋转手轮移动

图 1-22　手动移动进给轴——手轮移动

4. MDA 操作（换刀案例，见图 1-23）

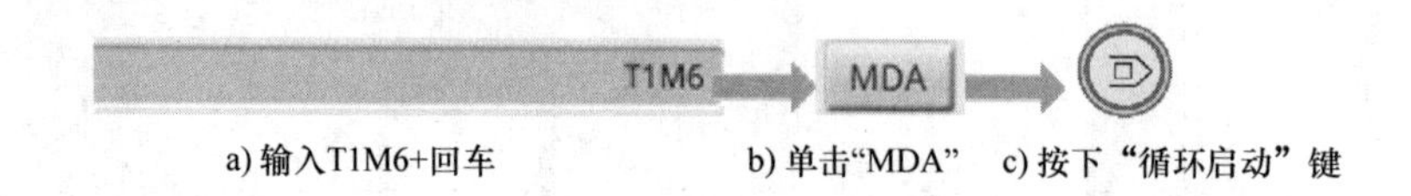

a) 输入T1M6+回车　b) 单击“MDA”　c) 按下“循环启动”键

图 1-23　MDA 操作

5. 新建程序（见图 1-24）

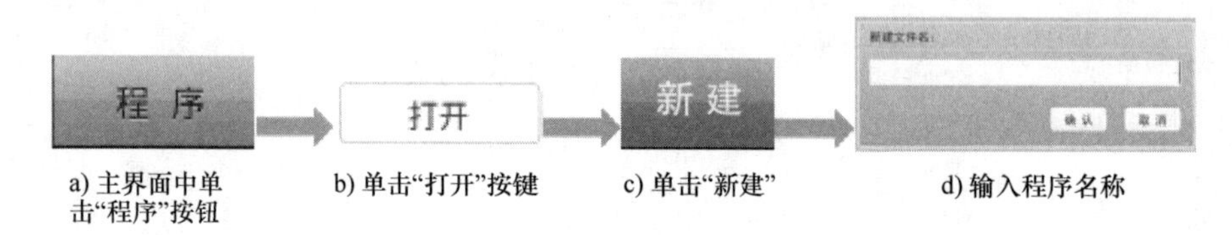

a) 主界面中单击“程序”按钮　b) 单击“打开”按键　c) 单击“新建”　d) 输入程序名称

图 1-24　新建程序

6. 程序分析（见图 1-25）

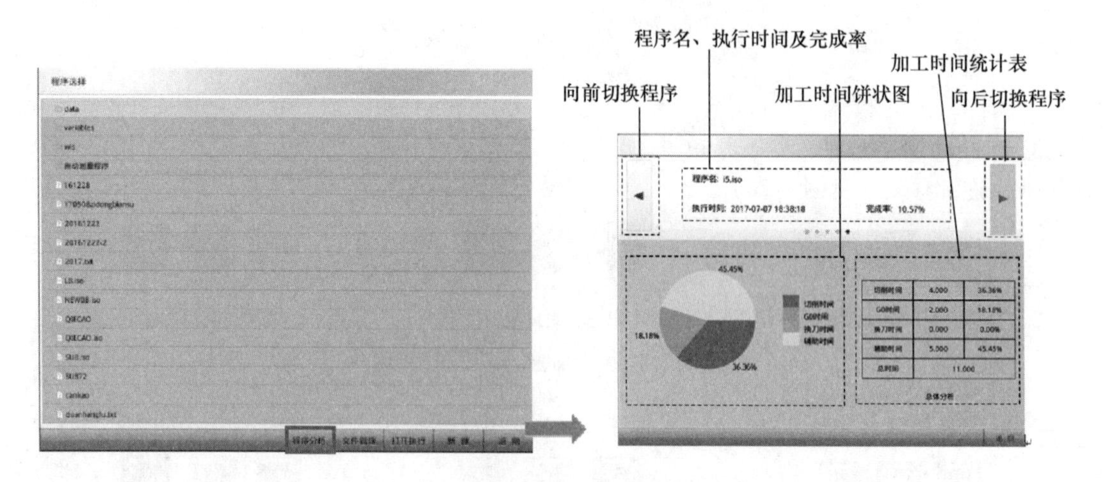

图 1-25　程序分析

7. 检查程序（见图 1-26）

8. 模拟程序（见图 1-27）

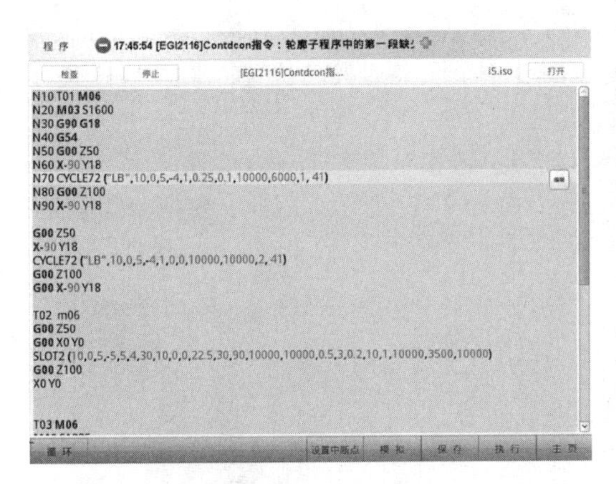

图 1-26　检查程序

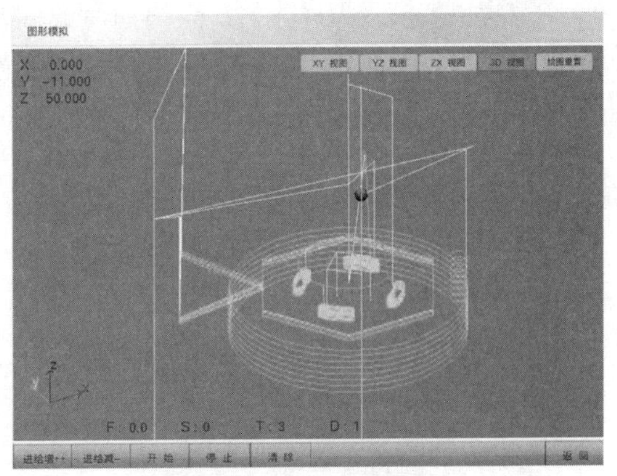

图 1-27　模拟程序

9. 执行程序（见图 1-28）

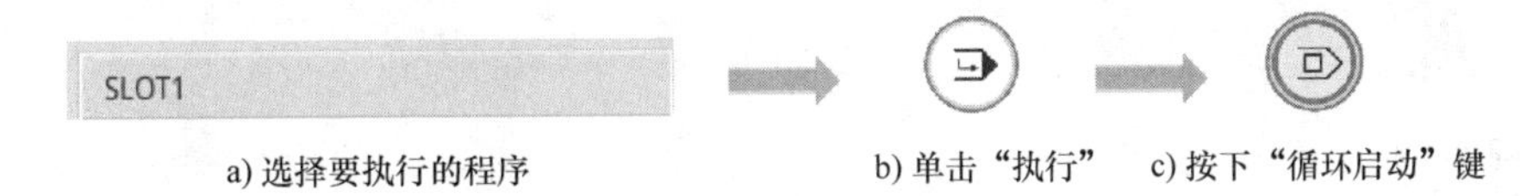

a) 选择要执行的程序　　b) 单击“执行”　　c) 按下“循环启动”键

图 1-28　执行程序

10. 关机（见图 1-29）

a) 按下“急停”按钮　　b) 单击屏幕上“关机”按键，等待屏幕全灭　　c) 将机床开关旋至“OFF”档

图 1-29　关机

二、加工中心刀具装夹

目前 i5 智能机床 M 系列主要配备转塔式刀库或圆盘式机械手刀库。转塔式刀库比机械手刀库换刀速度更快，换刀过程也更可靠，如图 1-30 所示。

a) 转塔式刀库

b) 圆盘式机械手刀库

图 1-30　刀库

本节将以转塔式刀库为例，介绍如何进行刀具的装夹。转塔式刀库是利用刀架上的凸起和导向轮对刀具进行定位和夹持的。转塔式刀库的侧面有一个装夹刀具的位置，如图 1-31 所示，刀具必须从这个位置才能装夹在刀塔上。

装夹刀具前，利用 MDA 功能使刀盘转动，将目标刀位转动至装夹刀具的位置。换刀的刀号是主轴上的刀位号，与装夹刀具的位置相差三个刀位，如图 1-32 所示。因此，要把刀具装夹在 1 号刀位，需要把 19 号刀具换至主轴上。

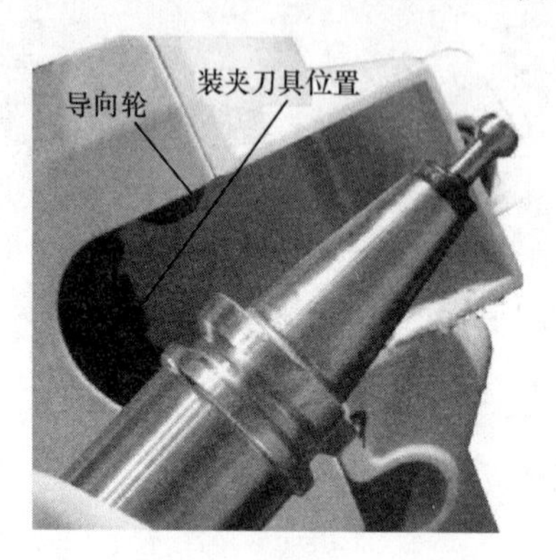

图 1-31　装夹刀具位置

图 1-32　刀位号转换

装夹刀具时，握住刀柄法兰一侧，把刀具从装夹位置伸入，将刀柄的键槽缺口对正刀位中的凸起部分（见图 1-33），让刀柄的 V 形槽部分与两个导向轮相贴合，然后向外拉，完成刀具装夹。刀具装夹完成后，需用手试着转动刀具，如果刀具没有转动，即表明刀具装夹完成。

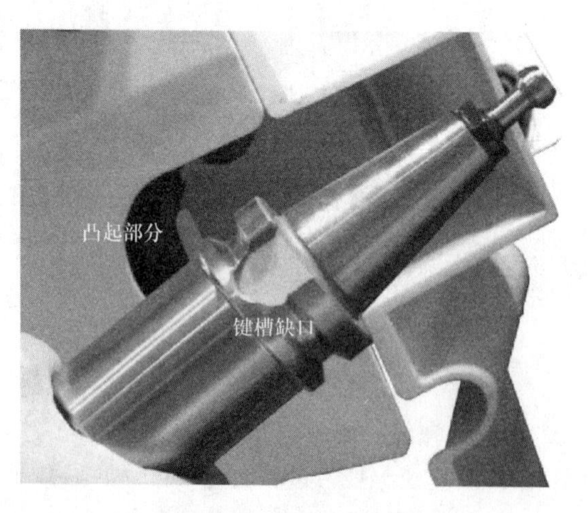

图 1-33　凸起部分正对键槽缺口

三、立式加工中心对刀

1. 立式加工中心对刀概述

立式加工中心对刀是立式加工中心操作中重要的组成部分。在讲解对刀过程之前，首先说明刀具的类型选择。i5 智能系统提供了 6 种可供选择的刀具类型，分别是立铣刀、螺纹刀、端面铣刀、中心孔钻、麻花钻和未知类型刀具，刀具参数见表 1-3。这些刀具的图形与真实刀具相似，也便于识别。

表 1-3　刀具参数

参数类型	参数	参数描述			
基本参数	刀具号 T	可根据需要为刀具命名			
	刀具类型		未知类型		立铣刀
			螺纹刀		端面铣刀
			中心孔钻		麻花钻
	刀组	默认为0			

（续）

参数类型	参数	参数描述
标准参数	长度（单位为 mm）	刀具长度补偿值
	刀具直径（单位为 mm）	刀具直径
扩展参数	磨损长度（单位为 mm）	刀具长度磨损值
	磨损直径（单位为 mm）	刀具直径磨损值

对刀操作分为 *X*、*Y* 向对刀和 *Z* 向对刀。对刀使用的工具包括指示表、寻边器、*Z* 轴设定器和自动对刀仪等。

2. *Z* 向对刀

Z 向对刀时通常将工件上表面作为工件坐标系 *Z* 轴的原点。当零件的上表面比较粗糙，不能作为对刀的基准平面时，也可以以夹具或工作台为基准作为工件坐标系 *Z* 向原点。一般情况下，设定 *Z* 向原点的常用方法有相对 *Z* 向测量和绝对 *Z* 向测量两种。接下来以工件上表面设定为 *Z* 向原点为例，分别介绍两种测量方法。

（1）相对 *Z* 向测量（利用刀偏对刀）　相对 *Z* 向测量是生产中较常用的方式。下面以 G54 指令为例来加以说明。

1）将刀具快速移动至工件上方。

2）如图 1-34 所示，在工件坐标系“零偏”表中的 *Z* 栏中输入“0.000”，按“回车”键，使工件坐标系 *Z* 向原点和机床坐标系 *Z* 向原点重合。

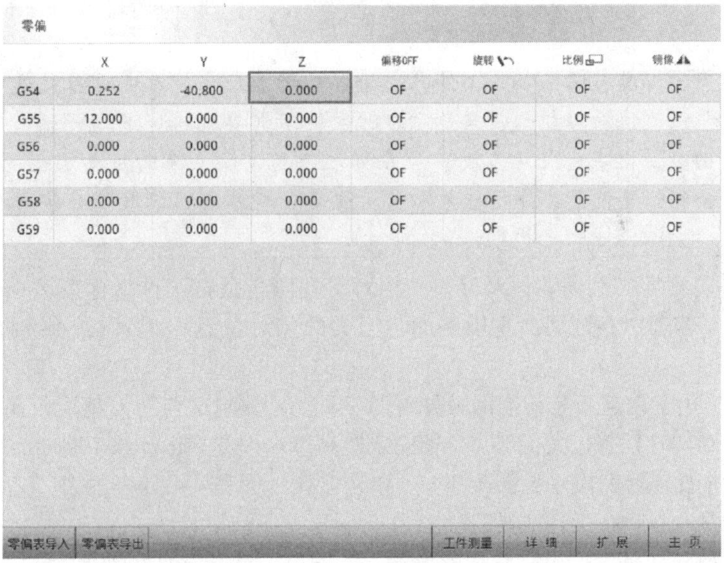

零偏

	X	Y	Z	偏移OFF	旋转	比例	镜像
G54	0.252	-40.800	0.000	OF	OF	OF	OF
G55	12.000	0.000	0.000	OF	OF	OF	OF
G56	0.000	0.000	0.000	OF	OF	OF	OF
G57	0.000	0.000	0.000	OF	OF	OF	OF
G58	0.000	0.000	0.000	OF	OF	OF	OF
G59	0.000	0.000	0.000	OF	OF	OF	OF

零偏表导入　零偏表导出　工件测量　详情　扩展　主页

图 1-34　零偏设定

3）起动主轴，使其中速（例如 800r/min）旋转，快速移动工作台及主轴，让刀具移动到距离工件上表面一定安全距离的位置，然后降低进给速度，使刀具端面接近工件上表面。

4）临近工件时，改用 0.01 的进给倍率操作，让刀具端面慢慢接近工件表面（如果使用切削刃不过中心的立铣刀对刀，最好在工件的边缘下刀，铣刀的端面接触工件表面的面积应小于铣刀半径，尽量不要让整个立铣刀的下端面在工件表面下刀，避免崩坏立铣刀横刃），当刀具端面恰好碰到工件表面后，再将 *Z* 轴抬高 0.01mm。

5）如图 1-35 所示，将“0”输入到“刀具测量”界面中，“目标值”一栏里的“*Z*0”

下，并单击“是”按钮，再单击“设置长度”按钮确定，则刀具长度测量完毕，同时刀偏表中的数据也一起更新。

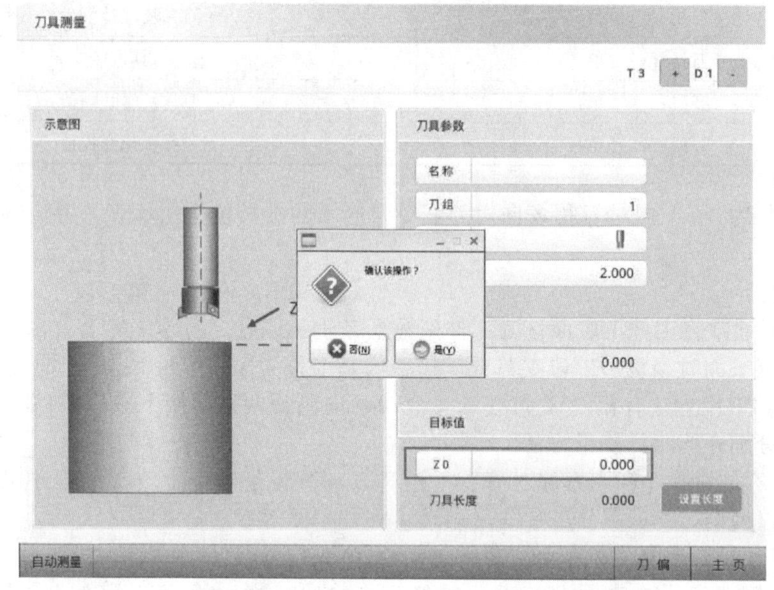

图 1-35　相对 Z 向测量对刀界面

注意

为了避免对刀时刀具损伤已加工工件的表面，采用塞尺、对刀块对刀也是一种常见的对刀方式。操作步骤与试切法对刀相似，只是对刀时主轴不需要旋转。下降 Z 轴，当标准刀具下端面快接近工件表面时，把塞尺（对刀块）放在标准刀具下面，来回拉动塞尺（对刀块），直到拉不动，此时 Z 轴的位置就是工件坐标系零点 + 塞尺（对刀块）的数值，将这个数值填到“刀具测量”界面的“Z0 目标值”中完成对刀。

（2）绝对 Z 向测量（利用零偏对刀）　绝对 Z 向测量是把工件坐标系 Z 向原点在机床坐标系中的值设定在零偏表中，再测出主轴端面与刀尖的相对位置作为刀长，此时测量出来的是刀具的真实长度。

Z 轴测定器是用于设定刀具长度的一种对刀工具。Z 轴测定器对刀精度较高，特别是在加工中心中需要多把刀具时具有很大优势。Z 轴测定器高度一般是 50mm 或 100mm。

Z 轴测定器一般有附表式（见图 1-36a）和光电式（见图 1-36b）两种。这种测定器本身带有磁性，可以牢固地吸附在工件或夹具上。

绝对 Z 向测量同样是生产中较常用的方式。下面以 G54 指令为例来加以说明。

1）使用 MDA 功能执行 D0，取消当前刀补。

2）把 Z 轴测定器放置在对刀面上（一般为工件坐标系 Z 轴的零点坐标位置平面）。

3）未装刀的 Z 轴测定器如图 1-37 所示。移动主轴及工作台，让未装刀的主轴底端慢慢接触 Z 轴测定器上表面，直到 Z 轴测定器指针指示到零位（使用之前，假定 Z 轴测定器校表完成），将主界面调整到“清零模式”，并且将 Z 向坐标清零。

4）装刀后的 Z 轴测定器如图 1-38 所示。MDA 功能执行换刀（保证在 D0 环境下），将需要对刀的刀具调整到当前位置，让刀具下端面慢慢接触 Z 轴测定器上表面，直到 Z 轴测定器指针指示到零位，此时主界面上 Z 轴的数值就是刀具的真实长度值，将其输入到“刀偏表”相应刀

a) 附表式　　　　b) 光电式

图 1-36　*Z* 轴测定器

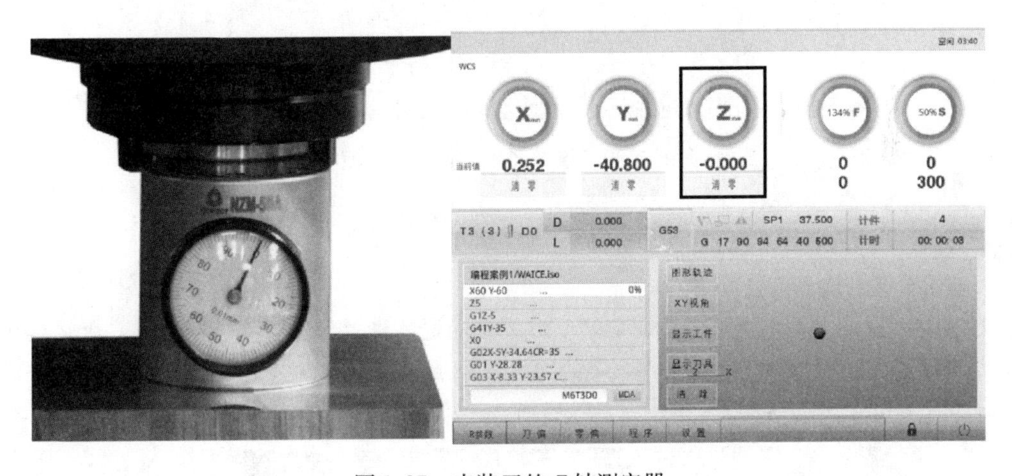

图 1-37　未装刀的 *Z* 轴测定器

具的 *Z* 向刀长中。

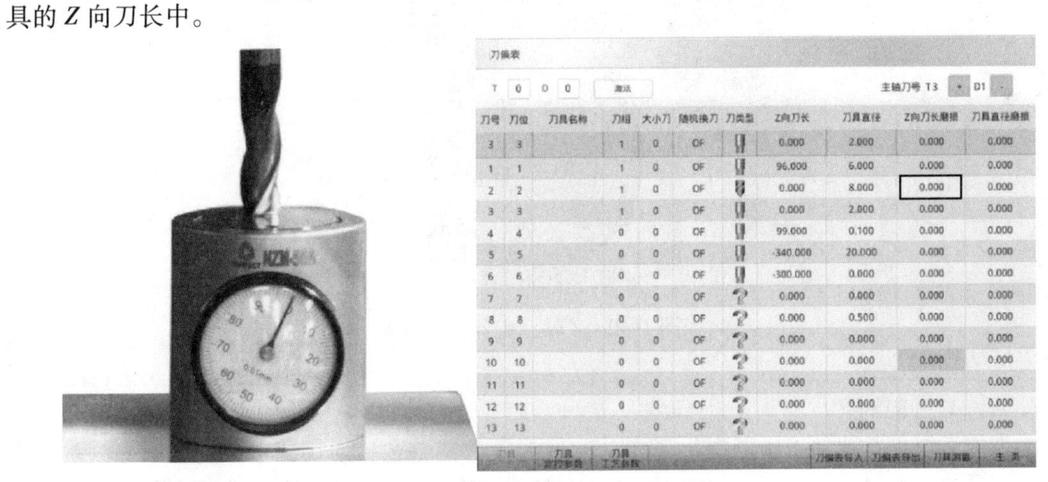

刀号	刀位	刀具名称	刀组	大小刀	随机换刀	刀类型	Z向刀长	刀具直径	Z向刀长磨损	刀具直径磨损
3	3		1	0	OF		0.000	2.000	0.000	0.000
1	1		1	0	OF		96.000	6.000	0.000	0.000
2	2		1	0	OF		0.000	8.000	0.000	0.000
3	3		1	0	OF		0.000	2.000	0.000	0.000
4	4		0	0	OF		99.000	0.100	0.000	0.000
5	5		0	0	OF		-340.000	20.000	0.000	0.000
6	6		0	0	OF		-300.000	0.000	0.000	0.000
7	7		0	0	OF		0.000	0.000	0.000	0.000
8	8		0	0	OF		0.000	0.500	0.000	0.000
9	9		0	0	OF		0.000	0.000	0.000	0.000
10	10		0	0	OF		0.000	0.000	0.000	0.000
11	11		0	0	OF		0.000	0.000	0.000	0.000
12	12		0	0	OF		0.000	0.000	0.000	0.000
13	13		0	0	OF		0.000	0.000	0.000	0.000

图 1-38　装刀后的 *Z* 轴测定器

5）在主界面中单击“零偏”→“工件测量”按钮，进入“工件测量”界面（见图1-39），将Z向“目标值”填入“工件坐标Z零点+测定器高度值”。例如：Z轴测定器高度是50mm，放置的平面是Z向零点，这里填“50”，然后按“回车”键，单击“设置Z”按钮，完成对刀。

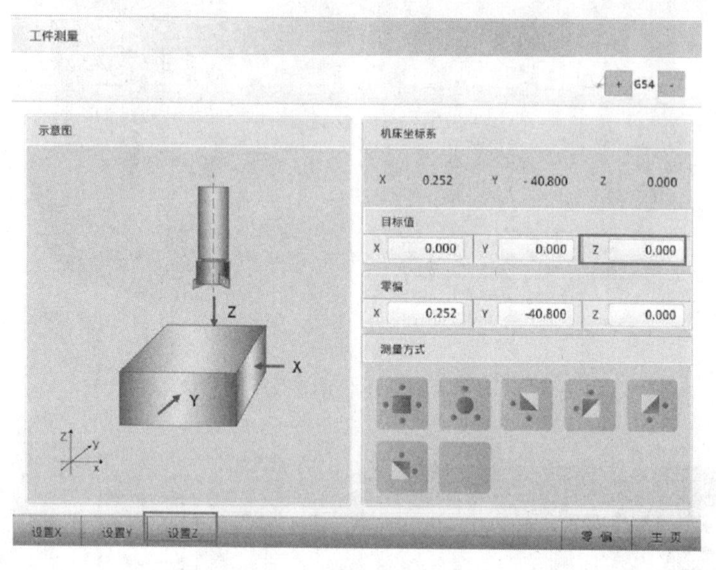

图1-39　绝对Z轴测量对刀界面

注意

Z轴测定器的找正方法如下：

在测量之前，需要先找正Z轴测定器。用Z轴测定器提供的检验棒进行找正，把Z轴测定器置于平整表面，将检验棒平压在测定器上方，当检验棒与Z轴测定器的上表面完全贴合时把表盘置0（见图1-40），此时检验棒与工件之间的距离为50mm。

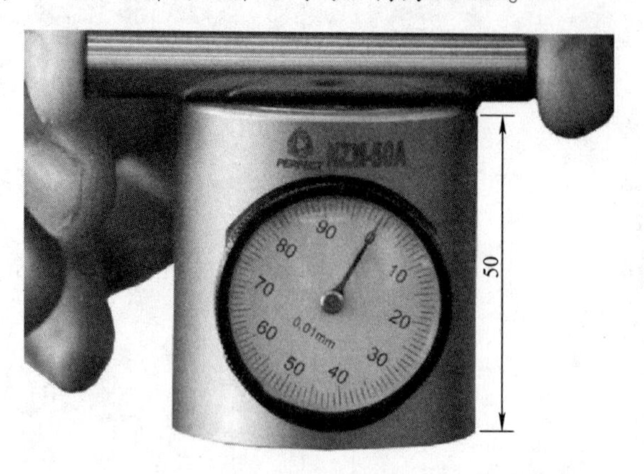

图1-40　Z轴测定器校零

3. X、Y方向对刀

i5智能系统为立式加工中心提供了多种工件测量方式，包括通用测量、矩形中心测量、圆形中心测量、左下角测量、左上角测量、右下角测量和右上角测量等方法。在实际加工中可根据需要选择适合的测量方法，以简化操作。X、Y方向对刀界面如图1-41所示。

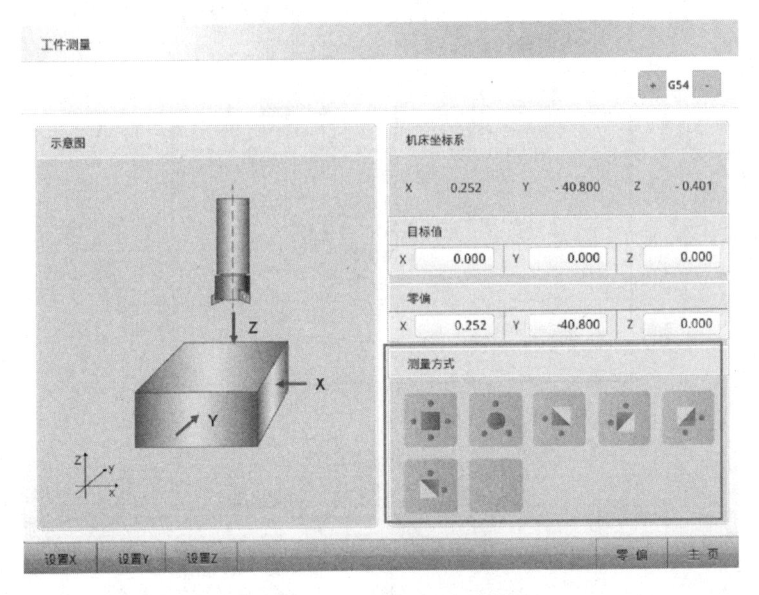

图1-41　*X*、*Y*方向对刀界面

下面以最常用的四面分中对刀法（矩形中心测量）为例，讲解如何对刀。

光电寻边器（见图1-42）是一种常用的对刀工具。光电寻边器操作简单方便，精度高，在不容易观察的部位仍然可以精确测量。使用光电寻边器时主轴应该处于静止状态。光电寻边器由柄部和测头组成。测头的形状是一个圆球，通常直径为10mm。光电寻边器内部装有两节电池，测头与光电寻边器本体是绝缘的。

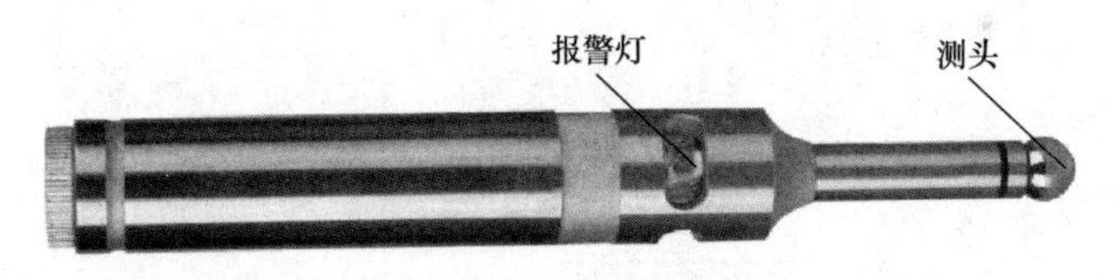

图1-42　光电寻边器

工作时，光电寻边器装在主轴上，当圆球测头与工件表面接触时，测头通过工件、床身与光电寻边器本体形成导电电路，会产生“蜂鸣”报警信号，完成工件测量。使用光电寻边器时，工件必须是能导电的金属工件，否则无法形成回路电流，导致操作者不能感知光电寻边器与工件的接触程度，进而损坏光电寻边器。

光电寻边器主要用来测量平行于*X*轴或者*Y*轴的工件基准面。现在以矩形工件为例，来讲解其对刀步骤。同样以G54指令为例，对刀原理如图1-43所示。

1）将光电寻边器装入机床主轴精密的夹头内，主轴保持静止。

2）操作机床使光电寻边器靠近工件并下降到距离工件表面约10mm处，在下降过程中注意光电寻边器不能碰到工件上。

3）进入图1-44所示“工件测量”界面，单击“四面分中”按钮，将“目标值”中*X*、*Y*两项输入“0.000”，按“回车”键。

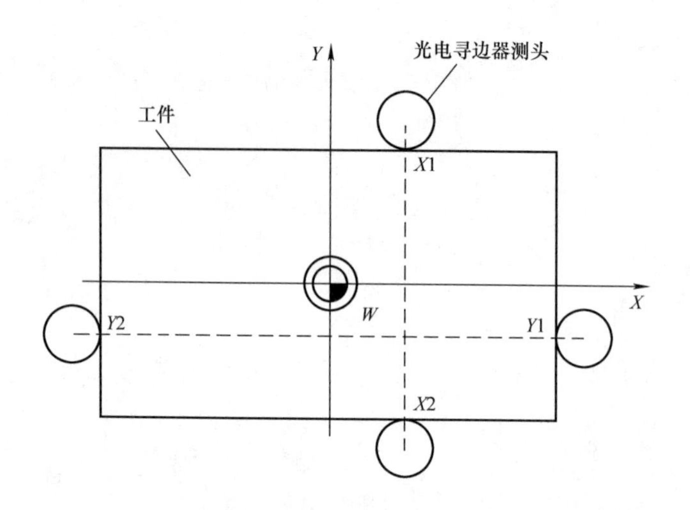

图1-43　矩形工件对刀示意图

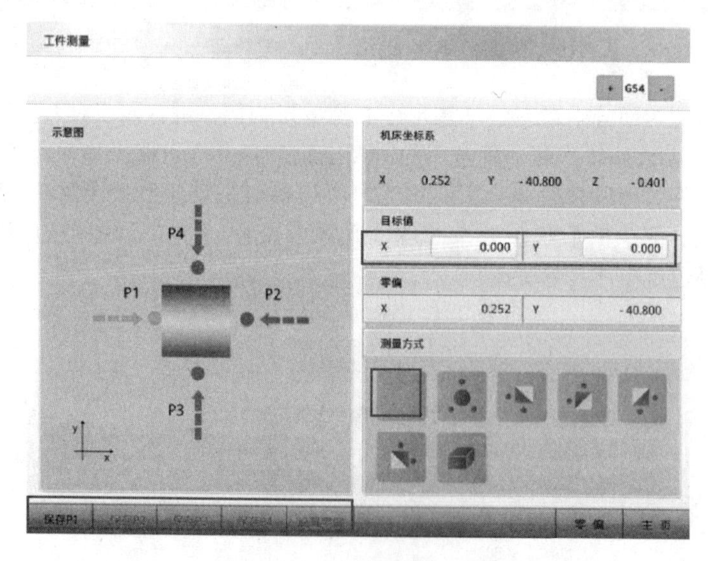

图1-44　“工件测量”界面

4）按照图1-44中的示意图，先对$P1$点，将光电寻边器沿X轴慢慢靠近工件，当测头与工件接触时，将机床进给倍率调整为0.01，当光电寻边器发光发声时，停止进给，将光电寻边器沿Z轴正方向抬起离退工件，X、Y轴不动，单击横向按钮“保存$P1$”。

5）手动移动进给轴，将光电寻边器移动到$P2$测量点一侧，按照步骤4的方式测量$P2$点的坐标。

6）重复以上操作，完成Y方向对刀（$P3$和$P4$测量点）。

7）最后，单击横向按钮“设置零偏”，完成矩形对中，同时“零偏”表的数据也随之更新。

注意

X、*Y* 方向对刀还有几点需要注意：

1）矩形中心、圆形中心、左下角、左上角、右下角和右上角这 6 种工件测量方法用于设置 *X* 轴和 *Y* 轴的零偏移值，对 *Z* 轴零偏移值的设置仍然需要在通用测量中进行。

2）使用左下角、左上角、右下角和右上角方法测量时，先把所使用刀具的直径输入“刀偏”表中，否则计算时会出现错误。

3）光电寻边器的对刀原理同样适用于“试切法”对刀。

第 4 节　M 辅助功能指令

辅助功能指令又称 M 功能或 M 代码。面板上的一部分按键功能可用 M 代码来实现，起到了辅助的作用，所以叫辅助功能指令。辅助功能指令由地址符 M 及其后面的两个数字组成，主要用于控制程序的执行或是输出信息，如主轴的正反转、程序的停止等。其特点是 CNC 发出控制信号给 PLC，由 PLC 来控制运动过程。

一、铣床主要辅助功能指令

主要 M 辅助功能指令见表 1-4。

表 1-4　主要 M 辅助功能指令

组别	M 功能	类型	说明	参数	备注
组 1	M00	N	程序停止		单独程序段
	M01	N	选择性程序停止		单独程序段
	M02	N	主程序程序结束，复位到程序开始		单独程序段
	M30	N	程序结束，复位到程序开始		单独程序段
	M90	N	工件计数加 1		单独程序段
组 2	M03	MI	主轴正转		
	M04	MI	主轴反转		
	M05	MRF	主轴停止		
	M19	N	主轴定位	须带 SP	单独程序段
组 3	M06	NI	刀具更换		
	M66	NI	虚拟换刀		
组 4	M08	NI	外部冷却起动		单独程序段
	M09	NF	冷却停止		单独程序段

> ⚠注意
>
> 1）表1-4中标注“单独程序段”的M辅助功能指令必须单独成行，不能与任何代码编写在同一行，否则系统会报警。
>
> 2）不能在同一行的程序段中出现两个或两个以上M代码。例如，在程序中同一行输入M03和M08，单击检查，系统会显示在这一行中不能输入同一行指令。
>
> 3）当运动指令和M辅助功能指令在同一程序段出现时，M03和M04总是在运动指令之前执行，M05总是在运动指令之后执行。
>
> 4）“类型”列中，N表示非模态指令、M表示模态指令、R表示系统上电默认有效、I表示段前执行、F表示段后执行。关于模态指令、非模态指令的定义将在后续给大家详细介绍。

二、M辅助功能指令说明

1. M00：程序停止、M01：选择性程序停止

第一组M00、M01指令都代表程序停止，所不同的是M00指令表示程序无条件停止，M01指令表示选择性程序停止。例如：当程序执行过程中遇到M00指令时，主轴旋转，进给轴停止，切削液关闭程序停止。再按循环启动按键，程序会继续执行。

在执行带有M01指令的程序时，如果提前按下操作面板上的“条件停止”按键，则所看到的现象与执行M00指令相同。如果在程序执行前不按“条件停止”按键，则程序会忽略M01指令继续向下执行。对于不需要每件都执行的暂停，例如工件尺寸抽检时，可使用M01指令。

2. M02：主程序程序结束、M30：程序结束

M02、M30指令都表示主程序结束，自动运行停止，返回程序开头。这两个指令在目前i5智能系统中没有太大的区别。

3. M03、M04、M05、M19：主轴功能

M03指令表示主轴正转，M04指令表示主轴反转。当执行主轴反转时，系统主页上会显示负值。需要强调的是：主轴的正反转方向是根据顺、逆时针来判断的。从Z轴正向往下看，若主轴顺时针旋转，则主轴是正转，反之主轴是反转。

M05指令表示主轴停止，当主轴在旋转状态下时，执行M05指令可以使主轴停转。M19指令表示主轴定位。这里需要注意的是：M19指令（主轴定位）后面必须加SP，代表主轴需要定位的角度。例如：M19 SP=80，表示主轴定位的角度是80°。

4. M06：刀具更换、M66：虚拟换刀

M06指令用于自动换刀。M66指令用于虚拟换刀，即定义当前主轴刀具号，调用相应刀具的刀补，使刀补生效，但不进行实际换刀动作。需要注意的是：M06和M66指令只能与T指令或D指令同行。

5. M08：切削液起动、M09：切削液停止

执行M09指令（切削液停止）后，水冷和气冷都会停止。

三、模态指令与非模态指令

根据指令的特性，可将编程指令分为模态指令和非模态指令。模态指令（续效指令）是指一组可以相互注销的指令，此类指令一旦被执行就一直有效，直到被同组其他指令注销为止；非模态指令（非续效指令）是指一些只在当前的程序段生效的指令，程序段结束之后，该指令功能自动被取消。两者的区别如下：

```
N10 G54 G90 G00 Z100        ；指定G00指令（快速定位）移动方式，速度由系统给定
N20 X0 Y0
N30 X100
N40 Y100
N50 G01 X0 F2000            ；指定G01指令（直线插补）移动方式，进给率为
                              2000mm/min，取消G00
N60 Y0
N70 G04 H5                  ；暂停5s
N80 G00 Z50
M30
```

在这个程序中，程序的第一段指定了G00指令的快速移动方式，由于G00指令是模态指令，所以N20～N40段并没有重新给定G00指令，因此程序仍然是按照之前的G00指令方式运动。程序N50段，用G01指令（直线插补）的方式取消了G00指令的移动方式。G01指令也是一个模态指令，因此在N60段也没有重新指定G01指令，程序仍按照之前的G01指令方式运动。程序N70段中的G04指令是暂停指令，它是一个非模态指令，在执行完成之后会自动取消。

模态指令的出现，避免了在程序中出现大量的重复指令，使程序结构变得清晰明了。对于哪些指令属于模态指令、哪些指令属于非模态指令，详见本书附录A。

第5节　i5立式加工中心维护与保养

1. 电气系统

1）日常点检时，检查机床电源电压是否正常，机床系统电气元器件是否正常，各种线缆是否有老化、破损、虚连现象。

2）照明灯、三色灯、急停开关工作是否正常。

3）每日点检空调或热交换器运转是否正常，电气柜（见图1-45、图1-46）内空调或热交换器是否保持温度恒定。

图1-45　电气柜外观

图1-46　电器柜内部

4）热交换器出风口（见图1-47）应每日点检出风状态。

5）每月停机维护时，应拆卸清洗防尘网，并保持各通风孔和防尘网无杂物、无灰尘，没有阻塞现象。

2. 数控系统

1）检查显示器操作面板（见图1-48）、手轮工作是否正常。

图 1-47 热交换器出风口

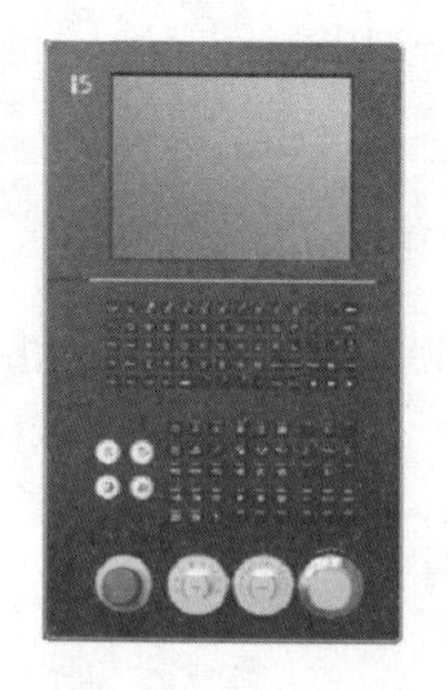

图 1-48 三代 CNC 系统操作面板

2）检查各插板表面及插头/插座是否松动，有无油污。

3）机床控制面板功能部件是否残缺。

3. 进给轴部分

1）清扫工作台、床身滑座内及防护间内的铁屑，防止铁屑长期堆积。

2）清洁机床三轴导轨（见图 1-49、图 1-50），检查导轨、丝杠表面是否有润滑油膜。

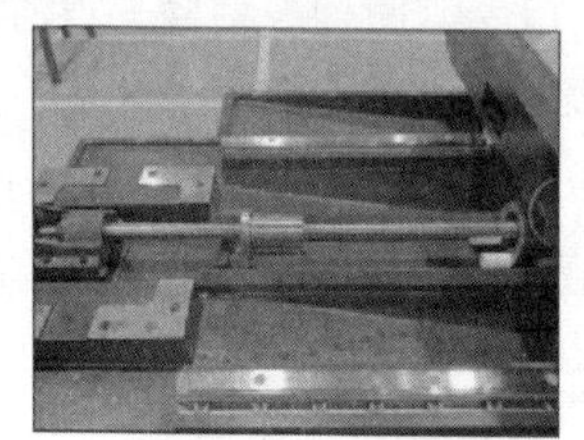

图 1-49 *X* 向导轨

图 1-50 *Y* 向导轨

3）检查联轴器锁紧机构、螺母与螺母座的联接是否正常。

4）各轴运动是否有异响。

4. 主轴部分

1）清扫主轴（见图 1-51）孔内污渍，检查主轴孔内是否有刮伤。

2）检查主轴拉刀爪是否松动、打刀量是否正常。

3）检查主轴声音有无异常。

4）日常点检时，检查主轴电动机（见图 1-52）风扇运转是否正常，进风口与排风口无阻塞。

图 1-51 加工中心主轴

图 1-52 主轴电动机

5）停机维护时，拆开电动机防护罩清洁叶片及防护罩，保证无灰尘、油污和铁屑。

5. 刀库部分

（1）转塔刀库

1）定期清扫转塔刀库（见图 1-53）内和周围的铁屑，防止铁屑堆积。

2）检查转塔刀库刀盘锁紧螺钉是否松动。

3）检查转塔刀库动力线、编码器是否松动。

4）手动转刀盘，检查刀盘定位是否正确。

5）自动换刀，检查转塔刀库换刀是否正常，有无异响。

（2）机械手刀库

1）定期清扫机械手刀库内（见图 1-54）和周围的铁屑，防止铁屑堆积。

图 1-53　转塔刀库

图 1-54　机械手刀库

2）检查机械手刀库的机械手定位是否正确。

3）手动转刀盘，检查刀盘定位是否正确。

4）自动换刀，检查机械手刀库换刀是否正常，有无异响。

5）日常使用时，观察油标内油位，如果低于标准油量则补油。

6）点检时，检查刀套位置是否在水平位，机械手是否在原位。

6. 打刀机构

1）定期清扫打刀机构（见图 1-55、图 1-56）内和周围的铁屑，防止铁屑堆积。

图 1-55　打刀机构侧面

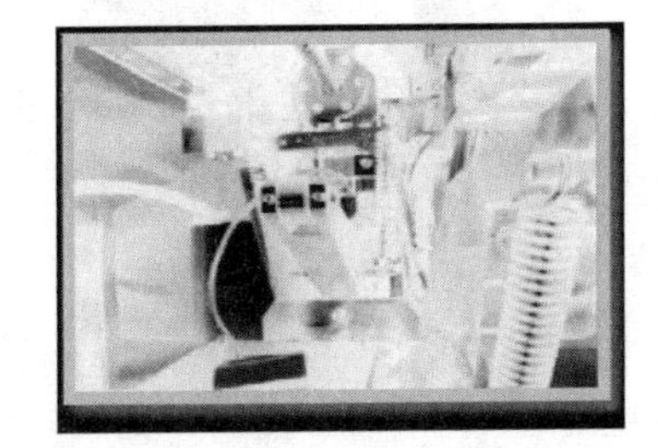

图 1-56　打刀机构上面

2）自动换刀或手动换刀时，检查打刀机构是否正常，有无异响。

3）刀库润滑是否正常。

4）对于气动换刀机构，还需检查气缸行程锁紧螺钉是否松动，气源气压是否充足，气管连接是否正确。

7. 润滑系统

1）检查润滑泵（见图 1-57）工作是否正常，保证润滑泵内油位介于上、下油位线之间。

2）检查过滤装置工作是否正常。

3）检查各轴分油器油管流量是否正常，分油器与接头有无漏油、堵塞情况。

4）检查油品质量、型号是否符合要求。

8. 气动部分

1）保证气源清洁、气压稳定。

2）正常工作时指示灯亮起，若压力不足则指示灯熄灭且机床报警。

3）定期将过滤器中存水放出；定期清理气动阀组（见图1-58）油污，保持清洁。

图1-57　润滑泵

图1-58　气动三联件

4）检查气动阀板工作是否正常，接头是否有松动漏气现象，气枪工作是否正常。

9. 排屑部分

1）排屑器运转是否正常。

2）链排（见图1-59）是否存在断裂、开焊、弯曲等现象，滚轮是否磨损运转不顺。

3）保证水泵全部浸没水中，防止水泵空运转或水位过低造成水泵损坏。

4）定期清理水箱（见图1-60）内插网，保证插网能够起到过滤作用。

图1-59　链排

图1-60　水箱

5）定期更换切削液。

10. 防护部分

1）检查防护间、防护拉板（见图1-61、图1-62）是否变形、损坏，运行有无噪声。

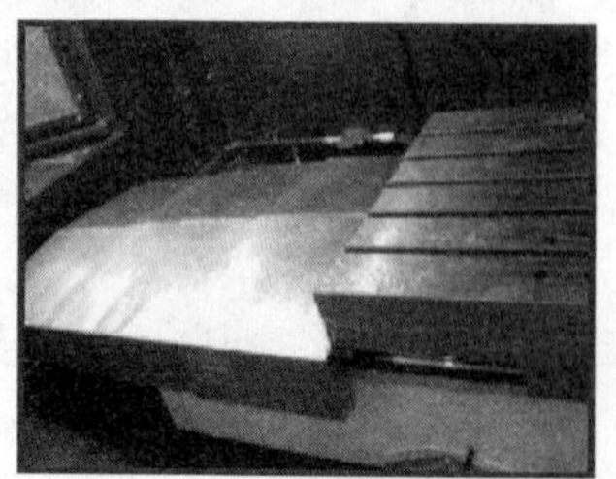

图1-61　左侧防护拉板

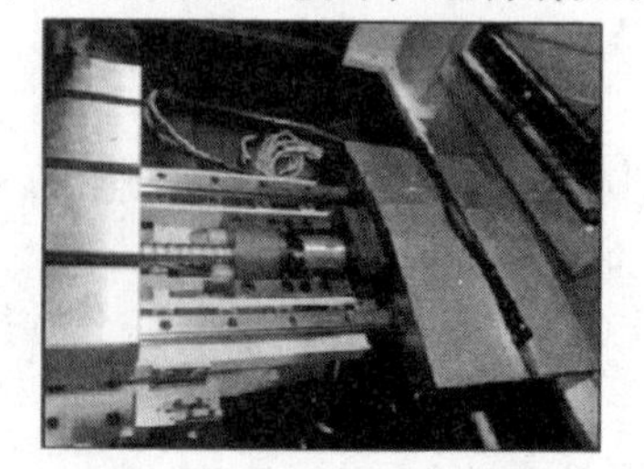

图1-62　右侧防护拉板

2）检查防护拉板的紧固螺钉有无松动。

3）工作完成后，及时清理防护拉板及防护间上的铁屑、油污和切削液等。

4）每周停机维护时，彻底清洁拉板表面及接缝，并为拉板补充润滑油。

课 后 习 题

选择题

1. 下列关于 i5 数控系统特点描述不正确的是（　　）。

A. 基于 PC 平台的开放式数控系统

B. 智能化的数控系统

C. 互联化的数控系统

D. 嵌入式系统

2. 下列关于 i5 互联化说法不正确的是（　　）。

A. i 平台技术是基于网络将多台智能机床连接在一起，用户可以在手机或 PC 终端实时查看机床状态，安排生产计划的技术

B. iSESOL 即智能工业工程与服务平台（Smart Engineering & Services Online），主要功能为生产能力调配与协调、制造支持、产品定制化、机床租赁、制造人才培训、交互式智能制造等

C. i 平台和 iSESOL 平台都是 i5 产品全生命周期的一个平台，对所有人都开放

D. 车间信息系统（WIS）和在线工厂都属于 i 平台提供的功能模块

3. 从以下四个选项中选出正确的 i5 M1.4 智能加工中心的坐标系方向（　　）。

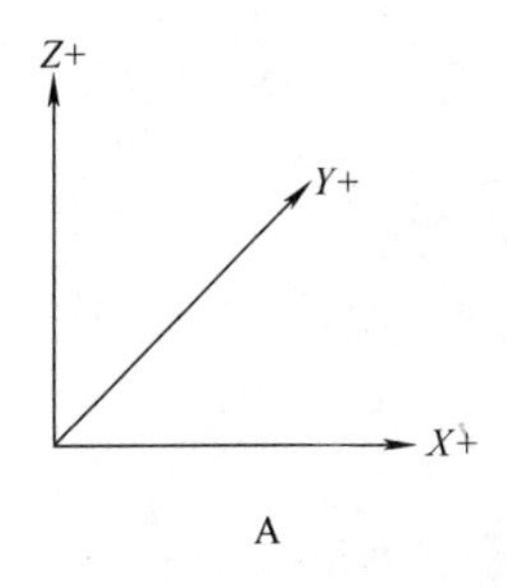

A

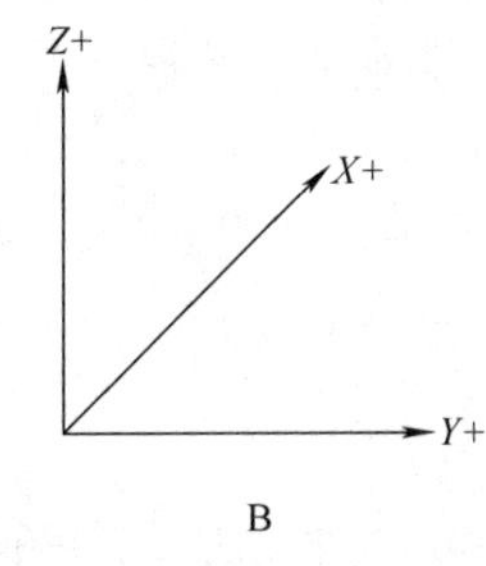

B

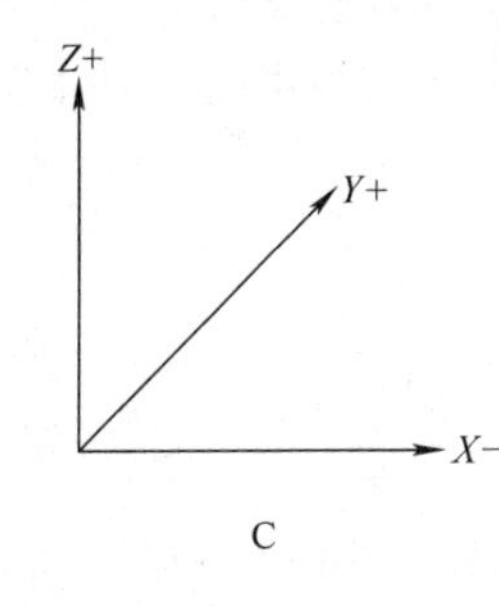

C

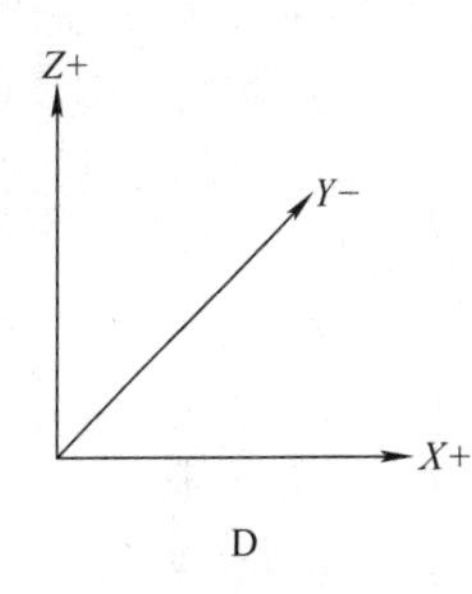

D

4. 下列关于 i5 M1.4 智能加工中心说法不正确的是（　　）。

A. i5 智能加工中心的坐标系完全符合左手笛卡儿坐标系的规则

B. M1.4 智能加工中心采用十字滑台的基础结构，有 X、Y、Z 三根进给轴

C. 面对机床站立，平伸我们的右手，拇指所指的方向就是 X 轴正方向

D. 坐标系的方向都是指刀具移动的方向

5. 编写 i5 程序名称时，需要注意一些事项，下面程序名命名不正确的是（　　）。

A. abc

B. _abc

C. bnm4

D. 8abc

6. 下列关于 i5 程序段组成说法不正确的是（　　）。

A. N 代表程序段号，最多是四位数

B. M 是辅助功能，不一定每段程序都必须完整地写出每个指令，有一些不需要的指令或者模态的指令是可以省略的

C. “/”斜杠代表在运行中可以跳过的程序段，但是必须与段跳跃功能同时使用

D. 分号后面的程序段不会被执行，而是自动执行下一段程序

7. CALL O123 P2 中的 P2 代表（　　）。

A. 子程序　　B. 主程序　　C. 调用子程序两次　　D. 系统参数

8. 下面关于主程序与子程序说法不正确的是（　　）。

A. 单独执行的程序称为主程序，被其他程序调用的程序称为子程序

B. 子程序只能被一个主程序调用，不能被其他子程序调用

C. 子程序的扩展名必须是 iso，主程序的扩展名可以是 nc 等多种格式

D. 主程序的程序结束符可以是 M30

9. 从下列按钮中选择机床开机顺序，正确的是（　　）。

①   ② 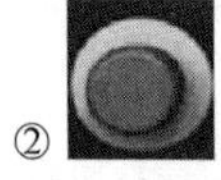 ③  ④ 

A. ①②③④

B. ④①②③

C. ①③②④

D. ③①②④

10. 下列关于 M1.4 加工中心装夹刀具顺序正确的是（　　）。

① 转动刀盘，将目标刀位转动至需要装夹的位置

② 握住刀柄法兰一侧，伸入装夹位置

③ 将刀柄的键槽缺口对正刀位中的凸起部分，刀柄的 V 形槽部分与两个导向轮相贴合

④ 用手试着转动刀具

A. ①②③④

B. ①④②③

C. ①③②④

D. ②③①④

11. 如图 1-63 所示，在 M1.4 加工中心上采用光电寻边器对刀，下列步骤排列正确的是（　　）。

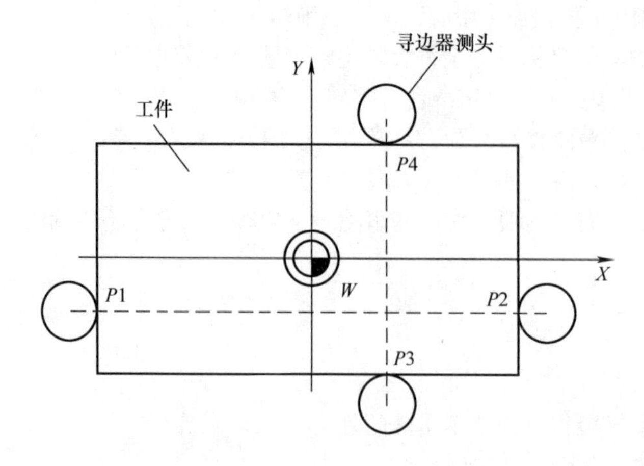

图 1-63　矩形工件对刀

① 先对 $P1$ 点，将光电寻边器沿 X 轴慢慢靠近工件，临近时调整为0.01小倍率

② 将光电寻边器下降到临近工件约10mm处，单击“工件测量”界面，并将“目标值”中数值清零

③ 单击“工件测量”界面按钮“设置零偏”，同时“零偏”表的数据也随之更新

④ 当光电寻边器发光发声时，停止进给，并沿 Z 轴正向抬起离退工件，X、Y 轴不动，单击“工件测量”界面按钮“保存 $P1$”

⑤ 移动进给轴，将光电寻边器移动到 $P2$ 测量点，测量其坐标

⑥ 重复上述步骤，完成 Y 方向对刀（$P3$ 和 $P4$ 测量点）

A. ①②③④⑤⑥

B. ①②④⑤③⑥

C. ②①④⑤⑥③

D. ②③①④⑤⑥

12. 下面选项中对模态指令的正确说法是（　　）。

A. 指定后一直生效，除非同组其他指令出现把它注销

B. 只在当前的程序段生效，执行完成之后自动取消

C. A与B都不是

D. 模态指令只针对于系统参数

13. 下面关于i5加工中心的M辅助功能指令说法不正确的是（　　）。

A. M03 主轴正转

B. M00 程序有条件暂停，需要与条件停按键配合使用

C. M19 主轴定位

D. M09 冷却停止

14. 下面关于加工中心刀库结构及保养说法不正确的是（　　）。

A. 图1-64中左边是机械手刀库，右边是转塔刀库

B. 机械手刀库在保养中，需要密切关注换刀时主轴定位角度是否准确，否则可能会出现换刀时机械手臂与主轴相撞的情况

C. 转塔刀库是利用刀夹上的凸起和导向轮把刀具定位和夹持的

D. 以上两种刀库均需要定期清扫刀库内及周围的铁屑，防止铁屑堆积

图1-64　刀库

15. 数控加工中心与数控铣床最大的区别在于（　　）。

A. 主轴是否可以高速旋转

B. 所使用的数控系统

C. 光栅尺的有无

D. 是否有刀库和自动换刀装置

注：扫描二维码可查看课后习题答案

第2章

加工中心加工工艺

加工中心是一种带有刀库并能自动更换刀具的数控机床，适合加工工序较多、精度较高的工件。它可以在一次装夹中完成多道工序的加工，因此加工中心与普通铣床在加工工艺上有很大的区别，工艺人员需要根据被加工零件的图样合理地选择机床，并制订加工方案（包括定位方式、装夹方法、工艺路线、刀具选择、切削参数等）。

加工工艺的好坏对机床性能、工件的加工质量、刀具的寿命以及程序的编制都有很大的影响，因此需要工艺人员有较高的综合能力。

本章从刀具及常用的加工方法入手，由浅入深地介绍工件的定位、装夹原理，切削参数的选取原则，最后用两个典型案例加深读者对本章内容的理解。

第1节　加工中心常用加工方法

如图2-1所示，根据切削刀具的不同，加工中心常用的加工方法可分为4类：铣削加工、钻削加工、镗削加工和铰削加工。每种加工方法都有其自身的优缺点及适用场合，同学们可在实际的训练中慢慢体会。

a) 铣削加工

b) 钻削加工

c) 镗削加工

d) 铰削加工

图2-1　常用加工方式

一、铣削加工

铣削的主切削运动是刀具的旋转运动，如图2-2所示，工件本身不动（装夹在机床的工作台上)，依靠工作台带动工件移动完成进给运动。铣削属于断续切削，刀具的切削刃与工件周期性地接触，完成加工过程。在铣削过程中，铣刀的切入、切削过程、切出都会对刀具造成冲击，因此对铣削的整个过程控制都非常重要。

铣削平面时，根据所用铣刀部位的不同可分为圆周铣削（周铣）和端面铣削（端铣）。

1. 周铣

周铣是指利用分布在铣刀圆柱面上的切削刃来形成平面（或表面）的铣削方法。如图2-3所示，周铣可分为顺铣和逆铣两种。当铣刀旋转方向和工件进给方向相同时，称为顺铣，如图2-4a所示。当铣刀旋转方向和工件进给方向相反时，称为逆铣，如图2-4b所示。

图 2-2　铣削加工过程

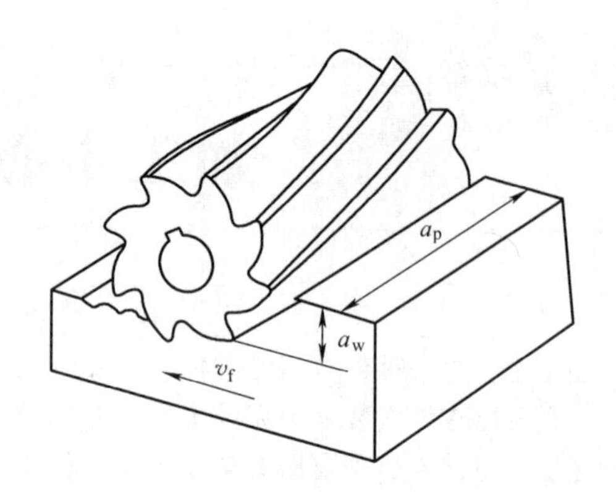

图 2-3　圆周铣削

顺铣时，刀片最先接触工件表面，切削厚度从最大开始减小，由于不存在滑行现象，所以加工精度较高，对刀具的磨损较小。但是当工件表皮有硬化层时，或者工件的余量不均匀时，会对刀片造成较大的冲击，发生崩刃的危险。此外顺铣时，水平分力与进给运动方向相同，不利于进给运动的平稳性。

逆铣时，切削厚度由零逐渐增大，由于刀片圆角有一定厚度，所以会在工件表面滑行一段距离才能切入工件，加剧了刀具的磨损并且使加工表面的质量变差。但是当工件表面有硬化层或者余量不均时，采用逆铣可较好地保护刀具。逆铣时，垂直分力有向上抬起工件的趋势，这就要求工件装夹牢固。

2. 端铣

端铣是指利用分布在铣刀端面上的端面切削刃来形成平面的铣削方法，如图 2-5 所示。

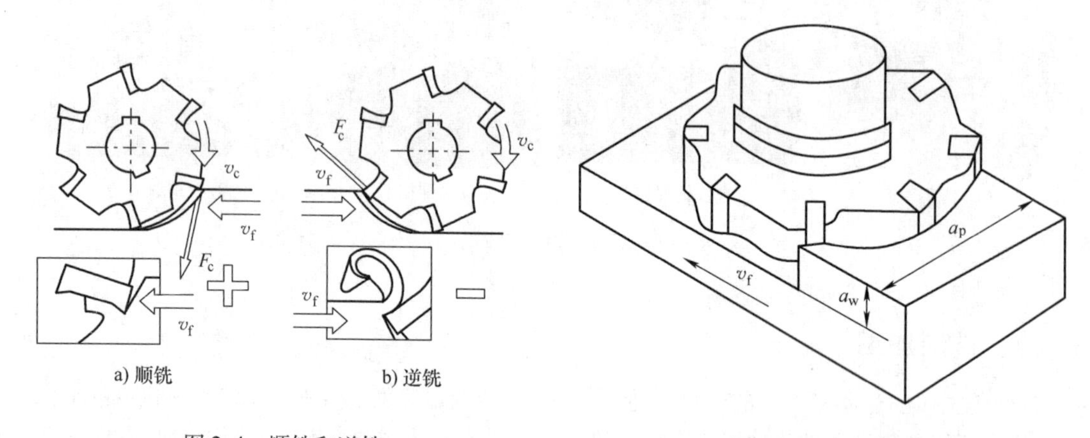

图 2-4　顺铣和逆铣

图 2-5　端面铣削

铣刀切入工件时的情况如图 2-6 所示。

前三种情形都会产生切屑由厚变薄的情况，有利于提高刀片的使用寿命。但是从提高加工效率的角度而言应优先选用第一种和第三种情形，因为第一种有最高的金属去除率，而第三种有最薄的切屑，使进给率更快。第二种不建议使用，因为切入时已经到达最大的切削负荷，进给速度不能太快。

第四种情形刀具开始切削时，切屑厚度从零开始，刀具先磨损再切入，会降低刀具的寿命。

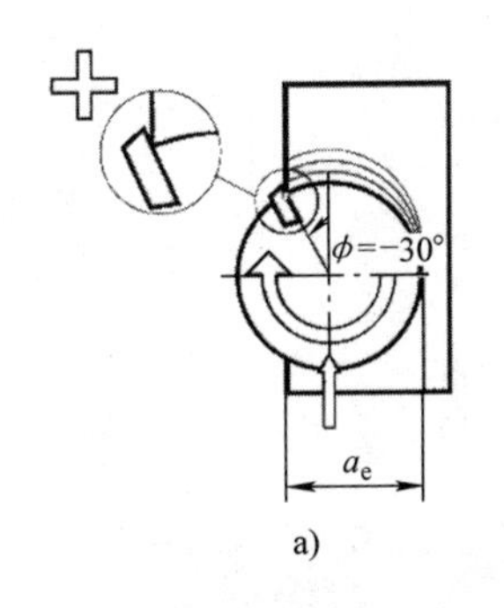

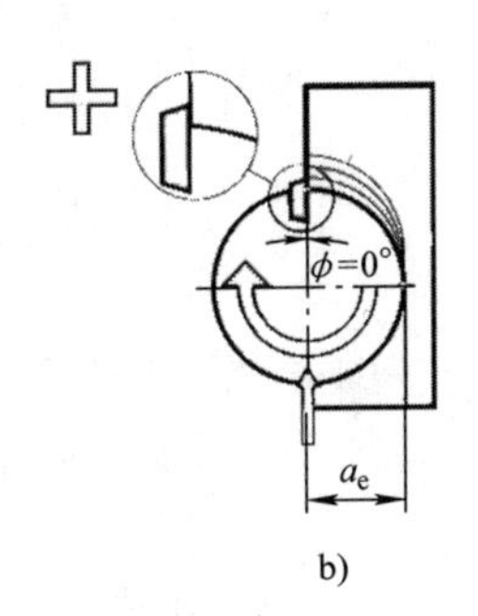

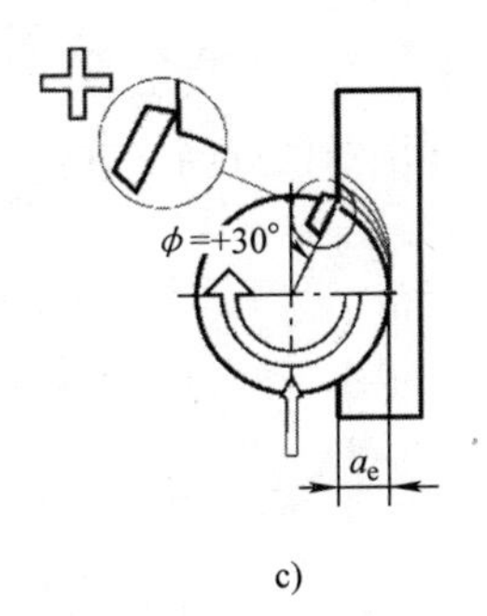

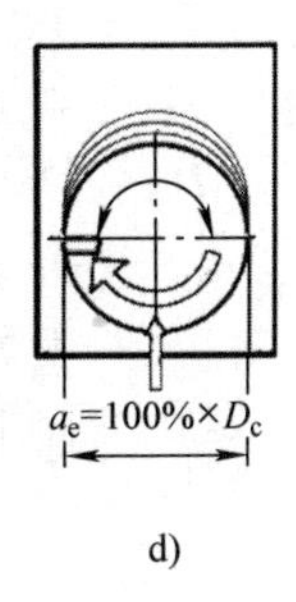

图2-6　铣刀切入工件

刀具切出工件时的情况如图2-7所示。

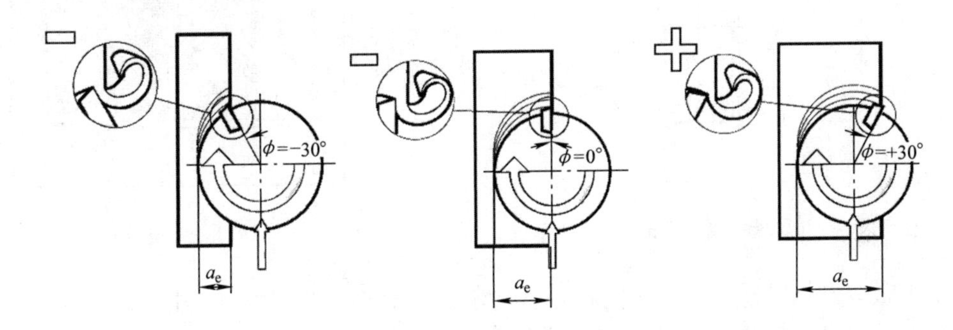

图2-7　铣刀切出工件

从保护刀具的角度而言，都要避免刀具切出时产生厚的切屑。切出时较厚的切屑缺乏支撑，会产生张力，容易造成刀尖崩刃，另外如果切屑较厚，应尽量避免刀尖率先离开工件，最好是沿着切削刃刀尖最后离开切口。

如果刀具直径大于工件直径（见图2-8），即使能一刀加工完成，也不能使刀具中心与工件中心重合，大小平均的背向力不断变化会造成机床振动，此时要使刀具中心偏离工件中心。

3. 立铣刀加工路径

（1）封闭腔体加工进刀　腔体加工时，最常用的是斜线式进刀或螺旋式进刀，以保护刀具。斜线式进刀适用于比较狭窄的空间，如图2-9所示。

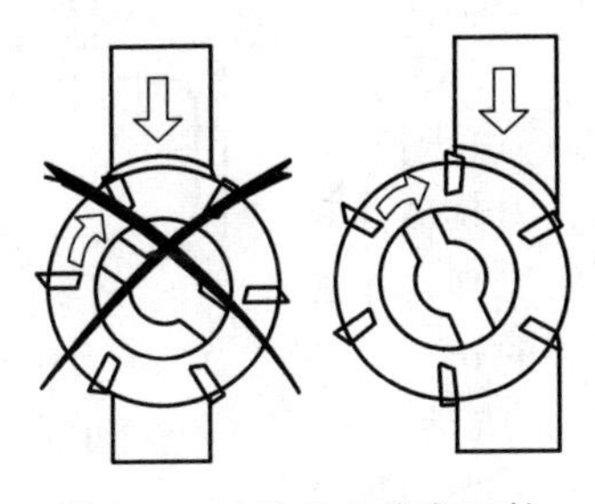

图2-8　刀具中心偏离工件

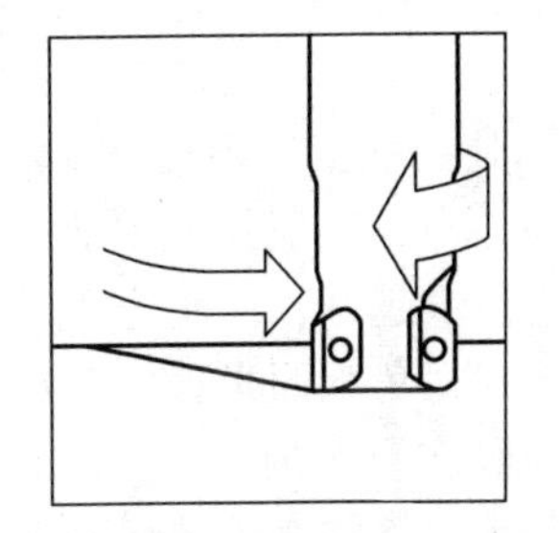

图2-9　斜线式进刀

如果是镶齿式的刀具或者底部没有切削能力的铣刀，为了保护刀体底部切削刃的中部，斜线进刀的角度应该满足：

$$\alpha \leqslant \arctan\left(\frac{h}{D - 2 \times d_{w1}}\right) \tag{2-1}$$

式中 h——刀具中心无切削刃部分的高度；

D——刀具直径；

d_{w1}——单侧切削刃宽度。

如图 2-10 所示，角度越小，对刀具越有利，但是会增大对距离的要求。

螺旋式下切时也要注意螺距不能大于刀片的最大背吃刀量，如图 2-11 所示。

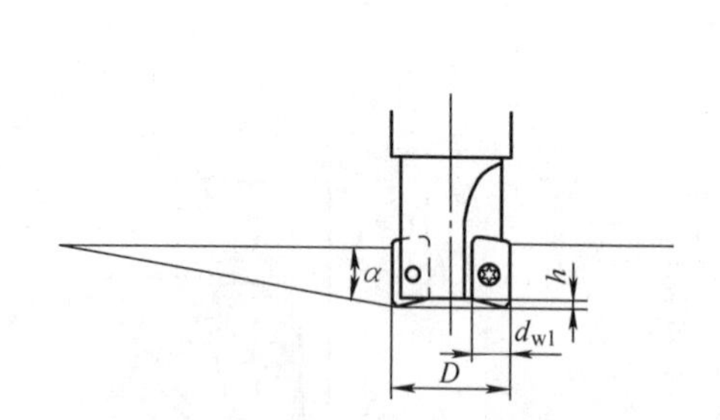

图 2-10　角度对斜线进刀的影响

图 2-11　螺旋式进刀

（2）开放轮廓加工进退刀　当立铣刀从外部进入工件时，为了减小冲击和换向带来的停顿，应该采用切线进刀的方式，避免采用直线进刀的方式，如图 2-12 所示。

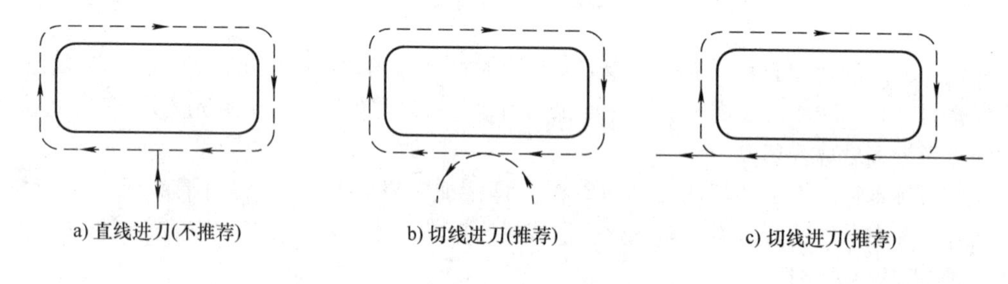

a) 直线进刀(不推荐)　　b) 切线进刀(推荐)　　c) 切线进刀(推荐)

图 2-12　进刀方式

有时为了减轻进刀刀痕，会加长一段重合距离，如图 2-13 所示。

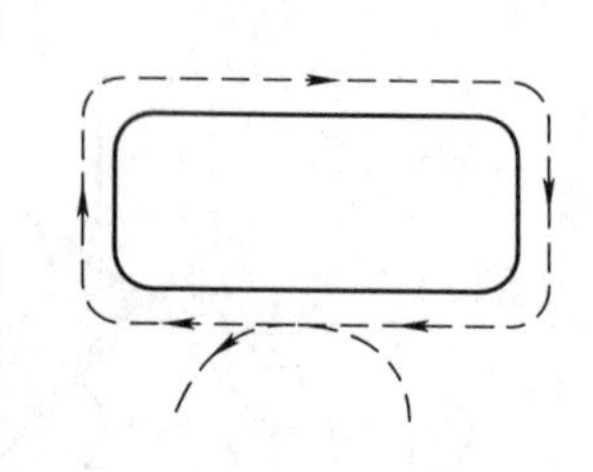

图 2-13　重叠进刀

（3）拐角处的加工　拐角处的加工如图 2-14 所示，由于换向，铣刀需要减速，为了保证加工质量，拐角的半径越大，刀具减速越不明显，加工质量越好，因此选择刀具时刀具的半径要比拐角半径小。如果选择与拐角相同半径的刀具，那么刀具圆心点的路径就会出现直角，刀具在直角处出现准停，容易造成工件表面质量下降。一般建议精加工刀具的直径是拐角直径的 70% ~80%，如果粗加工所留的余量较大，在加工至拐角处时，还应适当降低进给率，以避免刀具与工件大面积接触，或余量过大引起振动而降低加工质量。

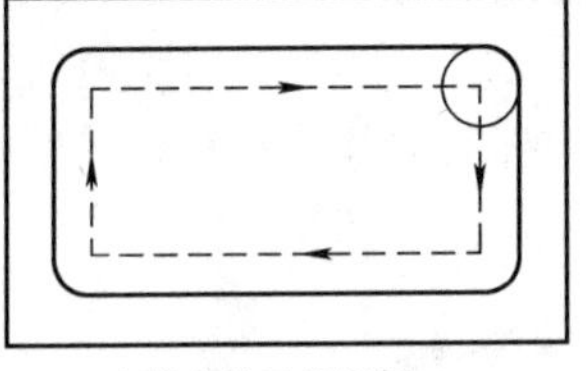

a) 较大的刀具半径

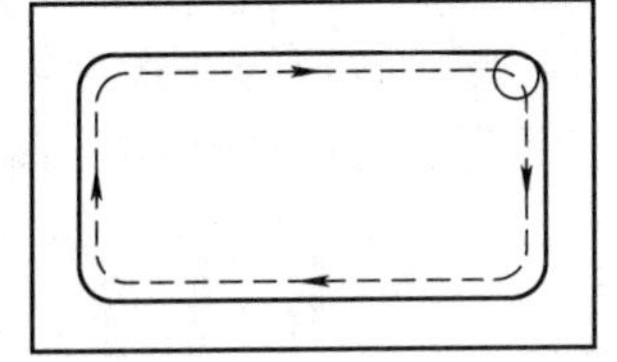

b) 较小的刀具半径

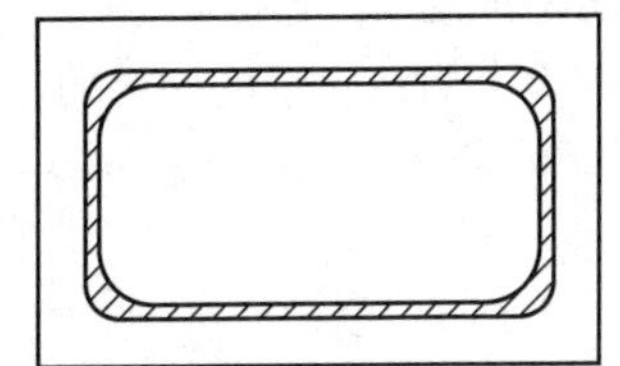

c) 拐角处余量不均

图 2-14　拐角处的加工

二、钻削加工

钻削加工是用钻头在加工面上加工孔的过程，如图 2-15 所示。钻削加工时，为了保证钻孔的质量，通常需要注意以下几个方面。

图 2-15　钻削加工

1. 保持钻孔面平整

为了保证孔轴线不发生倾斜，钻孔时一般要求加工平面垂直于主轴轴线。如果斜面倾斜角度较大（大于 10°），则最好用铣刀加工一个小的平面，在此平面上钻孔。如果斜面的倾斜角度比较小（5°～10°），可以使用刚性好的定心钻加工一个浅的定位孔，用来引导麻花钻，如图 2-16 所示。

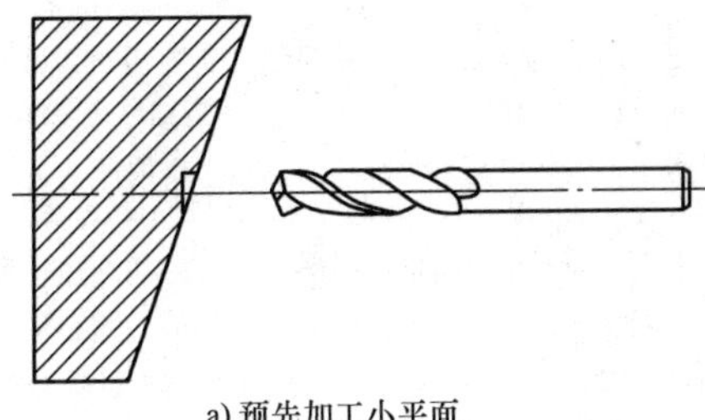

a) 预先加工小平面

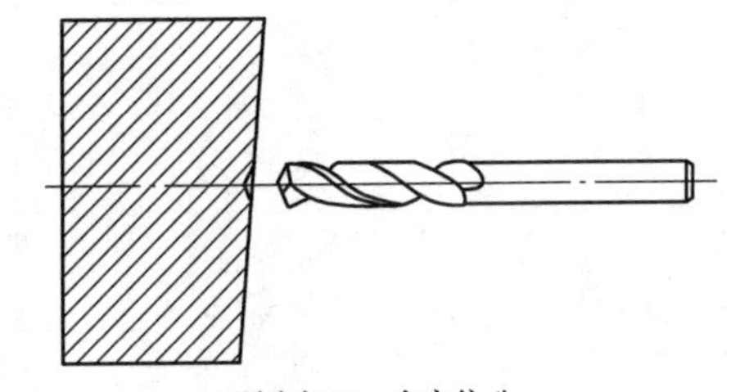

b) 预先加工一个定位孔

图 2-16　斜面钻孔

对于更小倾斜角度的平面（ <5°），可进行直接钻孔，如图 2-17 所示。在钻入时应适当降低进给率，以减小钻头突然受到的径向分力，保证钻头的刚性。

2. 保证铁屑顺利排出

如果能稳定而顺利排出铁屑，不发生缠刀，一般来说各种形状的铁屑都是可以接受的。但为保证排屑稳定，仍然倾向于使铁屑呈现小而卷的状态，如图 2-18 所示。

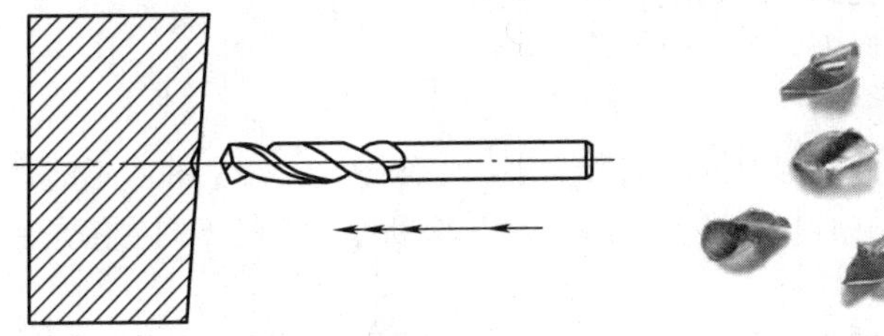

图 2-17　平面钻孔

图 2-18　小而卷的铁屑

切削速度和进给量都会影响切屑的形状，切削速度越大，则铁屑越薄且呈现展开的形状；进给量越大，则铁屑呈现卷起的形状且较厚。如图 2-19 所示是切削速度和进给量对铁屑的影响。如图 2-20 所示，如果出现铁屑很长的情况，可适当增加进给量，并考虑采用内冷或改进槽形。

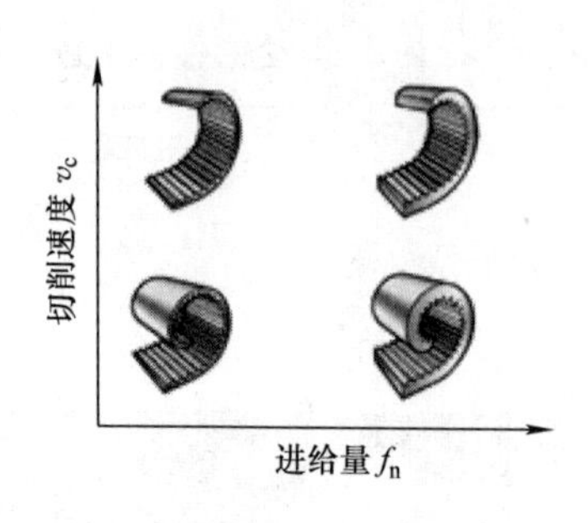

图 2-19　切削速度和进给量对铁屑的影响

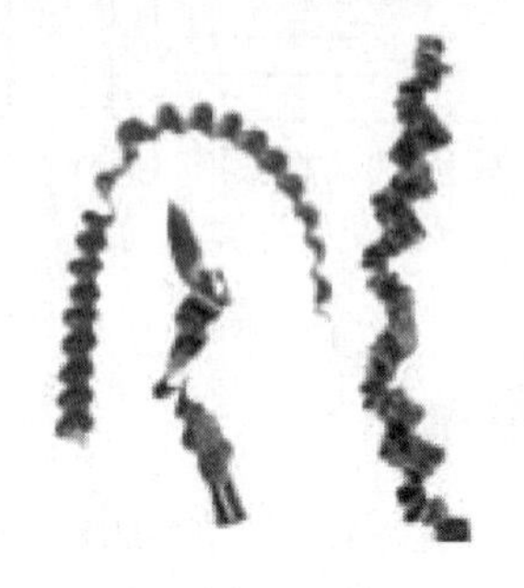

图 2-20　长铁屑

3. 保证钻头磨损在可控范围内

刀具的磨损也会降低孔的加工质量，表 2-1 中介绍了几种钻孔常见的问题和处理方法。

表 2-1　钻孔常见问题和处理方法

现象		处理方法
积屑瘤		如果出现积屑瘤，一般是切削速度过低引起切削温度的升高导致的，可以适当调高切削速度来改善
崩刃		出现崩刃的情况，一般是遇到了断续切削，可能由于突然的外力或毛坯缺陷，或者刀具已经磨损严重仍在继续使用，要尽快检查装夹是否牢固、刀具是否磨损严重
严重磨损		出现磨损严重的情形，一般是过大的切削速度和较低的进给速度使刀具长时间与工件摩擦引起的。这种情形首先要调整切削参数，如不能改善，建议更换耐磨性更好的涂层

三、镗削加工

镗削加工是使用镗刀将已有的孔进一步扩大的加工方法。一般来说，镗刀适用于直径较大的孔。但是随着技术的日新月异，镗刀的尺寸已经大幅度减小，现在已经制造出直径为 3mm 的镗刀。如图 2-21 所示，镗刀分粗镗刀和精镗刀两种。粗镗刀一般有两个以上的切削刃，切削效率较高。粗镗主要用于不重要的孔壁加工和重要孔壁的半精加工，为精加工之前的准备工序。精镗刀一般都是单刃，能较好保证镗孔的尺寸精度和表面质量。

为了保证镗削加工的质量，有以下几个方面需要注意：

1. 镗刀主偏角对镗前加工的影响

镗削刀具的主偏角影响进给力和背向力的方向和大小。主偏角大，对主轴产生的进给力大，而主偏角小会导致大的背向切削力并且切屑厚度较薄。图 2-22 所示为几种不同主偏角的刀具。

2. 加工至底部时暂停

镗刀在加工时，随着主轴的旋转进给轴向也在不断移动，因此，在加工至不通孔底部时，需

a) 粗镗刀镗孔　　b) 精镗刀镗孔

图2-21　镗削加工

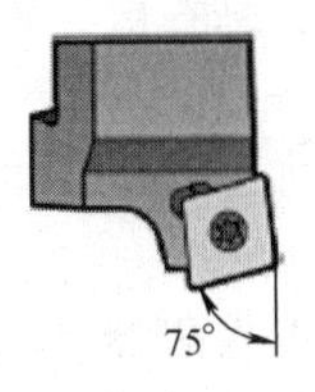

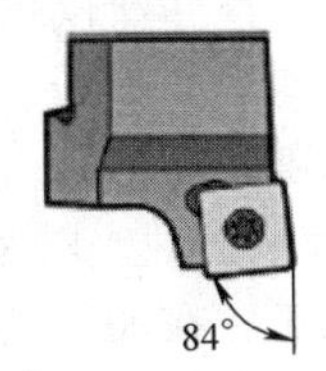

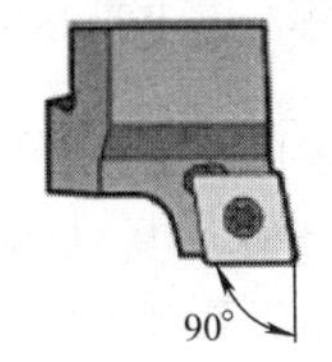

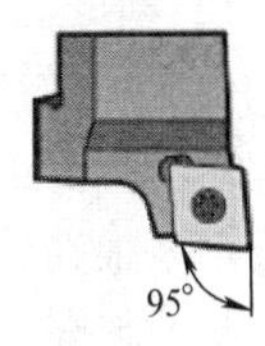

图2-22　镗刀的主偏角

要在底部暂停一段时间，以保证孔底的质量。

3. 精镗时的底部偏移量

精镗时，为了保证刀具回退不会造成孔壁的损伤，需要使刀具在底部定向后，沿刀尖反向回退一段距离，回退距离不能太大，保证刀尖离开底部表面即可，以免刀具与孔壁发生干涉。

四、铰削加工

铰削是用铰刀精加工孔的过程，如图2-23所示。铰刀属于成形刀具，是从孔壁去除微量金属层，以提高其尺寸精度和减小表面粗糙度值的方法。

图2-23　铰削加工

铰孔时有以下几点需要注意：

1. 铰削余量的选择

铰削余量的大小直接影响铰孔的质量。余量太小，上道工序的余量不能完全去除，余量太大则会对铰刀造成过快的磨损，甚至较多的切屑容易造成堵塞，切削液无法注入甚至折断铰刀，严重影响铰孔后的表面粗糙度。一般高速钢铰刀铰孔时，余量为0.08～0.25mm，硬质合金铰刀铰削余量一般为0.1～0.4mm。

2. 铰刀尺寸的选择

铰刀铰出的孔在正常情况下会比铰刀尺寸稍大一些，因此选择铰刀尺寸时要考虑铰孔后的扩张量和刀具的磨损，铰刀的最小尺寸在孔公差带的1/3处，最大尺寸在孔公差带的2/3处。

3. 铰削用量的选择

铰孔的一般原则是低的切削速度和高的进给量，硬质合金铰刀切削速度一般选择在 8～30m/min之间，每转进给量在0.04～0.4mm/r之间。

4. 铰孔切削液的选择

铰孔时切削液对加工质量也有较大的影响。一般来说，水溶性切削液加工的表面粗糙度值比较小，加工出的孔径也会有适当的收缩。而不合适的切削液和使用非水溶性切削液的情况下，铰孔后的直径会比铰刀的实际尺寸略大一些。

第2节　加工中心常用刀具和刀柄

由于数控加工和铣削加工的特殊性，对加工中心所用刀具提出了更高的要求。

1）强度高，耐冲击性好。由于断续切削，刀具与工件间断接触，因此要求刀具有良好的耐冲击性，有韧性且不易崩刃。

2）良好的热硬性和耐磨性。由于数控加工的高切削速度和进给量以及某些加工材质，加工时会产生很高的温度，此时要求刀具有良好的热硬性和耐磨性，以保证足够的刀具寿命。

3）排屑性能好。数控加工是自动化程度较高的加工，在加工过程中，并没有人的参与，因此在加工时产生的铁屑必须依靠刀具和切削液自动排出，所以要求刀具有好的断屑和排屑能力，以避免由于铁屑无法排出造成的加工问题。

4）精度高、可靠性好。加工中心加工的工件精度要求较高，因此对刀具的制造精度提出了更高的要求。为了更高的加工效率，加工中心都有换刀装置，刀具每次更换的定位误差和可靠性也会对加工造成影响。

一、刀具分类

加工中心所用刀具按照用途可分为：铣削刀具和孔加工刀具。常用的铣削类刀具主要有面铣刀、立铣刀、三面刃铣刀、圆鼻铣刀、球头铣刀、成形铣刀和螺纹铣刀等，如图2-24所示。常用的孔加工刀具主要有麻花钻、中心钻、可转位刀片钻头、扩孔钻、铰刀和镗刀等，如图2-25所示。

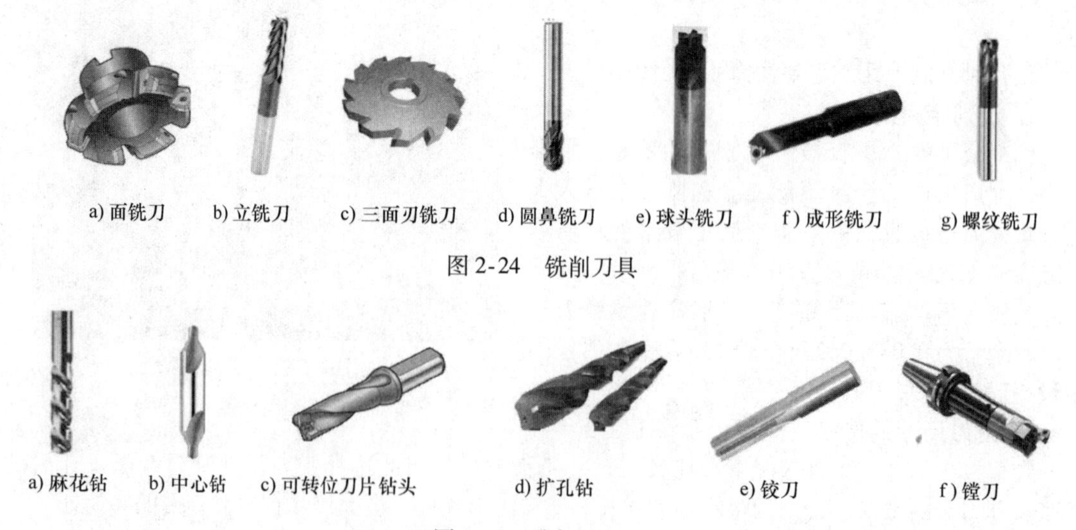

a) 面铣刀　b) 立铣刀　c) 三面刃铣刀　d) 圆鼻铣刀　e) 球头铣刀　f) 成形铣刀　g) 螺纹铣刀

图2-24　铣削刀具

a) 麻花钻　b) 中心钻　c) 可转位刀片钻头　d) 扩孔钻　e) 铰刀　f) 镗刀

图2-25　孔加工刀具

1. 铣削类刀具

（1）面铣刀　面铣刀主要用来加工大面积平面。面铣刀直径较大，因此多制作成镶齿结构，刀片和刀体分开，当刀片磨损或者损坏后只需要将刀片调换切削刃或者更换刀片就可以，不需要整体更换刀具，从而可节约加工成本。面铣刀按拆装结构又分为整体式和芯轴式两种，如图 2-26 所示。

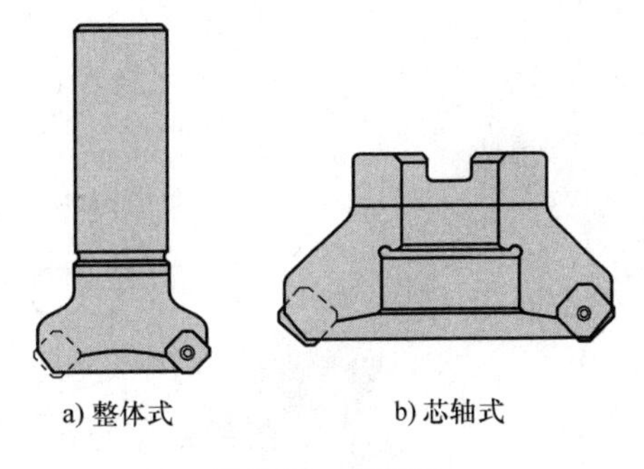

图 2-26　面铣刀

刀片安装的槽形不同，使面铣刀拥有不同的主偏角，不同的主偏角又导致了刀具加工时所产生的切削力不同，如图 2-27 所示为几种不同的主偏角受力方向和大小的对比。

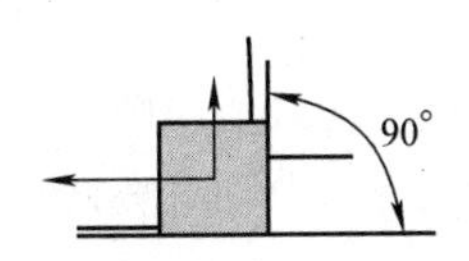

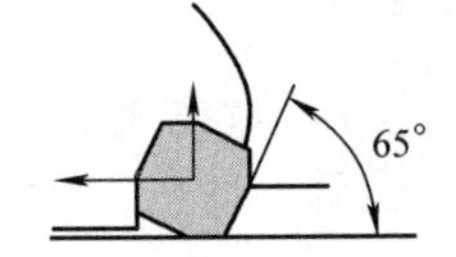

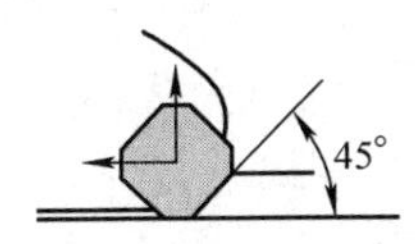

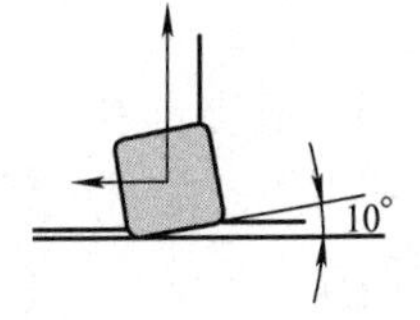

图 2-27　不同主偏角受力方向和大小示意图

在进给量给定的条件下，较小的主偏角可以产生较小的切屑厚度，并使得更长的切削刃与工件接触。较小的切屑厚度能使刀具平稳地切入，有助于减少径向压力和保护切削刃。

主偏角为 90°的面铣刀又称为方肩铣刀，如图 2-28 所示。这种铣削结构主要在进给方向产生背向力，适合于加工薄壁（底面）工件或者刚性较差的工件。

（2）平底立铣刀　平底立铣刀是加工中心使用较多的一种刀具。立铣刀主切削刃分布在圆柱面上，端面为副切削刃，如图 2-29 所示。

图 2-28　方肩铣刀

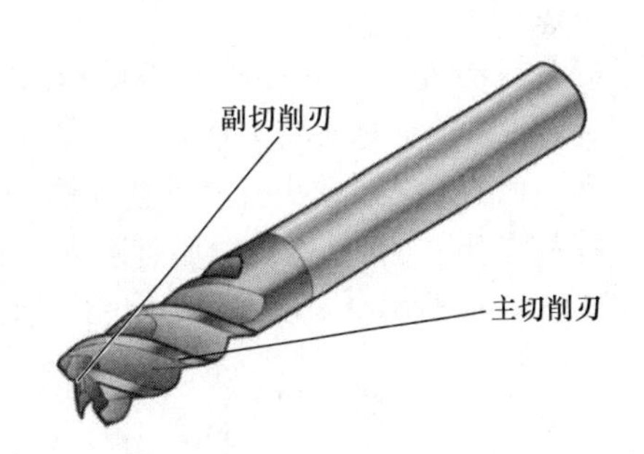

图 2-29　平底立铣刀（一）

如果立铣刀的端部有过中心的切削刃，如图 2-30 所示，则称为中心切削立铣刀，可以用于钻入式切削，否则不能进行钻入。

立铣刀有双齿、三齿、四齿、六齿甚至更多类型。双齿立铣刀可以用于较大切削量的加工，一般用于粗加工。六齿立铣刀切削量小，切削时多个切削刃参与工作，因此切削平稳，但是容屑能力小，适合小切削量的精加工。

（3）三面刃铣刀　三面刃铣刀的外圆周和两侧边都有切削刃，如图 2-31 所示，适用于加工一些台阶、凹槽等。

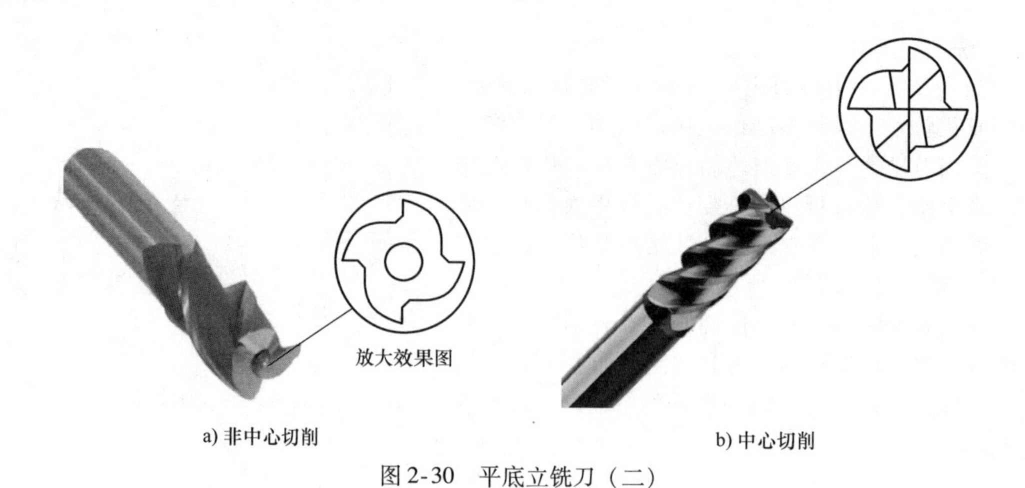

a) 非中心切削　　b) 中心切削

图 2-30　平底立铣刀（二）

（4）圆鼻铣刀　端面刃边缘有刀尖圆角（半径为 r_ε 的立铣刀称为圆鼻铣刀，如图 2-32 所示。端刃的刀尖圆角可以有效地减小刀尖在切削时受到的冲击，常用于过渡的圆角和斜面或者曲面的加工。

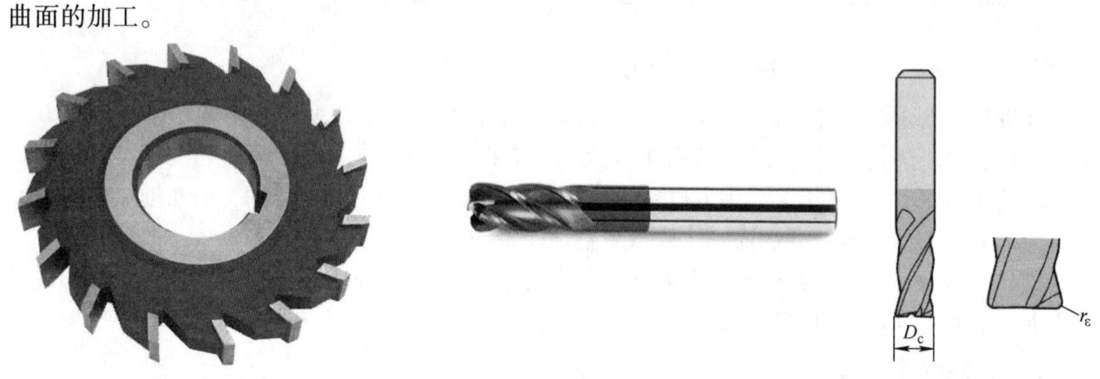

图 2-31　三面刃铣刀

图 2-32　圆鼻铣刀

（5）球头铣刀　如果中心切削圆鼻铣刀的刀尖半径与刀具半径相等，端面则为球形，因此称之为球头铣刀。球头铣刀都是中心切削的刀具，可以沿刀具的轴向切入工件，主要用于模具中型腔和曲面的加工。球头铣刀有整体硬质合金和镶齿两种结构，如图 2-33 所示。

球头铣刀除了圆柱形外，还有圆锥形。锥形的球头铣刀主要用于加工容易产生干涉的凹槽区域，如图 2-34 所示。采用锥形结构能增加一定的刚性，避免使用直径过小的刀具产生让刀等问题。

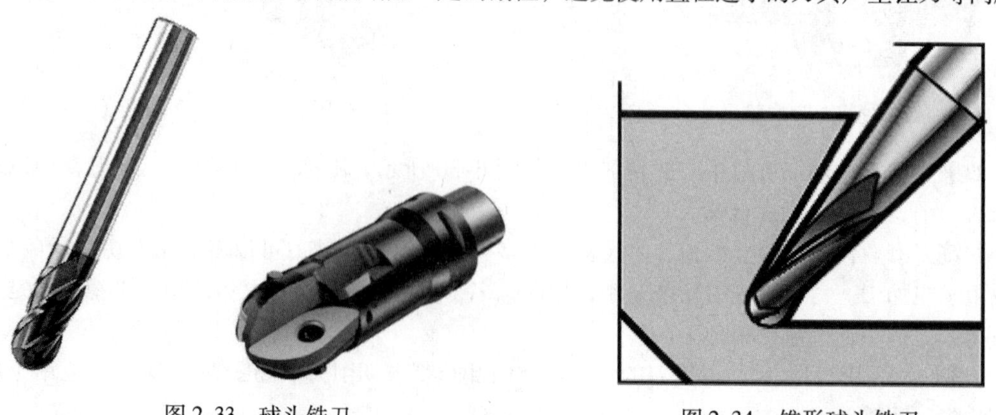

图 2-33　球头铣刀

图 2-34　锥形球头铣刀

（6）成形铣刀　成形铣刀属于定制刀具，是根据工件的某个加工特征而专门定制的。合适的成形刀具能极大地提高加工效率并保证零件的加工质量，如图2-35所示。

（7）螺纹铣刀　螺纹铣刀可以用于铣削内外螺纹表面，一般用于较大螺纹的加工，如图2-36所示。螺纹铣削可以达到很高的线速度，能得到很高的表面质量。一把螺纹铣刀可以加工多种尺寸和不同旋向的螺纹，能够降低使用成本。

图2-35　成形铣刀

图2-36　螺纹铣刀

2. 孔加工类刀具

加工中心上工件的加工几乎都会涉及孔的加工，根据零件的不同要求，需要用不同的刀具和加工方法来加工。常用的孔加工方法有以下几种：钻孔、扩孔、铰孔、攻螺纹、锪孔和镗孔。孔加工类刀具主要有以下几种：

（1）麻花钻　麻花钻是最常用的一种钻孔刀具。麻花钻由两条螺旋槽组成，螺旋槽最前端是刃磨出的一对主切削刃，担任主要的切削工作，从主切削刃的最外端起到螺旋槽的尾部属于麻花钻的导向部分，也是切削部分磨损后的后备部分。两后刀面相交的部分是横刃。麻花钻的尾部有直柄和锥柄之分，一般直径小的麻花钻为直柄，如图2-37所示，直径大的麻花钻为锥柄，如图2-38所示。使用麻花钻钻孔的表面粗糙度值为$Ra12.5\mu m$，属于粗加工工序。

图2-37　直柄麻花钻

图2-38　锥柄麻花钻

（2）中心钻　中心钻是用来加工中心孔的工具，一般用在麻花钻钻孔之前，保证麻花钻头的定位准确，如图2-39所示。

（3）可转位刀片钻头　可转位刀片钻头的头部装有两个硬质合金刀片，如图2-40所示。两个刀片分别位于刀具的中心和外侧，刀片有多个切削刃，可以进行更换。可转位刀片钻头相比麻花钻能有更大的切削速度，更高的加工效率。

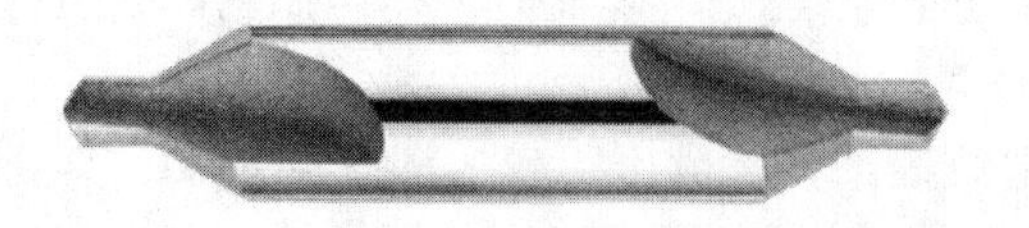

图 2-39　中心钻

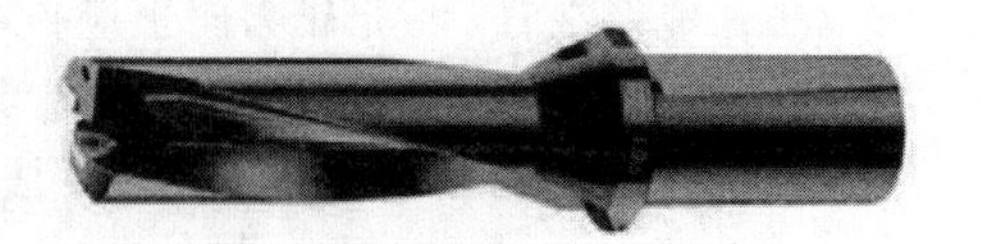

图 2-40　可转位刀片钻头

（4）扩孔钻　扩孔钻是把已有的孔进行进一步的扩大，如图 2-41 所示。扩孔钻一般有 3 个或者更多的切削刃，没有横刃，导向性能好，刚性好，但是主切削刃较短，切削量不能太大。扩孔对孔轴线有一定的修正作用，对孔的表面质量也有一定的改善，表面粗糙度值可达 *Ra*6.3 ~ 3.2μm。常用扩孔钻有套式和整体式两种。

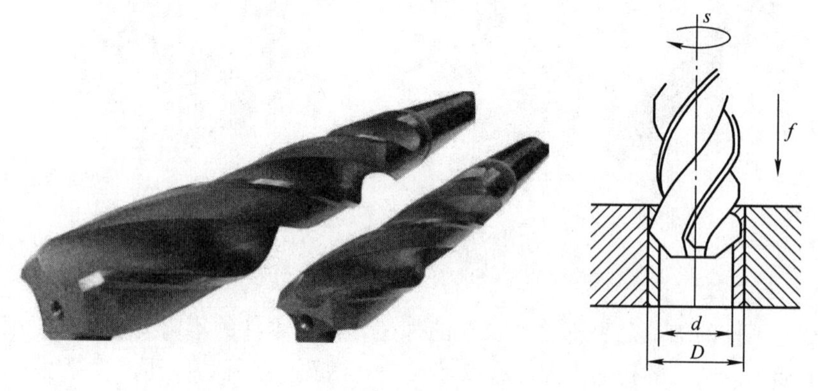

图 2-41　扩孔钻

（5）铰刀　铰刀属于精加工刀具，如图 2-42 所示。铰刀的公差等级分为 H7、H8、H9 三级，分别加工不同等级的孔。铰刀有螺旋槽和直槽两种结构，螺旋槽铰刀切削平稳，可以断续加工。铰孔时切削量都比较小，只有 0.1mm 左右，一般都采用低切削速度和高的进给量，以保证孔的加工质量，表面粗糙度值可到 *Ra*0.8μm 以内。

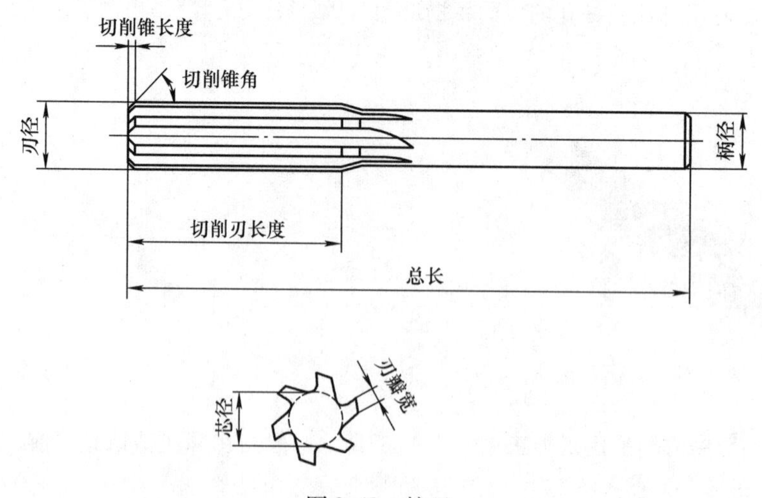

图 2-42　铰刀

（6）镗刀　镗孔是对已有孔的进一步加工。如图 2-43 所示，镗刀上安装有刀片，镗刀的尺寸一般都可以调节，因此每把镗刀可以加工多个尺寸的孔，镗孔能修正孔的形状误差和位置误差。粗镗刀有两刃、多刃的结构，加工效率高；精镗刀一般都是单刃可微调的结构，主要用于保证孔的表面质量和尺寸精度。

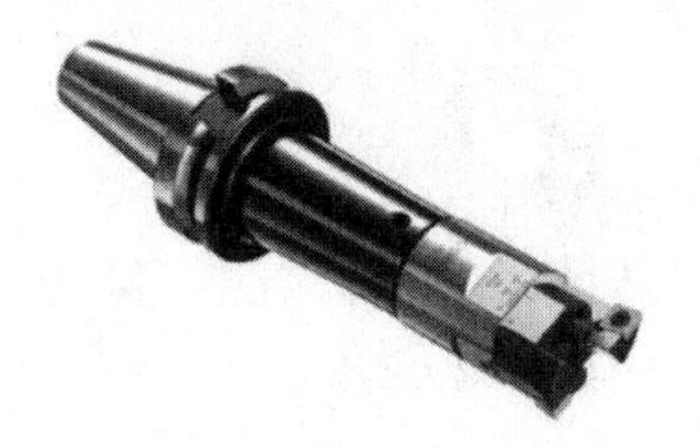
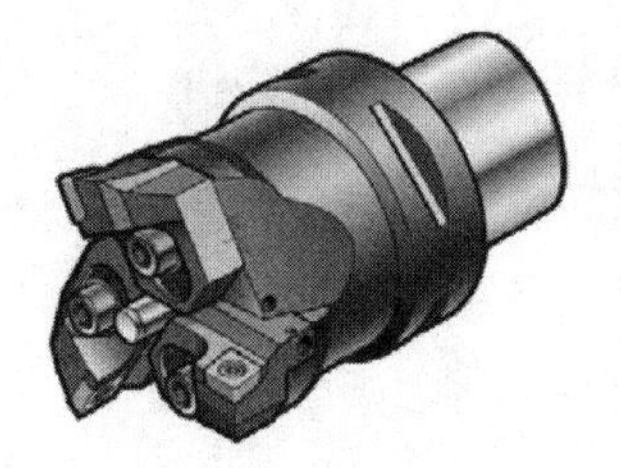

图2-43　镗刀

二、刀柄的分类

刀具需要通过刀柄与主轴连接。主流的加工中心常见的刀柄有三种结构：7∶24 锥柄、1∶10 刀柄以及 1∶20 刀柄，如图 2-44 所示。

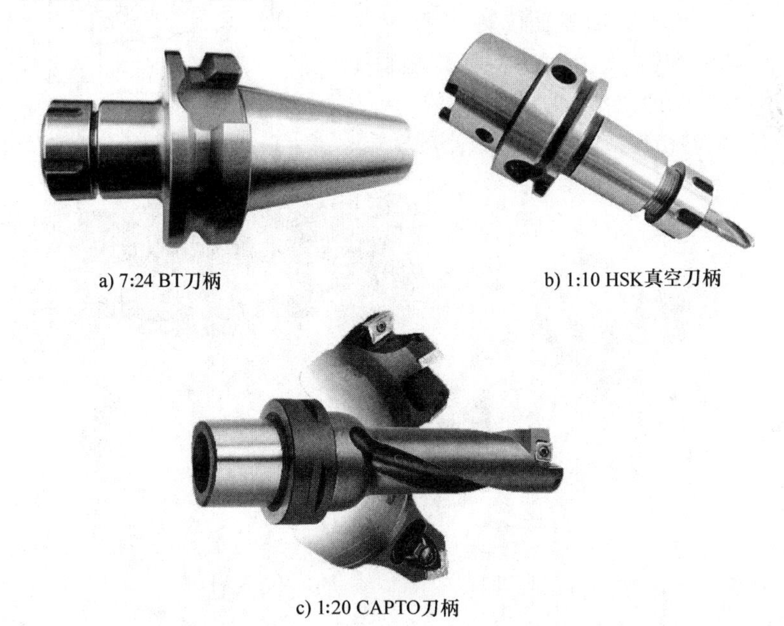

a) 7:24 BT刀柄　b) 1:10 HSK真空刀柄　c) 1:20 CAPTO刀柄

图2-44　加工中心常用刀柄

（1）7∶24 锥柄　这种类型的刀柄有多种标准和规格，我国常用的是 BT 类型。法兰处的键槽对称结构在高速时稳定性好于其他类型。

如图 2-45 所示，7∶24 刀柄后都有拉钉，拉钉通过螺栓连接到刀柄上。换刀时，主轴拉刀机构通过拉紧拉钉进而拉住刀柄，主轴端的键是用来传递力矩的。不同标准的刀柄所用的拉钉也是不同的。常见刀柄的型号分为：25、30、40、50、60 等，数值越大，尺寸越大。M1.4 数控铣床所用的是 BT30 刀柄，M4.5 数控铣床所用的是 BT40 刀柄。M4.8 数控铣床根据主轴的不同可以用 BT40 刀柄，也可以用 BT50 刀柄。

7∶24 刀柄是依靠刀柄的 7∶24 锥面和机床主轴的 7∶24 锥孔接触定位的，如图 2-46 所示，刀具工作时在高速转动，在连接刚性和重复定位精度上有所局限。

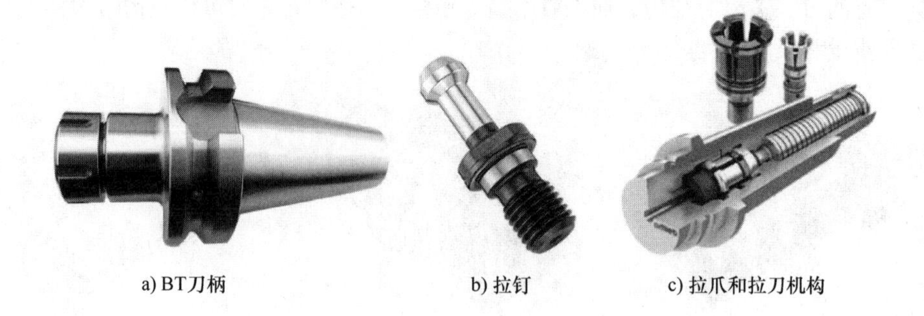

图 2-45　7∶24 刀柄

（2）1∶10 HSK 真空刀柄　如图 2-47 所示，HSK 真空刀柄属于高速刀柄，德国标准为 DIN 69873，有多种尺寸，常见的有 32、40、50、63、100 等。

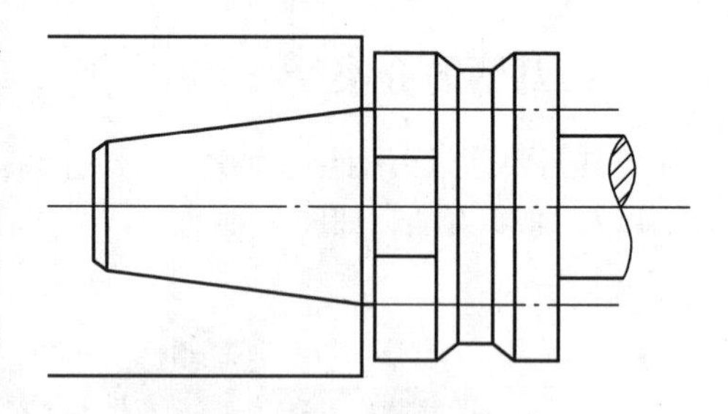

图 2-46　锥柄安装

HSK 真空刀柄依靠刀柄的弹性变形，不但刀柄的 1∶10 锥面与机床主轴的 1∶10 锥面接触，而且刀柄的法兰盘与主轴面也紧密接触，这种双面接触系统在高速加工、连接刚性和重合精度上均优于 7∶24 刀柄。但是这种过定位的结构要求刀柄有很高的精度，

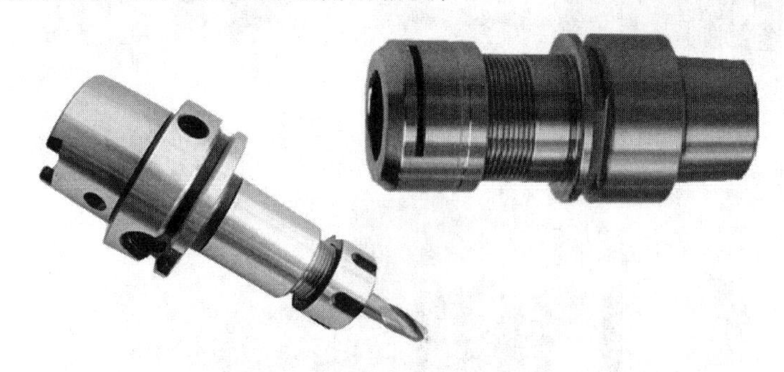

图 2-47　1∶10 HSK 真空刀柄

因此 HSK 刀柄成本较高，主要用在高速加工场合，M1.1 数控铣床中使用的就是 HSK32E 刀柄。

（3）1∶20 CAPTO 刀柄　如图 2-48 所示，CAPTO 刀柄是 SANDVIK 公司研发的一款刀柄，锥度为 1∶20，是一种三棱圆锥结构，工作时也是锥面与端面同时接触定位，三棱圆锥结构可实现两个方向无滑动的转矩传递，不再需要传动键，消除了因传动键和键槽引起的动平衡问题，且定位精度高。但是这种刀柄需要特制的主轴接口，因此成本也很高。

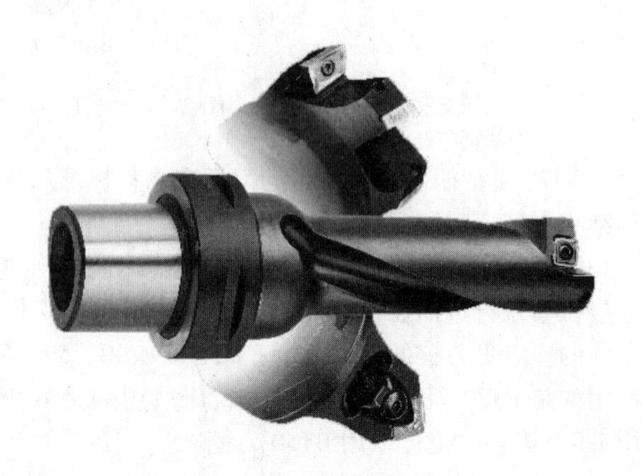

图 2-48　1∶20 CAPTO 刀柄

第 3 节　加工中心工艺基础

一、工件的定位和夹紧

机械加工前，需要将工件定位在工作台上进行夹紧，使其在加工过程中保持定位位置不变。定位的目的是使工件在夹具中的位置固定，工件的定位方法直接决定了工件的加工精度，因此加工前首先应该确定工件的定位方法。

1. 基准

基准就是零件上用以确定其他点、线、面位置所依据的那些点、线、面。根据基准作用的不同，可分为设计基准和工艺基准。

设计基准是指在零件图上确定其他点、线、面位置的基准，是由该零件在产品中所起的作用决定的，如图 2-49 所示。

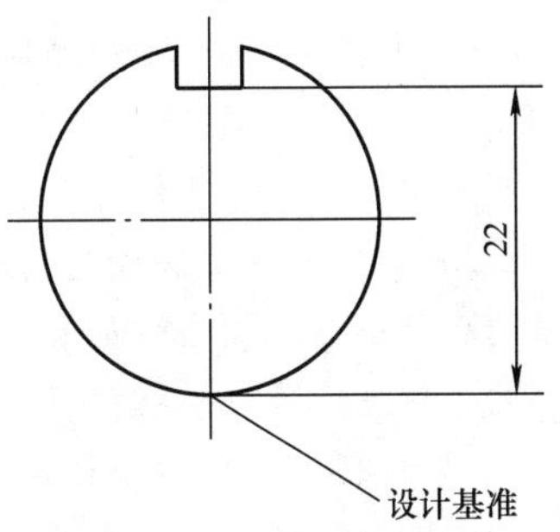

图 2-49　设计基准

工艺基准是指在加工和装配时所用的基准，包括定位基准、测量基准和装配基准，如图 2-50 所示。

（1）定位基准　在加工中使工件在机床夹具中占有正确位置所采用的基准。

（2）测量基准　检验时所使用的基准。

（3）装配基准　装配时用来确定零件或部件在机器中的位置所采用的基准。

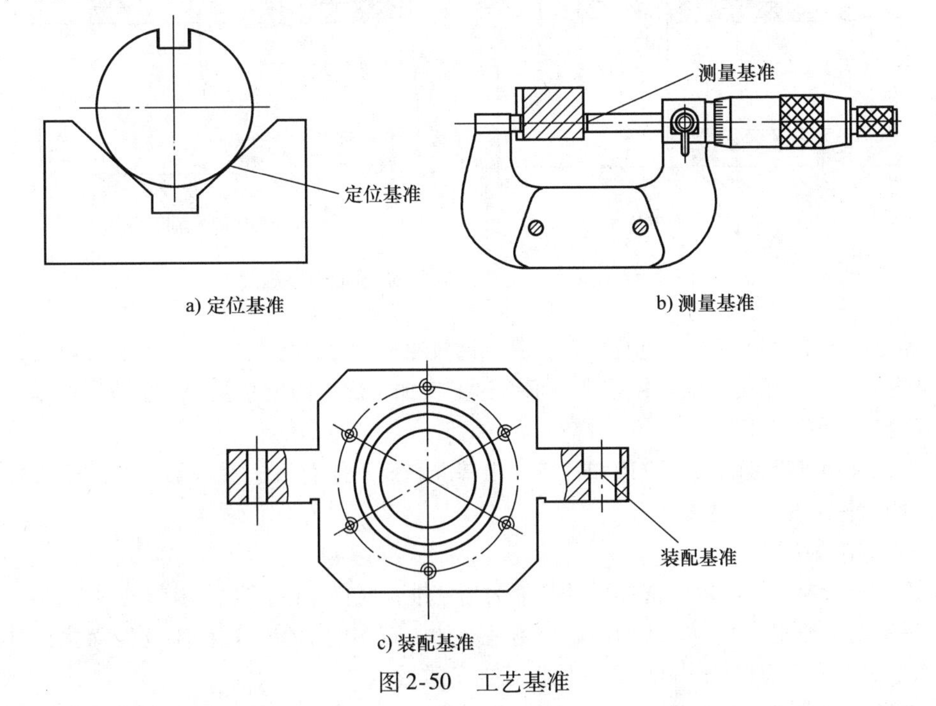

a) 定位基准　b) 测量基准　c) 装配基准

图 2-50　工艺基准

2. 定位基准选择原则

机械加工都是从毛坯开始，因此加工的第一道工序就要涉及定位基准的选择，此时的定位基准称为粗基准，选择粗基准的目的是为了尽快加工出精基准，以便后面工序使用。

（1）粗基准的选择原则

1）选择重要表面为粗基准。选择重要表面为粗基准，加工其他面，再以其他面为精基准加工重要表面。比如床身导轨面的加工，先以导轨面为基准加工床身腿底面，再以床身腿底面为基准加工导轨面，保证加工时余量均匀，如图 2-51 所示。

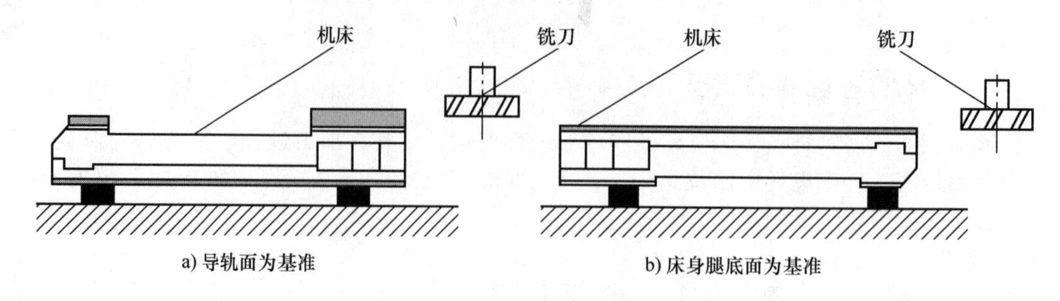

图 2-51　重要表面为粗基准

2）选择不加工表面为粗基准。如果工件上有多个不加工表面，则应选其中与加工面位置要求较高的不加工面为粗基准，以保证精度要求。如果选择待加工表面作为粗基准，这些表面加工完后，相互位置关系就会有较大偏差。

3）选择加工余量小且均匀的表面为粗基准。选择粗基准表面时，尽量选择加工余量小且均匀的表面为粗基准，这样能保证该表面被加工时留有足够的余量，否则容易留下毛坯面或者造成过切现象，如图 2-52 所示。

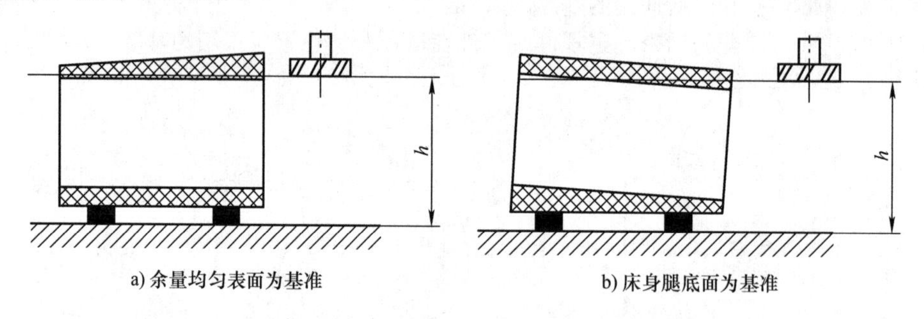

图 2-52　选择余量小且均匀的表面为粗基准

4）粗基准不能重复使用。粗基准表面由于比较粗糙，重复定位时造成的误差较大，如果在同一尺寸方向上，使用两次同一粗基准，那么这两次加工部位的尺寸就会产生较大的偏差，严重时会造成废品。

5）应保证粗基准表面没有飞边和冒口。粗基准表面不能有飞边冒口等大的缺陷，要保证装夹的可靠性和一定的加工精度。

（2）精基准的选择

1）基准重合原则。尽可能选择设计基准为精基准，避免基准不重合引起的误差。

2）基准统一原则。尽可能使用同一个精基准加工较多的部位，这样不仅能简化夹具，提高效率，而且减少了基准转换，可以更好地保证加工质量。

3）自为基准原则。有一些精加工的表面，余量小而均匀，常以加工表面自身为精基准，例如用磨床加工床身导轨面时，由于导轨表面已经经过了精加工工序，可以用指示表先找正表面，保证加工部位的均匀余量，然后进行磨削加工，如图 2-53 所示。这种方式适用于加工表面要求很高的情况，但这种方法只能提高加工表面的尺寸精度，不能提高其相互位置精度，位置精度由前道工序保证。

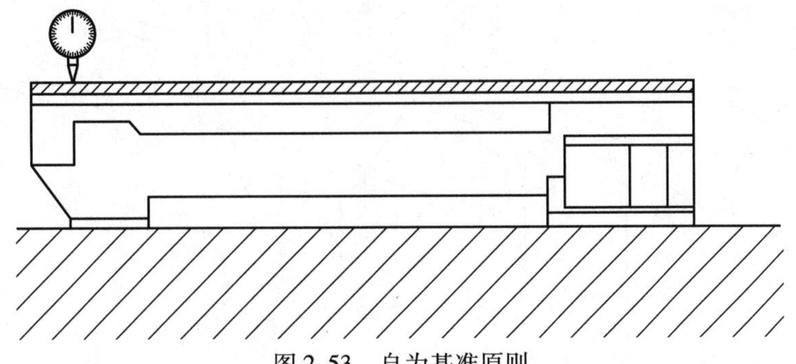

图 2-53　自为基准原则

4）互为基准原则。有些工件上两个表面相互位置精度要求很高，此时可以采用两个表面互为基准进行精加工。例如：垫块等位置精度较高的工件，可用两个面互相定位反复进行磨削加工，直至达到要求。

实际加工中，这些原则不会同时满足，有时还相互违背，要根据实际的加工情况进行合理地安排，保证加工精度。

二、加工中心常用定位方法

1. 工件以平面定位

一些板类零件、箱体、基座等常以平面定位，定位时使用支撑钉或支撑板，如图 2-54 所示。实际加工中有时用高精度垫块代替，使用定位元件可有效减小接触面积，提高定位精度。

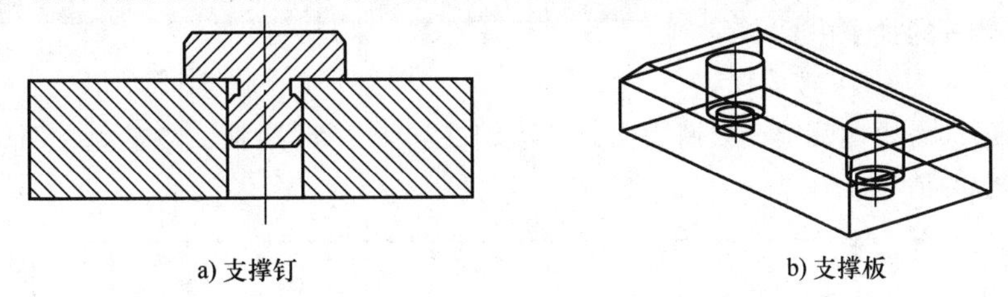

a) 支撑钉　　b) 支撑板

图 2-54　平面定位

2. 工件以圆孔定位

例如拨叉类、法兰盘、空心套类零件，以孔作为定位基准，可用定位销、心轴等元件定位，如图 2-55 所示。

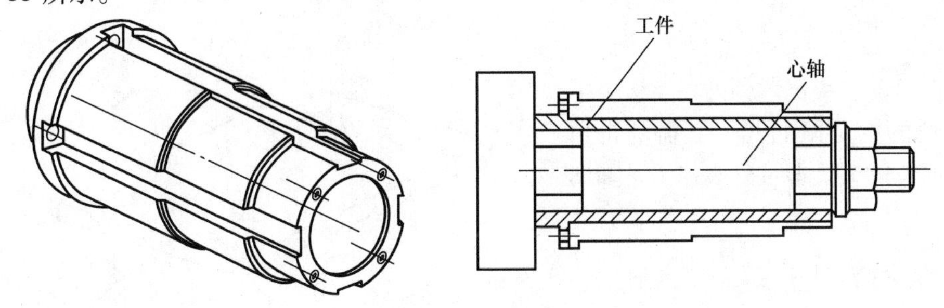

图 2-55　心轴定位零件

3. 工件以外圆柱定位

在加工中心加工轴类零件时，经常会采用外圆面定位，此时可用 V 形块进行定位，如图 2-56 所示。

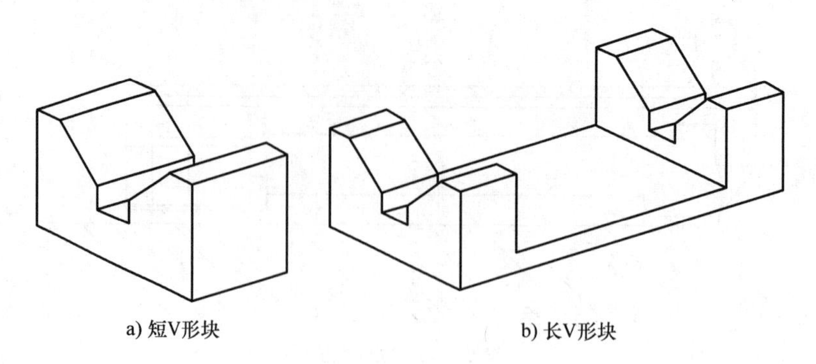

图 2-56　外圆柱定位

4. 工件以组合面定位

在实际生产中以单一表面定位的情况并不多见，多是采用多个组合面定位的方法，以限制足够的自由度来满足加工要求。

一面两孔定位方法如图 2-57 所示，该方法定位工件时采用支撑板和定位销，所以又称为“一面两销定位法”。一面两孔定位法大量应用于缸体、壳体等的加工中。

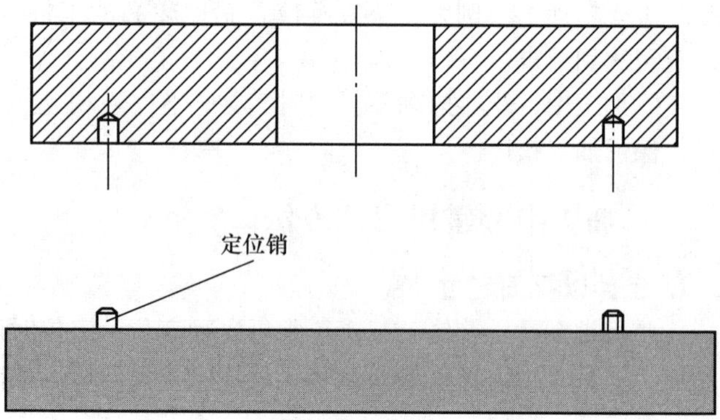

图 2-57　一面两孔定位法

采用一面两销定位法时为了避免过定位的情形，需要把其中一只销制作为削边销，如图 2-58 所示，以避免在两个销子连线方向上出现过定位的情形。

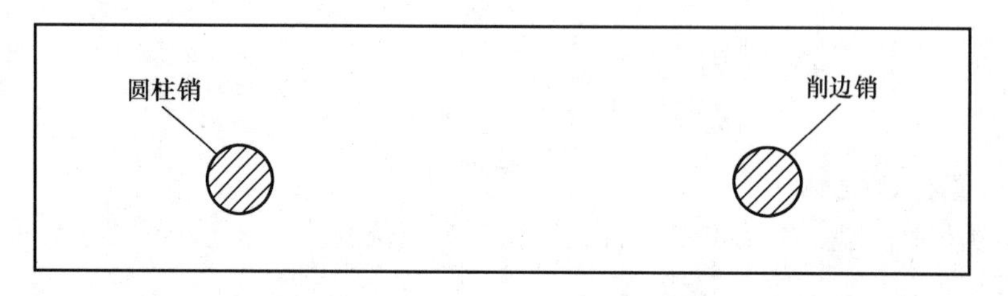

图 2-58　两种定位销孔

一些简单的平板类零件可采用多个平面组合定位的方法限制几个必需的自由度，使用简单的夹具即可完成加工，如图 2-59 所示。

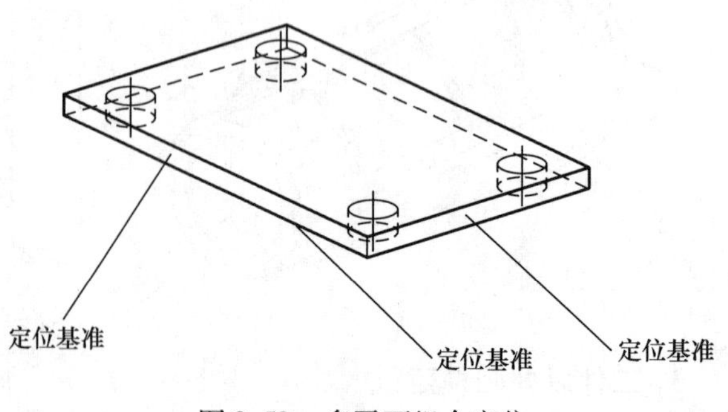

图 2-59　多平面组合定位

三、常用夹具介绍

定位基准选择好了之后，下一步就是确定夹紧方式，由于加工中心的加工范围广，因此夹具种类繁多，下面介绍几个常见的夹具。

1. 机用虎钳

机用虎钳是加工中心上最常见的一种夹具，如图2-60所示。

机用虎钳属于通用夹具，依靠丝杠的转动，使活动钳口移动，与固定钳口配合夹持工件。使用时先把机用虎钳固定在工作台上，找正固定钳口，使其与工作台的X轴平行，垫起工件时，在机用虎钳处安装精度较高的垫铁，垫铁一般经过淬火处理并且支撑面经过磨床加工，保证其平面度和两面的平行度。

2. 自定心卡盘

自定心卡盘在保证工件定位的同时还有夹紧的作用，是车削加工时最重要的夹具。在加工中心加工带圆柱特征的工件时，也可以采用自定心卡盘，自定心卡盘可以夹持工件的外圆和内孔，如图2-61所示。

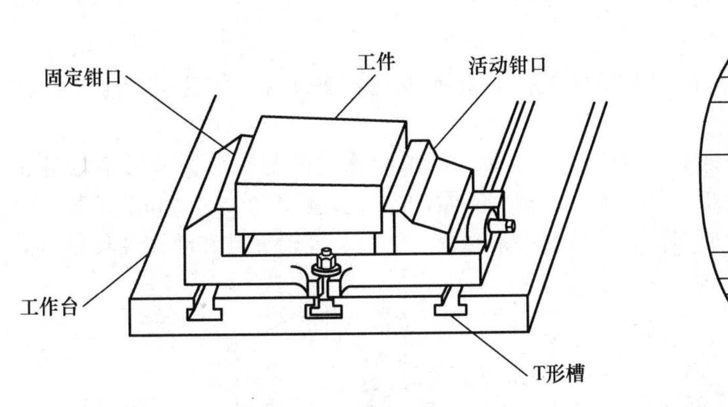

图2-60　机用虎钳

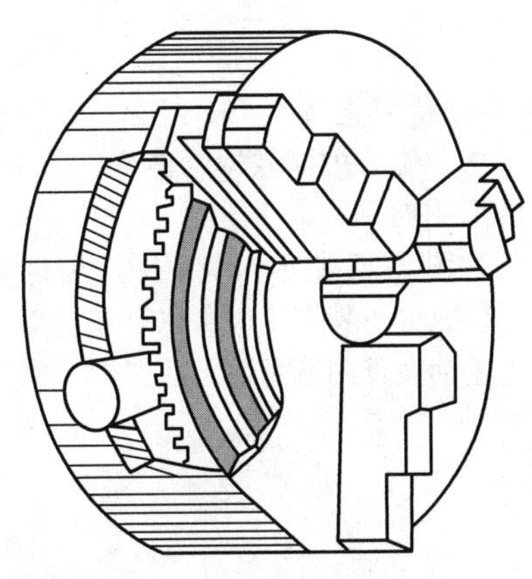

图2-61　自定心卡盘

3. 普通压板、垫块、弯板

对于一些工件较大，或者不适合装夹的工件，例如一些薄壁件、壳体等，可以采用普通压板和垫块进行组合固定，以满足加工要求，如图2-62所示。

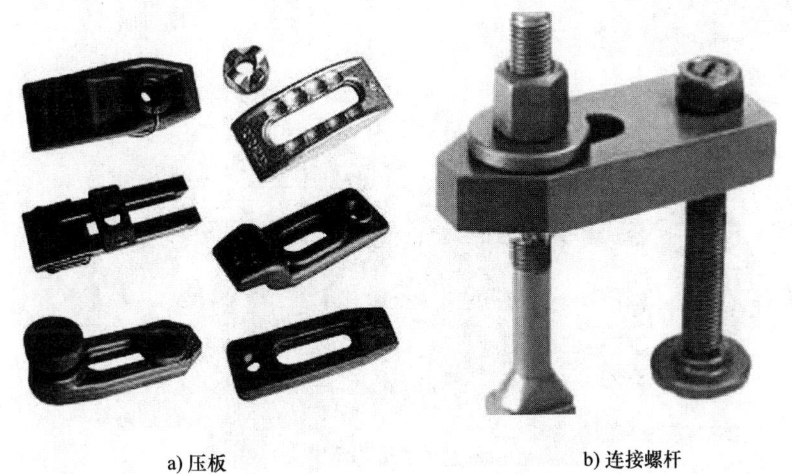

a) 压板　　b) 连接螺杆

图2-62　压板、垫块和弯板等

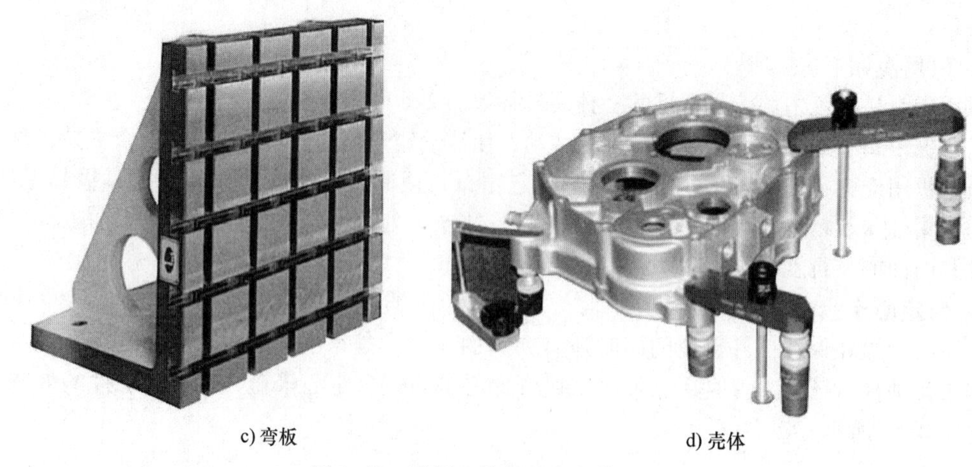

c) 弯板　　d) 壳体

图 2-62　压板、垫块和弯板等（续）

4. 专用夹具

加工中心的高效率还体现在夹具的多样性上，由于所加工范围较大，因此也产生了各种各样的专用夹具。

如图 2-63 所示，专用夹具是根据工件的特征和加工需求特殊定制的夹具，一般不具备通用性，但是针对特定工件可以有效地提高加工效率，根据夹紧的方式，有手动、气动和液压等夹紧方式。手动夹具制造简单，部件少，成本低，但一般夹紧时费时费力。气动夹具和液压夹具是目前使

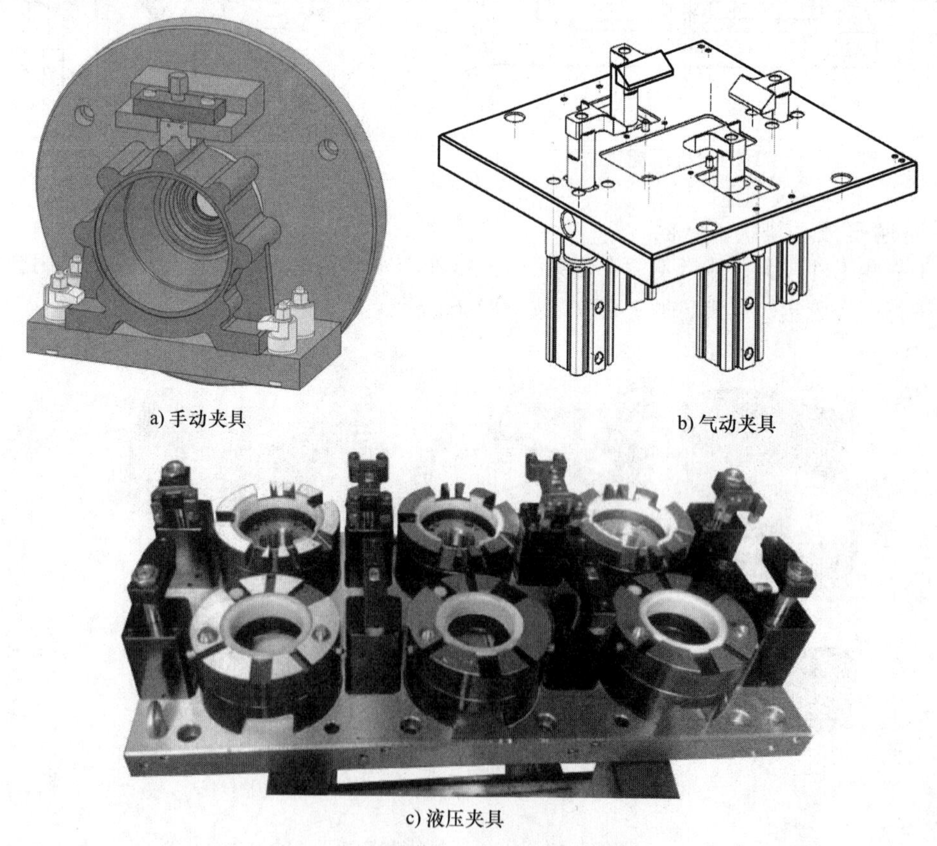

a) 手动夹具　　b) 气动夹具

c) 液压夹具

图 2-63　专用夹具

用较多的自动化夹具，气动夹具适用于夹紧力需求小的场合，液压夹具则能提供更大的夹紧力。

第 4 节　刀具及切削参数的选择

为了使加工过程顺利进行，保证工件加工质量并提高加工效率，需要合理地选择刀具并确定相关的切削参数。

一、刀具选择

为加工中心选择刀具时，主要需要确定几个方面的内容：刀具类型、刀具材质、刀具尺寸及几何角度。

1. 刀具类型

刀具类型主要根据加工零件的特征和零件图样要求进行选择，但也要兼顾经济效益和加工效率。

铣削较大的平面可以选择面铣刀，这样可以大大提高加工效率。但是多增加一把刀具，加工中就需要多增加一次换刀过程，同时也需要考虑机床的功率是否足够，因此，如果平面面积不是很大，并且加工精度要求不高时，也可以考虑使用立铣刀加工。

加工斜面可以使用球头铣刀或者圆鼻铣刀。加工一些圆弧形的外轮廓，例如手机框外侧，可以使用成形刀，既能保证加工质量，又能保证加工效率。

2. 刀具材料

常用的刀具材料有高速钢和硬质合金。高速钢刀具硬度高，也有一定的韧性，但是耐磨性差，现代刀具中，硬质合金刀具占据了 80% ~90% 的市场。而涂层刀具的出现极大地提高了刀具的使用寿命，涂层的材料已经从单一的 TiC、TiN、Al_2O_3，逐渐发展出复合涂层 TiCN，此外还有金属陶瓷刀具、陶瓷刀具、立方氮化硼刀具和金刚石刀具等。

高速钢刀具有较高的强度和韧性，抗弯强度是硬质合金刀具的 2 ~ 3 倍，韧性是硬质合金刀具的 9 ~ 10 倍。高速钢的加工工艺性远优于硬质合金，能制成各种形状复杂的成形刀具。

硬质合金刀具是由硬质相和黏结相组成的，能达到很高的切削速度，缺点是脆性大，怕冲击和振动，因此不适于在余量不均时进行粗加工，否则易出现“崩刃”。但是现代刀具通过涂层技术已经极大地提高了刀具的耐磨性、切削速度和刀具寿命。涂层的方法也会对加工产生影响，CVD 涂层牌号是考虑耐磨性的应用首选。对于要求耐磨且锋利的切削刃以及加工黏软材料，则推荐使用 PVD 涂层牌号。

陶瓷刀具的特点是耐磨性好且有很高的耐热性，因此能达到很高的切削线速度，但是不能承受冲击和断续切削。

立方氮化硼（CBN）材料具有出色的热硬性，可以在非常高的切削速度下使用。它还表现出良好的韧性和耐热冲击性。立方氮化硼刀具广泛用于淬硬钢（硬度超过 45HRC）的精车，但是不适合加工较软的材料，耐磨性容易受到影响。

金刚石刀具中的金刚石（PCD）是已知所有材料中硬度最高的，具有良好的耐磨性，但缺乏高温下的化学稳定性，容易与铁及其化合物发生反应。

3. 刀具尺寸及几何角度

间断切削硬质材料时，应选用负前角铣刀，以保护切削刃，提高刀具寿命。正前角的刀具适用于软性材料的连续切削。

1）立铣刀的半径 R 应小于零件内轮廓的最小半径 r，一般取 $R=(0.8\sim0.9)r$。

2）立铣刀的刃长 $L\geqslant H+(5\sim10)\text{mm}$，$H$ 为最终加工深度。

3）背吃刀量 $H<(1/4\sim1/6)R$，以保证足够的刚性。

二、切削参数

指定切削参数时，需要综合考虑机床、刀具和工件三者之间的关系，既要兼顾机床功率，又要兼顾刀具的使用寿命。铣削过程中要考虑的 4 个要素分别是切削速度v_C、进给速度v_f、铣削深度a_p和铣削宽度a_e。

1. 切削速度v_C

切削速度是指切削刃上的某一点相对于待加工表面在主运动方向上的瞬时速度，用v_C表示，单位为 m/min。

$$v_C=\frac{\pi Dn}{1000} \tag{2-2}$$

式中　D——切削刃处的有效直径；

n——主轴转速。

2. 进给速度v_f

进给速度是指刀具沿进给方向和工件的相对运动速度。如图 2-64 所示，进给速度有几种表现方法。铣削程序中编写的进给速度一般都是线性进给速度，用v_f表示，单位为 mm/min；每转进给量，用f_n表示，单位为 mm/r；每齿进给量用f_z表示，单位为 mm/齿。

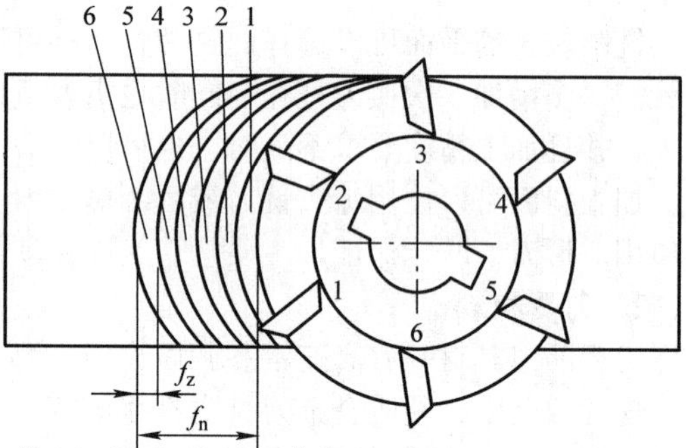

注：1、2、3、4、5、6代表1、2、3、4、5、6齿铣削的部分。

图 2-64　铣削进给量

它们之间的关系为

$$f_n=z_c f_z \tag{2-3}$$

$$f_z=\frac{v_f}{n\,z_c} \tag{2-4}$$

式中　z_c——齿数或者参与切削的切削刃数量；

n——主轴转速。

3. 铣削深度a_p和铣削宽度a_e

如图 2-65 所示，铣削深度是指铣削时刀具轴向方向与工件的接触深度，用a_p表示，单位为 mm；铣削宽度是指铣削时刀具径向方向与工件的接触宽度，用a_e表示，单位为 mm。

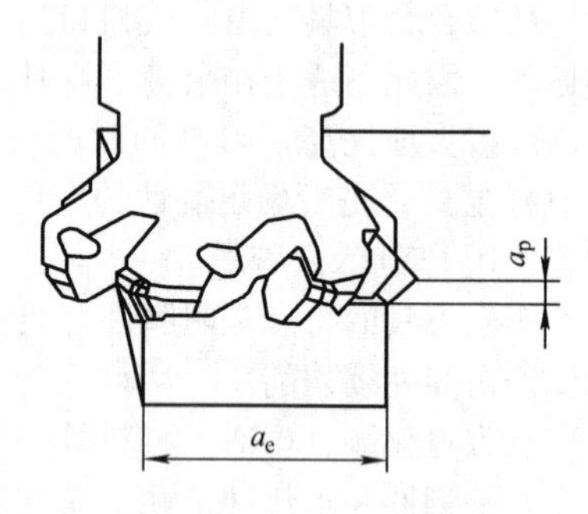

图 2-65　铣削深度和铣削宽度

根据加工经验，切削速度v_C对刀具寿命的影响越大，进给量v_f的影响次之，铣削深度a_p和铣削宽度a_e的影响最小。从延长刀具寿命的角度看，首先选尽可能大的铣削深度，其次选尽可能大的进给量，最后选尽可能大的切削速度。

第 5 节　加工中心典型案例分析

一、板类零件加工案例

如图 2-66 所示的板类零件，材料为 45 钢。六面磨削工序已完成，只用加工中心加工上表面的特征。

1. 图样分析

板类零件是加工中心上常见的加工类型，设计基准根据零件的特征而不同，图 2-66 所示的零件标注大部分为对称标注，设计基准为上表面的中心，根据基准重合的原则，我们把工件坐标系原点设定在工件上表面的中心，设定工件坐标系如图 2-67 所示。

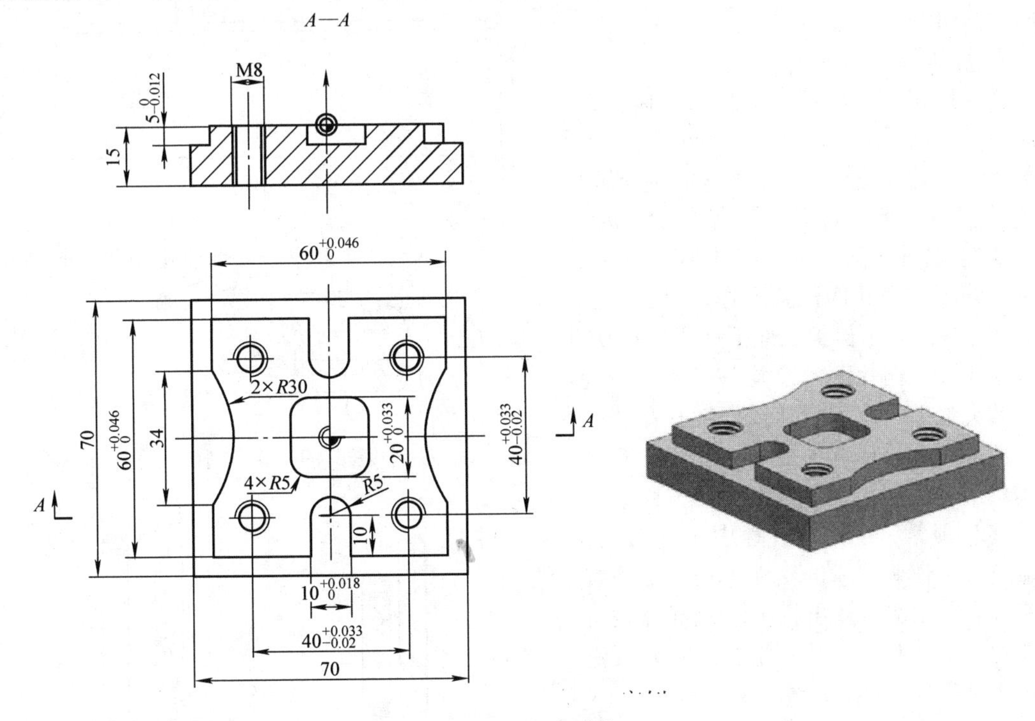

图 2-66　板类零件

根据图样所标注的尺寸，大部分尺寸公差等级为 7 级，因此加工时一定要留有余量，粗加工之后进行测量，在精加工时进行适当的刀补调整或者程序修改，以保证加工精度。

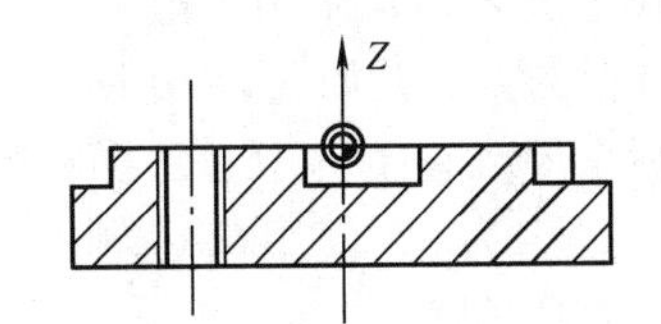

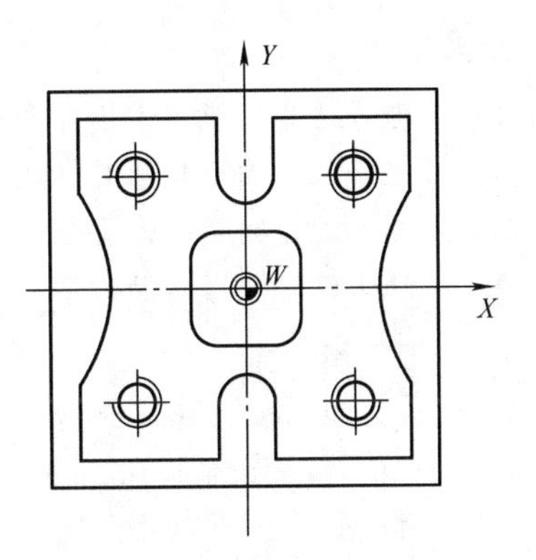

图 2-67　设定工件坐标系

2. 确定装夹方式和定位基准

根据图样的特征，工件的四个平面都可以使用机用虎钳装夹，机用虎钳在装夹工件时，平行于钳口方向的自由度并不能限制，是依靠摩擦力进行固定，一般使切削力较大的方向垂直于固定钳口方向，这样可以保证工件有稳定可靠的受力点，在高度方向可以使用平行垫铁。使用光电寻边器测量工件 *XY* 方向坐标原点。刀具 *Z* 向长度可使用 *Z* 向对刀仪或者相对测量方法。

3. 安装机用虎钳

清理工作台面和机用虎钳底部，保证接触面清洁无杂物。放置机用虎钳并找正固定钳口，使之与工作台 *X* 轴方向平行，使用指示表找正固定钳口与 *X* 轴的平行度，如图 2-68 所示。打表时，稍稍压紧机用虎钳与工作台连接的螺栓。根据表针变化调整机用虎钳的方向，适当压紧螺栓，再打表调整，循环多次，每次调整完稍稍加力压紧机用虎钳，最后保证表针变化在0.01mm之内。

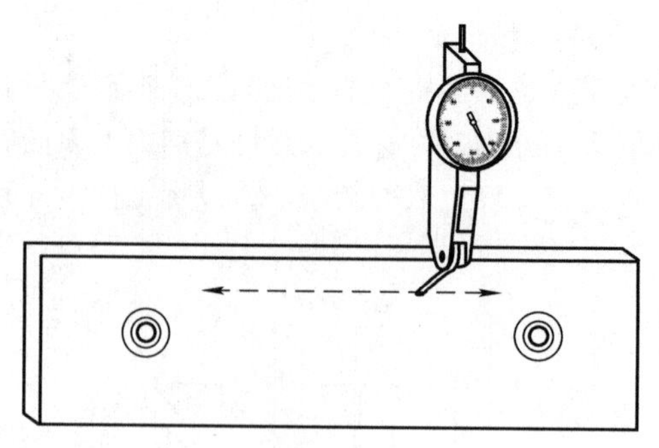

图2-68 找正钳口

4. 装夹工件

擦拭机用虎钳内部夹持部位，保证清洁无杂质。根据钳口高度为40mm，加工部位为5mm，选择垫块的高度为32mm，此时夹持部位为8mm，露出钳口部分为7mm。由于工件有通孔的特征，在放置工件时，保证垫铁不在通孔的位置下边，以免损坏刀具和工件。为了保护工件不被钳口夹伤，可以垫铜片，铜片薄厚要均匀一致，以免造成装夹误差。使用木槌或橡胶棒敲击工件，使工件底面和侧面紧密贴合，然后缓慢用机用虎钳扳手锁紧机用虎钳，锁紧时也是逐步锁紧，在锁紧过程中不断敲击，以避免由于锁紧造成的工件移动。工件装夹完成后，先测量露出机用虎钳部分是否完全超出加工高度，以避免加工时刀具铣削到钳口部分，如图2-69所示。

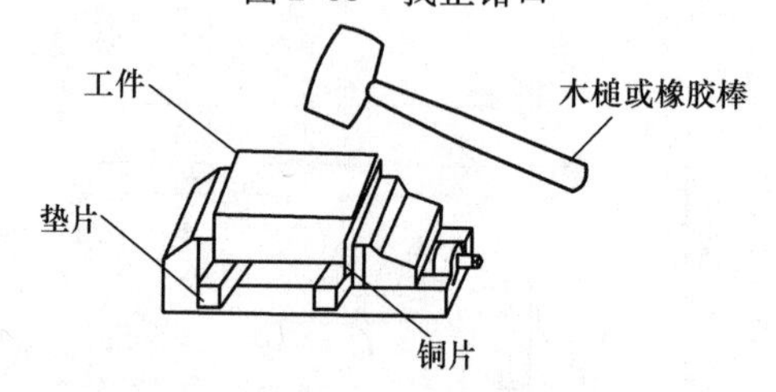

图2-69 装夹确认

5. 对刀

先找正上表面，使用光电寻边器，按照四面寻边的方式，如图2-70所示。设定工件坐标系原点在工件中心，再将工件坐标系 Z 值设定为0，使用相对测量刀具的方法测量刀具长度。

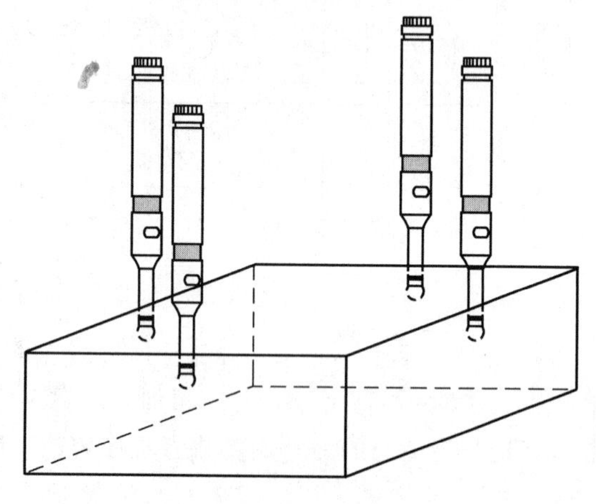

图2-70 光电寻边器对刀

⚠注意

1）光电寻边器不能用于不导电材料的工件找正。

2）当主轴采用陶瓷轴承时，主轴与机床并不联通，此时也不能使用光电寻边器。

3）光电寻边器测量时，要保证寻边器头部中心与工件接触。

4）接触工件时缓慢接触，不能造成太大的偏移量，以免造成光电寻边器损坏。

6. 加工工步安排

1）粗加工60mm×60mm凸台，2×R75mm圆弧槽，两个U形槽及20mm×20mm腔体，边缘留余量0.5mm，底部留余量0.2mm。选用直径为8mm的硬质合金平底立铣刀。

2）通过测量并修改刀补，精加工60mm×60mm凸台，2×R75mm圆弧槽，两个U形槽及20mm×20mm腔体，保证零件尺寸。选择粗加工时使用的刀具。

3）采用中心钻打定位孔4×M8，选用直径为3mm的中心钻。

4）钻螺纹底孔，选用 ϕ6.7mm高速钢麻花钻钻头，加工时保证钻头完全伸出工件。

5）加工4×M8螺纹，选用M8硬质合金螺旋槽丝锥。

7. 切削参数（表2-2）

表2-2　切削参数

工步号	工步内容	刀具号	刀具类型	切削用量			
				主轴转速/(r/min)	进给速度/(mm/min)	背吃刀量/mm	侧吃刀量/mm
1	粗加工	T1	ϕ8mm立铣刀	2500	200	2	5
2	精加工	T1	ϕ8mm立铣刀	3500	400	5	0.5
3	定位孔	T2	ϕ3mm中心钻	3000	200	—	—
4	底孔	T3	ϕ6.7mm钻头	2000	250	—	—
5	攻螺纹	T4	M8丝锥	500	625	—	—

二、圆盘类法兰件加工案例

法兰是一种连接件的统称，有方形法兰也有圆形法兰。如图2-71所示的法兰件，材料为45钢，车削工序已经完成，需用加工中心加工4×M10螺栓孔、4×8mm圆弧槽和4×10mm通槽。

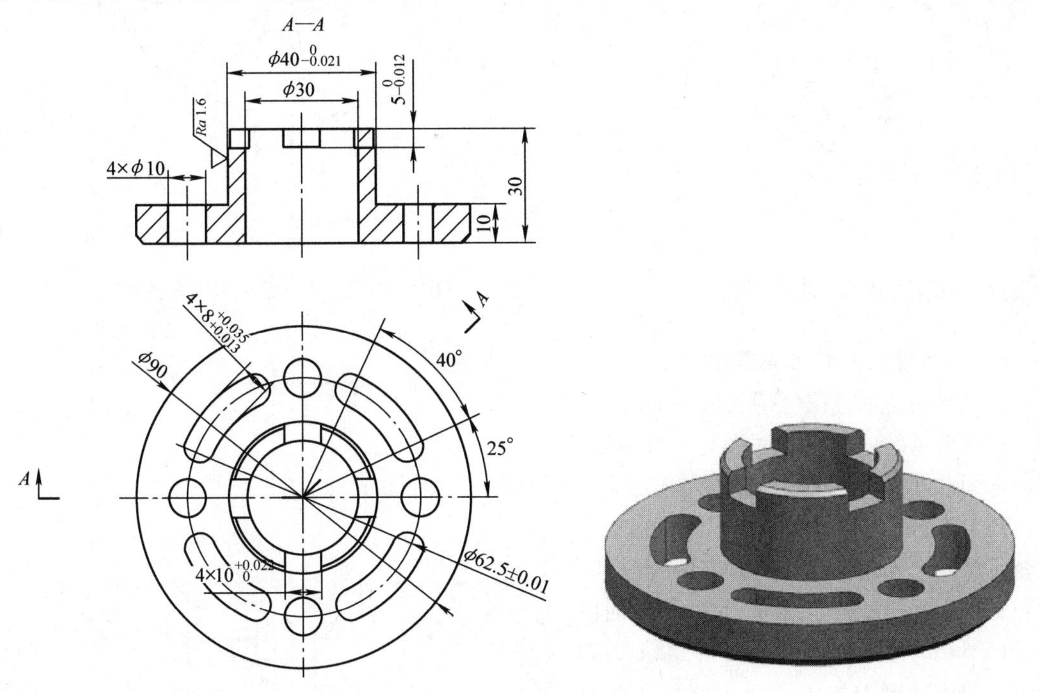

图2-71　圆盘法兰

1. 图样分析

根据图样的标注，ϕ40mm轴为装配定位面，图样尺寸最高公差等级为IT7，因此在加工时留有一定余量，通过测量半精加工后的尺寸，然后调整刀补来保证加工尺寸精度。设计基准为零件轴线，因此工件坐标系原点设定在零件上表面中心点，如图2-72所示。

2. 确定装夹方式和定位基准

对于圆形工件通常可用自定心夹盘进行装夹加工，由于加工的部位都在同一侧，可采用一次装夹完成加工。使用自定心夹盘夹持ϕ90mm部位，由于工件外圆表面已经加过完成，且并无后序处理工序，因此夹爪采用软爪。

3. 装夹自定心卡盘并找正

擦拭卡盘底面与工作台接触部分，保证清洁无杂物。将自定心卡盘放置在工作台中间部位，主轴上吸附指示表，进行找正，找正在0.01mm之内，如图2-73所示。用压板将自定心卡盘固定在工作台上。此时的中心设定为工件坐标系的原点。

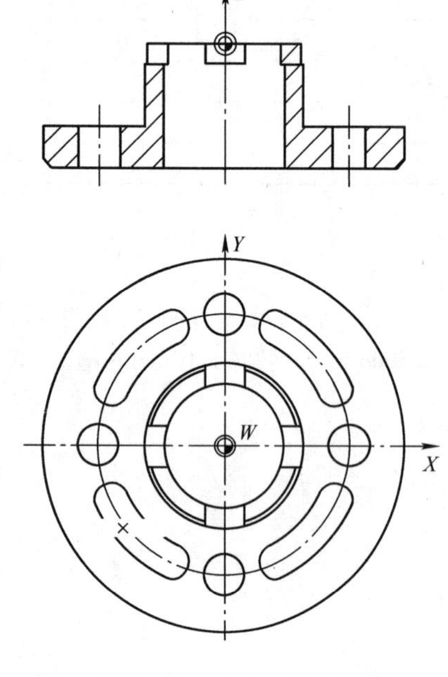

图2-72　确定工件坐标系

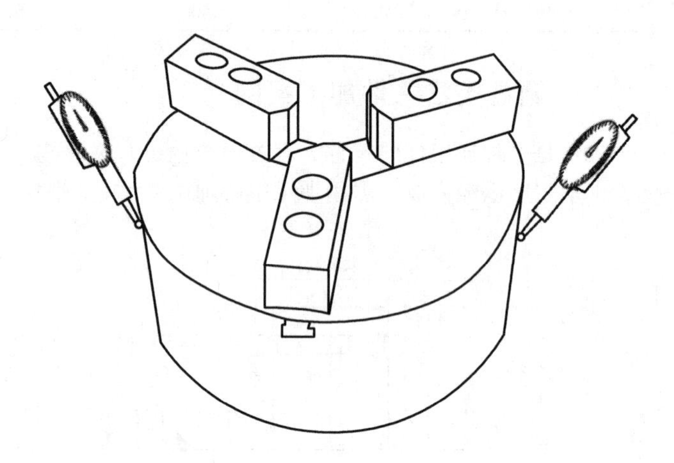

图2-73　装夹自定心卡盘并找正

4. 装夹软爪，并加修软爪

使软爪夹持的范围保持在60～80mm之间，由于软爪的内侧面与底面与工件接触，因此需对软爪进行加工。在软爪内夹持一个直径为70mm的圆柱料，保证圆柱料头部在软爪端面15mm以下。使用主偏角为90°的粗镗刀进行粗镗孔至ϕ89.75mm，侧面留余量0.25mm，底面加工至10mm，如图2-74所示。使用精镗刀加工孔至ϕ90mm。此时台阶宽度为10mm，能避开工件的孔和槽部分，以保护刀具和工件。保证底面与主轴轴线垂直，同时保证侧面与工件的完全贴合，如图2-75所示。

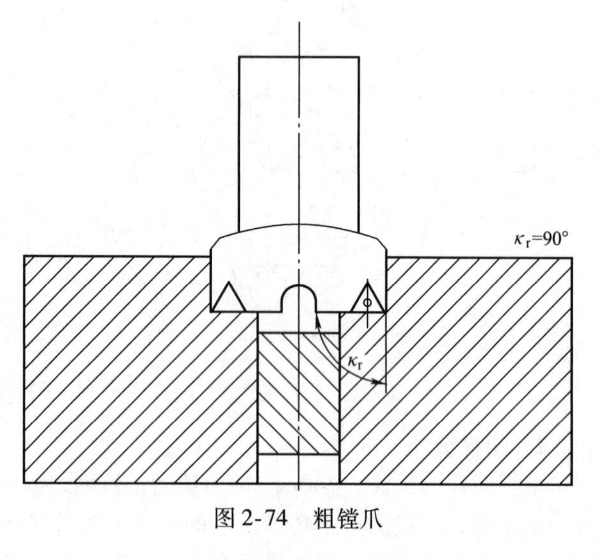

图2-74　粗镗爪

注意

1）粗镗刀加工至底部时，需要有一定的暂停时间，以保证底面平整。

2）粗镗刀主偏角为90°，以保证底面与轴线垂直。

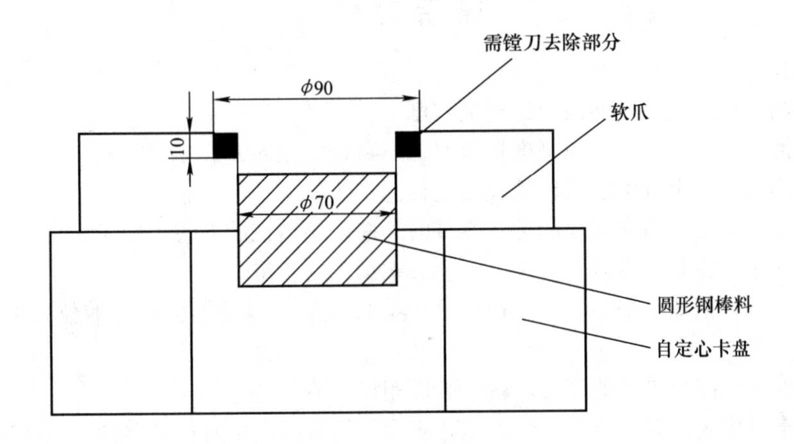

图2-75 精镗爪

5. 装夹工件并对刀

将工件放在自定心卡盘中间，使用木槌或者橡胶棒敲击上表面，保证底面与卡盘紧密接触，缓慢夹紧卡盘，如图2-76所示。使用相对测量法测量刀具长度，把工件坐标系 Z 设置为0，为保护工件，测量刀具时使用标准的量块，而不能使用试切法。

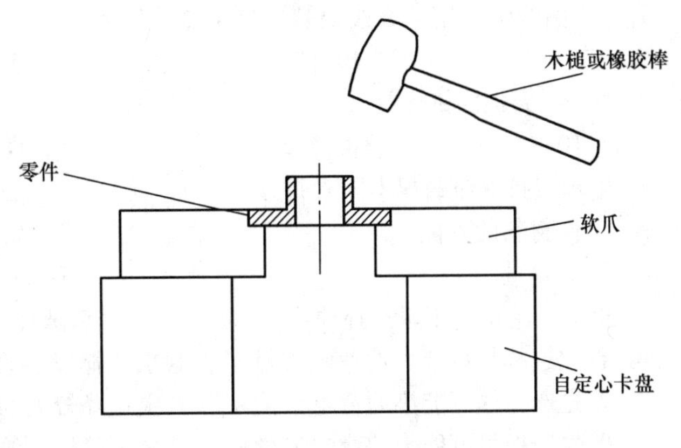

图2-76 装夹工件

6. 加工工步安排及刀具选择

1）粗加工4×8mm圆弧槽，侧面留余量0.2mm，粗加工4×10mm开口槽，侧面加工余量为0.2mm，底部余量为0.2mm，刀具为硬质合金 ϕ6mm立铣刀。

2）精加工4×8mm圆弧槽，精加工4×10mm开口槽，刀具为 ϕ6mm硬质合金立铣刀。

3）打4×ϕ10mm中心孔，使用 ϕ3mm中心钻。

4）钻4×ϕ10mm通孔，使用 ϕ10mm硬质合金麻花钻。

7. 切削参数表（表2-3）

表2-3 切削参数表

工步号	工步内容	刀具号	刀具类型	切削用量			
				主轴转速/(r/min)	进给速度/(mm/min)	背吃刀量/mm	侧吃刀量/mm
1	粗加工	T1	ϕ6mm立铣刀	3000	300	1.5	5
2	精加工	T1	ϕ6mm立铣刀	4000	500	5	0.5
3	定位孔	T2	ϕ3mm中心钻	3000	200	—	—
4	底孔	T3	ϕ10mm钻头	1500	200	—	—

课后习题

一、判断题

1. 端面铣削是指用铣刀端面齿刃进行的铣削。 （ ）
2. 加工表面的设计基准和定位基准重合时，不存在定位误差。 （ ）
3. 工件加工前，六个自由度必须被完全定位。 （ ）
4. 在加工中心加工表面有硬皮的毛坯零件时，应采用逆铣的方式。 （ ）
5. 过定位在生产中是严格禁止出现的，会影响加工的质量。 （ ）
6. 铰孔作为一种精加工工序，可以改善孔的表面质量，但是不会对孔的位置度有较大的影响。 （ ）
7. 一般情况下，减小进给速度可以减小表面粗糙度值。 （ ）
8. 工件在夹具中定位时，应使工件的定位表面与夹具的定位元件相贴合，从而消除自由度。 （ ）

二、选择题

1. “一面两销”定位方式限制的自由度数目为（ ）。

A. 三个　B. 四个　C. 五个　D. 六个

2. JT/BT 刀柄的锥度是（ ）。

A. 1∶10　B. 7∶24　C. 1∶20　D. 1∶12

3. 影响刀具寿命的根本因素是（ ）。

A. 工件材料的性能　B. 切削速度

C. 背吃刀量　D. 刀具材料本身的性能

4. 粗加工的切削用量选择原则是（ ），最后选择一个合适的切削速度v_C。

A. 首先选择尽可能大的背吃刀量 a_p，其次选择较小的进给量 f

B. 首先选择尽可能小的背吃刀量 a_p，其次选择较大的进给量 f

C. 首先选择尽可能大的背吃刀量 a_p，其次选择较大的进给量 f

D. 首先选择尽可能小的背吃刀量 a_p，其次选择较小的进给量 f

5. 采用中心无切削能力的立铣刀加工封闭内腔时，常采用（ ）进刀方式（多选）。

A. 螺旋式　B. 斜线式　C. 垂直式　D. 圆弧式

6. 下列哪种材料的刀具不能加工铸铁（ ）。

A. 金刚石　B. 硬质合金　C. 立方氮化硼　D. 陶瓷

7. 下列刀柄工作状态下属于过定位的是（ ）（多选）。

A. HSK　B. BT　C. CAPTO　D. JT

8. 切削用量三要素中，对切削温度影响最大的是（ ）。

A. 背吃刀量　B. 进给量　C. 切削速度　D. 主轴转速

9. 夹紧力的方向应尽量垂直于主要定位基准面，同时尽量与（ ）方向一致。

A. 退刀　B. 振动　C. 换刀　D. 切削

三、解答题

1. 根据图 2-77 所示方砖图样，编写工件的加工工艺过程，包括装夹过程、工序、切削参数选择。已知毛坯料尺寸为 55mm × 55mm × 22mm。刀具清单：T1，ϕ63mm 端面铣刀；T2，ϕ6mm 立铣刀；T3，ϕ5mm 麻花钻；T4，M6 × 1 丝锥。

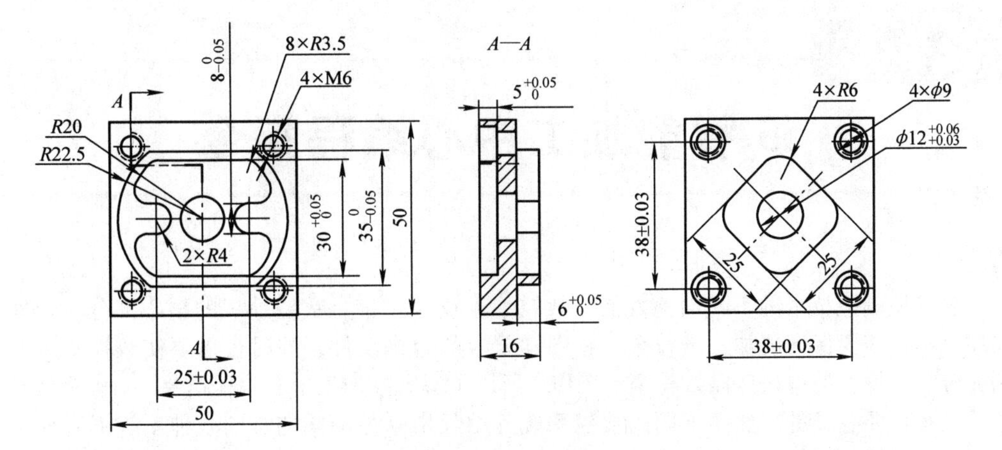

图 2-77　方砖图样

注：扫描二维码可查看课后习题答案

第 3 章

i5 智能加工中心编程指令

随着机械制造技术的不断向前发展，数控编程技术一直是数控加工的核心部分。合理的加工程序，不仅需要保证能加工出符合工程图样要求的合格工件，同时也需要使数控机床的性能得到充分的发挥，使得机床高效安全地工作。所以了解数控加工中心编程指令，对编写数控加工程序是具有重要意义的。然而不同的数控系统其编程指令是不同的，同一种系统不同的版本其编程指令也有所差异，即使是相同的系统装在不同的机床上，其编程指令也不尽相同。这里以 i5 智能加工中心为例介绍数控铣削系统编程指令的含义和编程的一般方法。应当说明的是，对于具体的零件加工，即使指令系统是相同的，不同的人编出的程序也是有所不同的。

第 1 节　方形轴颈加工

一、学习目标

1. 了解加工中心坐标系的基本定义。
2. 掌握轴颈类零件的基本加工工艺。
3. 学习使用铣削基本指令编写加工程序。

二、课题任务

如图 3-1 所示，要加工一个边长为 90mm 的正方形轴颈，在这个轴颈中有两个倒角和一个倒

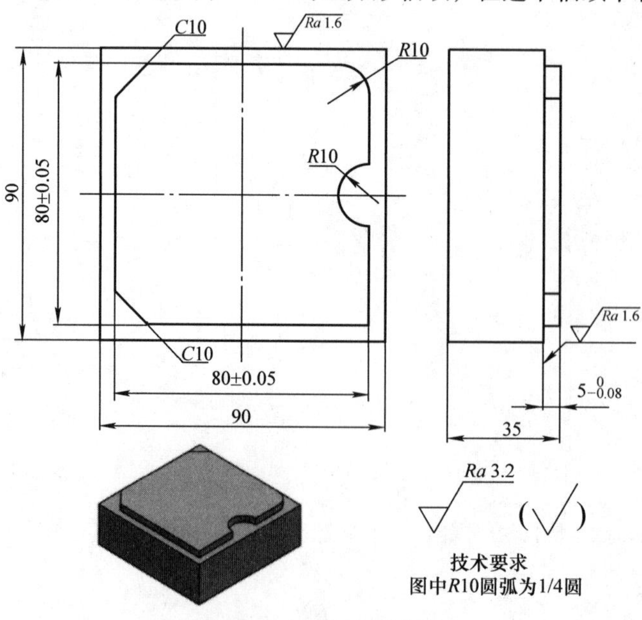

图 3-1　方形轴颈零件

圆，工件右侧有一个圆弧。工件上表面的中心为坐标系的原点，加工深度为2mm，粗加工已经完成，精加工侧面余量为0.5mm。试在i5加工中心上编写加工程序并进行仿真加工。

注：扫描二维码可查看方形轴颈零件模拟加工视频

三、任务分析

该零件为凸台轴颈类零件，零件形状包括两个*C*10倒角和两个*R*10mm圆弧，其中*R*10mm圆弧又分为凸出圆弧（1/4圆弧）和凹陷圆弧两种。在加工凹陷圆弧时需要考虑刀具半径要小于圆弧半径，否则将出现过切的现象。精加工侧壁时，加工余量较小且表面不会出现缺陷，所以采用顺铣的方式较为合适，当主轴正转时，刀具的进给运动应该顺时针绕凸台加工，一刀即可完成加工。

四、制订加工方案

数控铣削工艺卡见表3-1。

表3-1 数控铣削工艺卡

工序	加工内容	刀具	转速/(r/min)	进给量/(mm/min)	背吃刀量/mm
1	精铣零件轮廓至尺寸	ϕ10mm立铣刀	2000	300	0.5

五、准备知识

1. 坐标系

在机床上，我们始终认为工件是静止的，而刀具是运动的，这样编程人员在不考虑机床上工件与刀具具体运动的情况下，就可以依据零件图样，确定机床的加工过程。

前面讲到，机床在安装调试之后，就会设定一个固定的坐标系，这个坐标系操作者是不能改变的，只有机床制造商可以设定，这个坐标系称为机床坐标系（MCS）。为了简化编程，引入另一个坐标系——工件坐标系（WCS）。操作者在机床上装夹好工件之后要测量该工件坐标系的原点和机床坐标系原点的距离，并把测得的距离在数控系统中预先设定好，这种建立工件坐标系的方式叫作零点偏置，如图3-2所示。

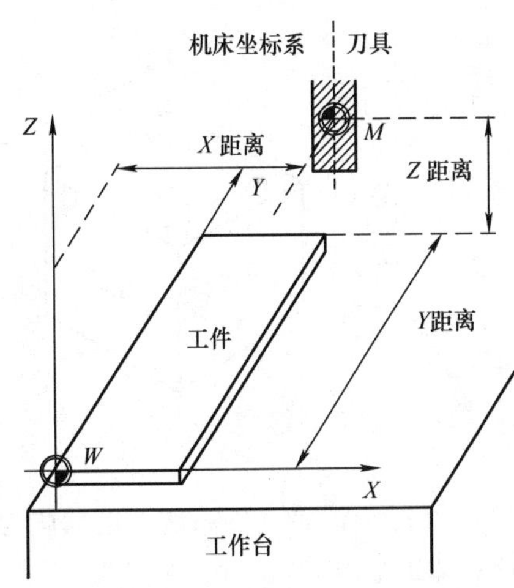

图3-2 零点偏置建立工件坐标系

设定工件坐标系，就是把工件的编程零点在机床坐标系下的位置设定在系统中，程序编制的时候以工件坐标系原点直接编程。执行程序前，只要调用设定完的坐标系就可以了。

i5系统机床中，机床坐标系用G53表示，当程序中执行G53的时候系统就会切换至机床坐标系。工件坐标系用G54～G59、G540～G599表示，在主页上可以查看零偏页面，如图3-3所示，在零偏页面中的值就是工件坐标系下的原点在机床坐标系下的位置。G54～G59、G540～G599也称作可设定的框架。

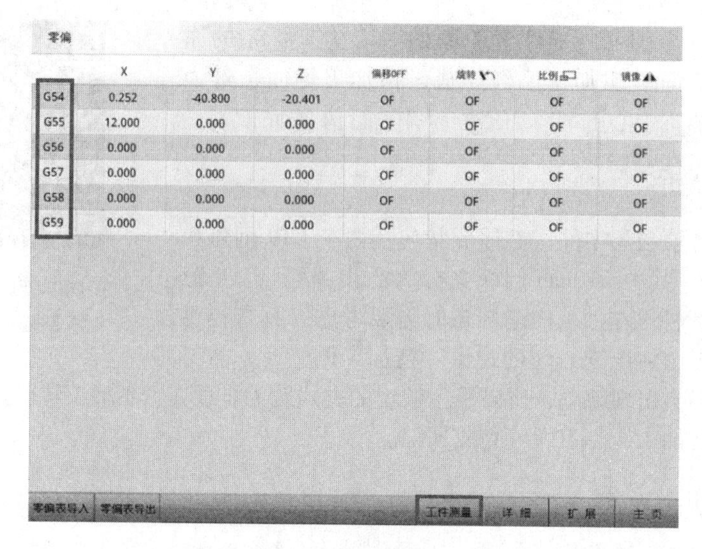

零偏

	X	Y	Z	偏移OFF	旋转	比例	镜像
G54	0.252	-40.800	-20.401	OF	OF	OF	OF
G55	12.000	0.000	0.000	OF	OF	OF	OF
G56	0.000	0.000	0.000	OF	OF	OF	OF
G57	0.000	0.000	0.000	OF	OF	OF	OF
G58	0.000	0.000	0.000	OF	OF	OF	OF
G59	0.000	0.000	0.000	OF	OF	OF	OF

零偏表导入 零偏表导出 工件测量 详细 扩展 主页

图 3-3　零偏页面

2. 加工平面（G17/G18/G19）

如图 3-4 所示，铣床的坐标系主要由 *X* 轴、*Y* 轴和 *Z* 轴组成，每两条坐标轴形成了一个加工平面，即 *XY* 平面（G17）、*XZ* 平面（G18）和 *YZ* 平面（G19）。在编程之初，首先需要建立加工平面，以后编程的语句也将在这个平面上执行，如果加工平面建立错误，则系统将会产生报警。

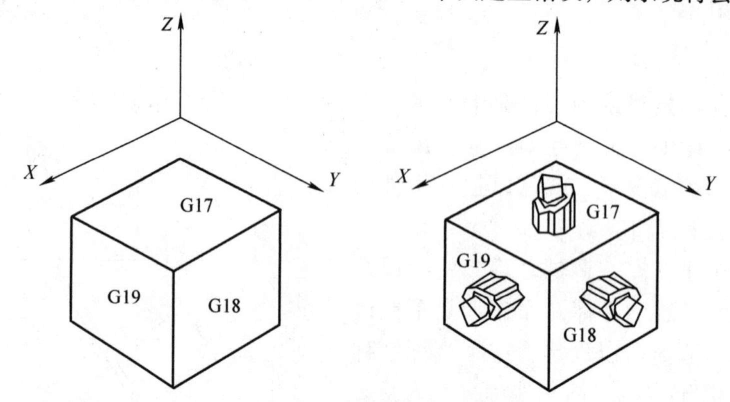

图 3-4　G17 ~ G19 加工平面定义

G17：加工平面 *XY*（i5 系统上电默认为 G17）。

G18：加工平面 *ZX*。

G19：加工平面 *YZ*。

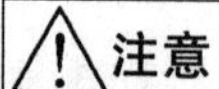

注意

加工平面建立还需注意以下几点：

1）系统上电之后，默认的是 G17 平面，也就是 *XY* 平面。

2）G17、G18 和 G19 三个指令都是模态指令。

3. 刀具选择 T 和刀补号 D

在实际加工中，编程之初，一般先调用刀具及其刀具补偿。

T 指令主要用于切换至指定的刀具序号，T 后由两位数字组成，数字表示对应的刀具号，例如 21 位刀盘，对应的刀具序号为 T01 ~ T21。若想将 8 号刀具切换到当前位置，可在 MDA 下输入 M6 T8。

D 指令主要用于调用刀具补偿号，D 后由一位数字（1 ~ 9）组成。刀具补偿一般分成刀具长度补偿和刀具半径补偿，如图 3-5 所示。对刀时，需将这两个参数保存在刀补中，执行程序时调出对应的刀补号，以保证程序正确地执行。

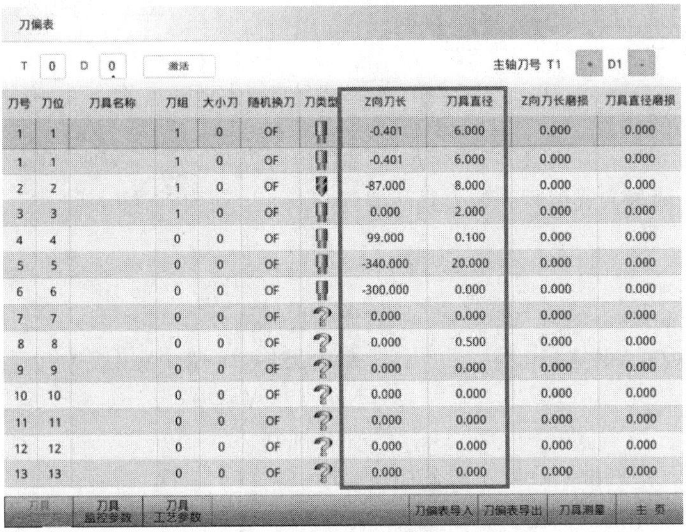

刀编表

T 0　D 0　激活　　主轴刀号 T1　+　D1　-

刀号	刀位	刀具名称	刀组	大小刀	随机换刀	刀类型	Z向刀长	刀具直径	Z向刀长磨损	刀具直径磨损
1	1		1	0	OF		-0.401	6.000	0.000	0.000
1	1		1	0	OF		-0.401	6.000	0.000	0.000
2	2		1	0	OF		-87.000	8.000	0.000	0.000
3	3		1	0	OF		0.000	2.000	0.000	0.000
4	4		0	0	OF		99.000	0.100	0.000	0.000
5	5		0	0	OF		-340.000	20.000	0.000	0.000
6	6		0	0	OF		-300.000	0.000	0.000	0.000
7	7		0	0	OF	?	0.000	0.000	0.000	0.000
8	8		0	0	OF	?	0.000	0.500	0.000	0.000
9	9		0	0	OF	?	0.000	0.000	0.000	0.000
10	10		0	0	OF	?	0.000	0.000	0.000	0.000
11	11		0	0	OF	?	0.000	0.000	0.000	0.000
12	12		0	0	OF	?	0.000	0.000	0.000	0.000
13	13		0	0	OF	?	0.000	0.000	0.000	0.000

刀具　刀具监控参数　刀具工艺参数　刀编表导入　刀编表导出　刀具测量　主 页

图 3-5　刀具长度补偿及半径补偿

编程格式：T __ D __

编程示例：

M6 T01 D1　　；换 1 号刀，并且 1 号刀具补偿值有效

T01D0　　　　；取消 1 号刀刀具补偿

⚠注意

刀具 T 指令和刀具补偿号 D 指令使用中还需注意以下几点：

1）刀具 T 指令和刀具补偿 D 指令都是模态指令。

2）刀具号与刀盘上装刀位置的上沿序号是相对应的。

3）首次开机后刀补号为 D0，刀补不生效。

4）如果单独执行换刀指令，指令后没有指定刀补号，那么系统默认 D1 生效。如果要调用其他刀补，需要在程序中输入其他刀补号。

4. 绝对尺寸/增量尺寸（G90/G91）

在实际的编程中，图样上有些尺寸是用绝对尺寸标注的，而有些是用增量尺寸标注的。为了编程方便，i5 智能系统设置了适用于这两种编程方式的基本指令：G90 和 G91，如图 3-6 所示。

绝对尺寸指令 G90，表示当前编程点相对于工件坐标系原点的坐标值；增量尺寸指令 G91，表示当前编程点相对于编程前一点的坐标值。

指令说明：

G90：绝对尺寸（注：i5 系统默认编程方式）。

G91：增量尺寸。

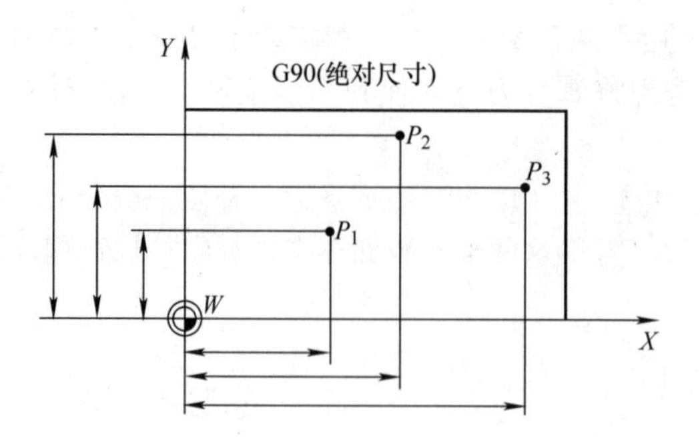

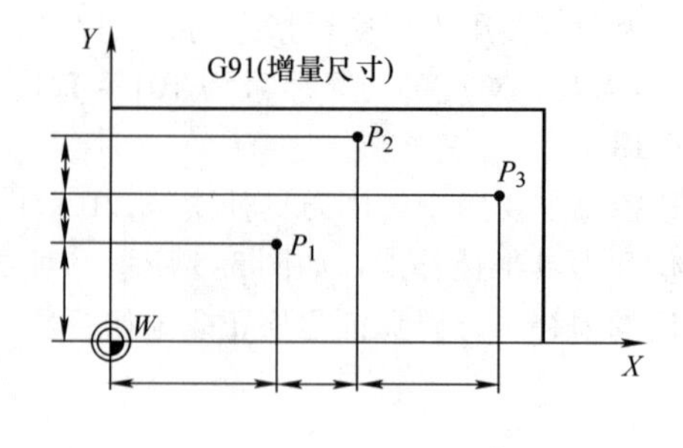

图 3-6　绝对/增量尺寸定义

下面给大家举个例子。如图 3-7 所示，刀具初始位置在 1 点，分别采用绝对尺寸指令 G90 和增量尺寸指令 G91 两种方式编程，使刀具从编程起点 1 运动到 2 点再到 3 点，最终两者的加工轨迹是一样的。

编程示例：

绝对尺寸指令 G90：

```
N10 G54 G90 G00 X40 Y45
N20 X60 Y25
N30 M30
```

增量尺寸指令 G91：

```
N10 G54 G91 G00 X20 Y30
N20 X20 Y－20
N30 M30
```

AC 和 IC 指令，是承接绝对尺寸指令 G90 和增量尺寸指令 G91 时使用的。例如，在增量尺寸指令 G91 程序的编写过程中临时切换绝对尺寸就可以使用 AC 指令；同样，在绝对尺寸指令 G90 程序的编写过程中临时切换增量尺寸就可以使用 IC 指令。

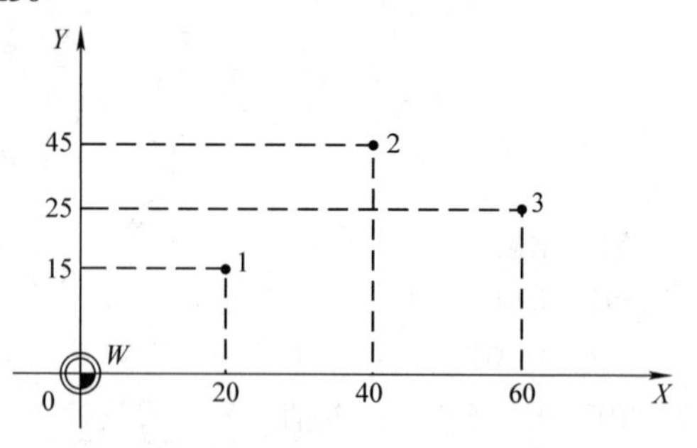

图 3-7　绝对/增量尺寸示例

在增量尺寸指令 G91 中，可以借助指令 AC 为“单个轴”设置本段有效的绝对尺寸。在绝对尺寸指令 G90 中，可以借助指令 IC 为“单个轴”设置本段有效的增量尺寸。

编程格式：

轴＝AC（…），例如：X ＝ AC（5）

轴＝IC（…），例如：Y ＝ IC（－40）

编程示例：

```
N10 G54 G90 G00 X20 Y15
N20 X＝IC（20）Y45
N30 G91
N40 X＝AC（60）Y－20
N50 M30
```

注意

绝对尺寸/增量尺寸指令使用中还需注意以下两点：

1）上电之后，系统默认的是 G90 指令，也就是绝对尺寸编程。

2）G90 和 G91 均为模态指令，并且可以相互切换，AC 和 IC 为非模态指令。

5. 进给速度（G94/G95）

在铣削过程中，进给速度是重要的参数，是指刀具在进给运动方向上相对工件的位移量。进给速度的大小用字母F及后面的数字来表示，由于是切削金属，所以其运动速度一般均远小于快速移动的速度（30m/min），F的单位由G94、G95指令功能确定。如图3-8所示，G94指令是线性进给速度，单位是mm/min，例如：G94 F310，表示机床进给轴每分钟进给310mm。G95指令是旋转进给速度，单位是mm/r，例如：G95 F0.5，表示机床主轴每转一转进给轴进给0.5mm。

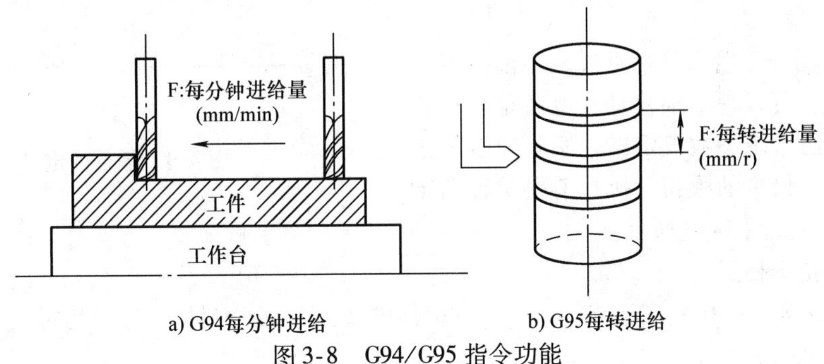

图3-8　G94/G95指令功能

编程格式：

G94　F_　；线性进给速度，单位为mm/min（i5系统程序默认指令）

G95　F_　；旋转进给速度，单位为mm/r（只有主轴旋转才有意义）

编程示例：

```
N10  G95                        ；旋转进给方式编程
N20  M03 S500                   ；主轴正转，转速为500r/min
N30  G01 X50 Y50 Z－1 F0.2       ；直线插补，每转进给0.2mm
N40  G94                        ；线性进给方式编程
N50  G01 X70 Z－40 F300          ；直线插补，每分钟进给300mm
N60  M30                        ；程序结束
```

⚠注意

进给速度指令还需注意以下几点：

1）F指令、G94指令和G95指令都是模态指令。

2）编写F指令时，如果F后没有编写进给速度或F后的值小于等于0，则系统会出现报警。

3）F指令不一定要和G94指令或G95指令在同一程序段中，只要保证在G01、G02、G03程序段之前或之中进行定义即可。

例如：N10 G94 F200　与　N10 G94　是等效的。

N20 G01 X20　　　　　N20 G01 X20 F200

4）G94指令、G95指令在不同模式下编程，所对应的F数值相差很大，所以进行G94指令、G95指令切换时必须重新编程新的F值，否则可能引起危险。

6. 快速定位（G00）

（1）插补指令概述　数控机床的刀具往往是不能以曲线的实际轮廓去走刀的，而是近似地以若干条很小的直线去走刀，这些直线的坐标点都需要系统内部计算，这个计算的过程称为插补，如图3-9所示。

i5 系统中的插补功能有很多种，包括快速定位指令 G00，直线插补指令 G01，圆弧插补指令 G02/G03 等。

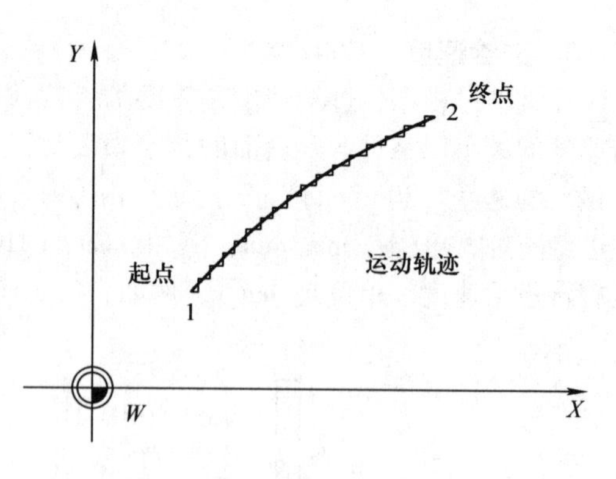

图 3-9 插补的定义

（2）G00 指令功能　G00 指令属于模态指令，也可写作 G0。它能够实现刀具快速移动至目标位置。一般在加工前快速定位或者加工后快速退刀时使用。

指定 G00 指令之后刀具沿直线从当前位置移动至目标位置，可以是单轴移动，也可是多轴移动。理论速度由系统参数设定的，实际速度等于理论速度与进给倍率的乘积。执行前要保证移动路径中无障碍。如图 3-10 所示。

（3）G00 指令格式

G00 的格式为：G00 X_ Y_ Z_　　　　；其中 *X*、*Y*、*Z* 为目标位置的坐标。

编程示例见图 3-11。

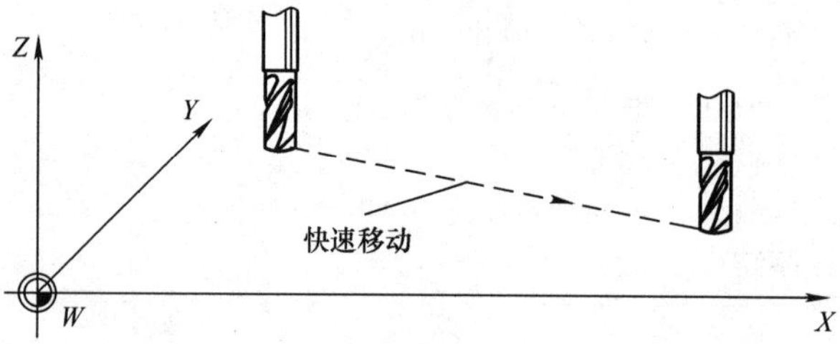

图 3-10 G00 插补示意

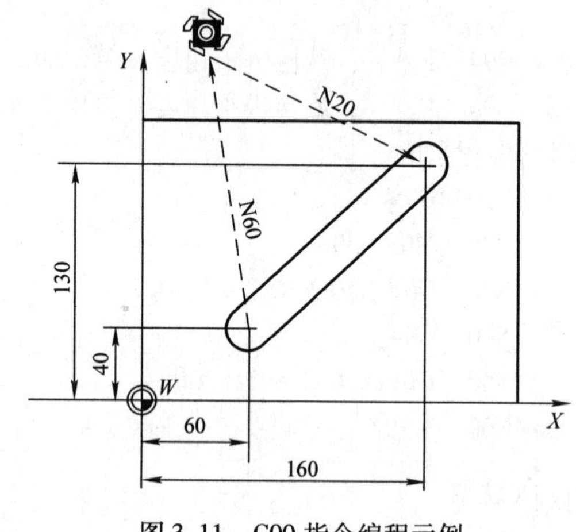

图 3-11 G00 指令编程示例

```
N10 M03 S300
N20 G00 X160 Y130 Z2        ；定位至起始位置
N30 G01 Z-5 F100            ；进刀
N40 X60 Y40                 ；直线运行
N50 G00 Z2
N60 G00 X40 Y200 Z100       ；退刀
N70 M30
```

7. 直线插补（G01）

G01 指令表示刀具以直线切削的方式从起始点移动到目标点，如图 3-12 所示，移动速度是按照程序段中 F 指令规定的合成速度进给，主要用于工件的切削加工。

编程格式：G01 X__ Y__ Z__ F__

其中，*X*、*Y*、*Z* 的含义与 G00 中相同；F 是进给速度，表示刀具相对于工件的移动速度，加

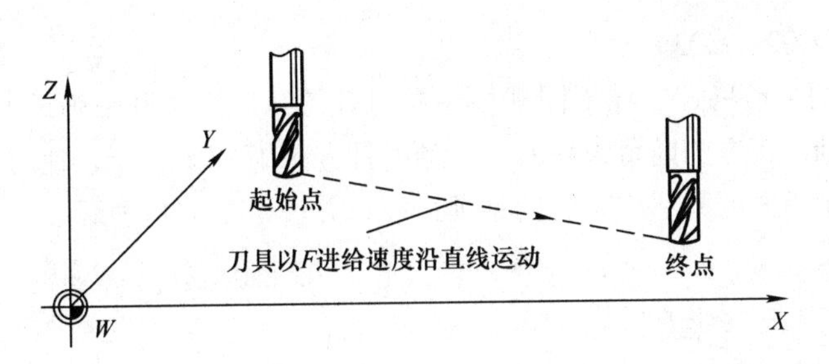

图 3-12　G01 插补示意

工时可通过面板上的倍率旋钮来调整进给率的大小。

编程示例见图 3-13。

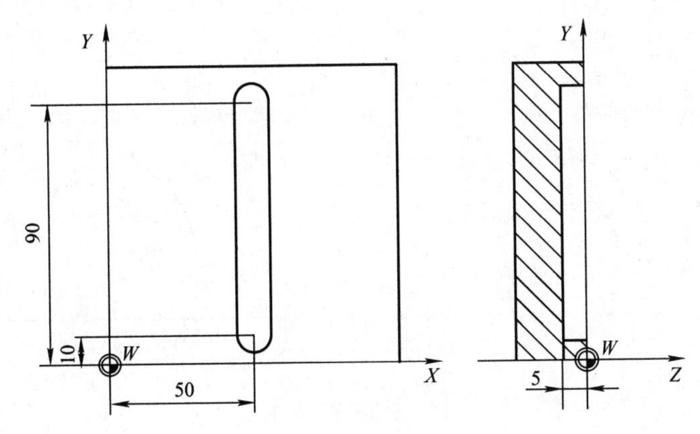

图 3-13　G01 指令编程示例

```
N10 M03 S300
N20 G00 X50 Y90 Z2          ；定位至起始位置
N30 G01 Z-5 F40             ；进刀
N40 Y10
N50 G00 Z100                ；退刀
N60 M30
```

注意

快速定位及直线插补过程中还需注意以下几点：

1）G00 指令和 G01 指令都是模态指令。

2）编程时，G00 指令可简写成 G0，G01 指令可简写成 G1。

3）G00 指令和 G01 指令切换时，需要注意进给速度的变换，以免引起危险。

4）G01 指令与 G00 指令的区别在于，G01 指令可以用于切削加工中，而 G00 指令不能用于切削加工，只有快速定位功能。

5）使用 G01 指令时的理论进给速度在程序中指定，实际移动时的进给速度等于理论进给速度乘以进给倍率。而 G00 指令的理论进给速度由系统参数给定，同样受进给倍率影响。

6）G00 指令执行前要保证移动路径中无障碍。

8. 圆弧插补（G02，G03）

（1）圆弧插补的一般格式　在不同平面中顺时针圆弧、逆时针圆弧的判别方法是：沿着不在圆弧平面的坐标轴由正方向向负方向看去，顺时针方向为G02指令，逆时针方向为G03指令。所要求的圆弧可以用不同的方法定义，四种圆弧插补方法如图3-14所示。

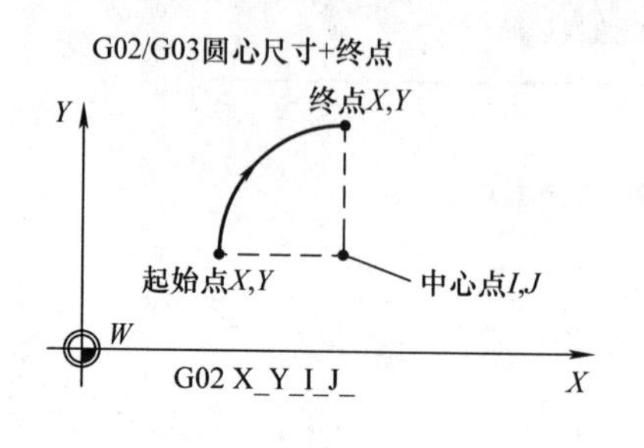

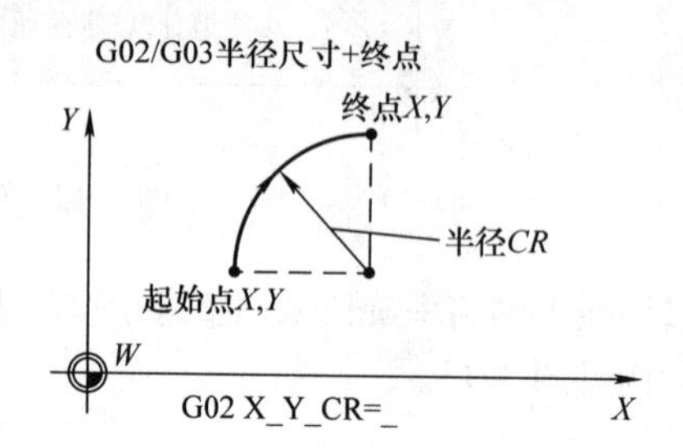

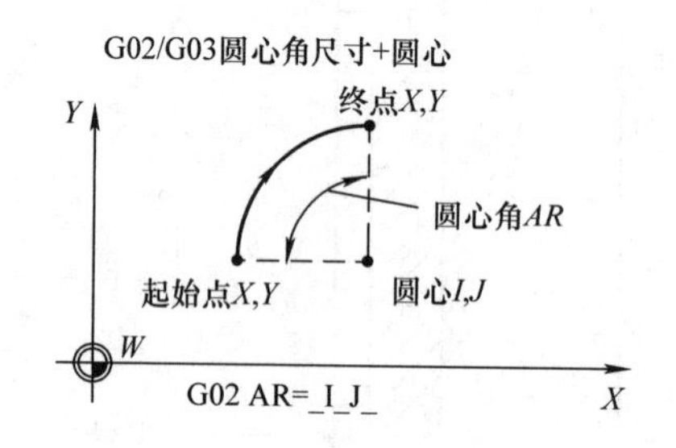

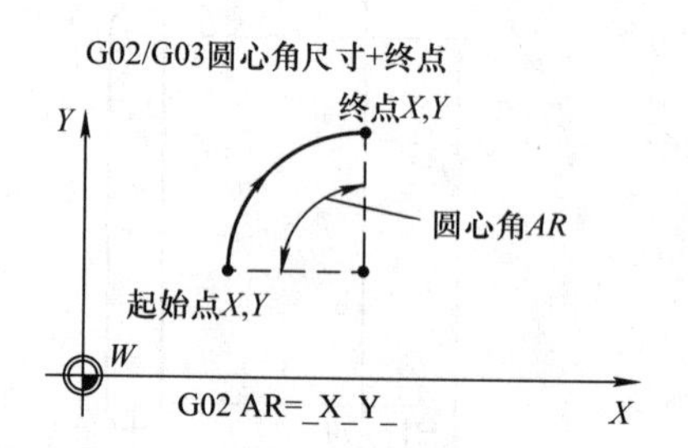

图3-14　四种圆弧插补方法

1）编程格式：

G02/G03 X __ Y __ Z __ I __ J __ K __ ；终点和圆心编程方式，圆心坐标是相对于起点的增量。

G02/G03 X __ Y __ Z __ CR = __ ；终点和半径编程方式，*CR* = 给定圆弧半径。

G02/G03 X __ Y __ Z __ AR = __ ；终点和圆弧张角编程方式，*AR* = 给定张角。

G02/G03 I __ J __ K __ AR = __ ；圆心和圆弧张角编程方式，*AR* = 给定张角，圆心坐标是相对于圆弧起点的增量。

2）编程说明：

G02：顺时针圆弧插补；G03：逆时针圆弧插补。

X，Y，Z：直角坐标系下，圆弧的终点坐标。

I，J，K：直角坐标系下，圆心相对于起点的增量坐标。

CR =：圆弧半径。

AR =：圆弧张角。

IM =，JM =，KM =：直角坐标系下给定的中间点。

3）编程示例见图3-15。

① 终点和半径模式。

N30 G90 G00 X30 Y40 ；圆弧起始点

N40 G02 X50 Y40 CR = 12. 207 ；终点和半径

② 终点和圆心模式。

N30 G90 G00 X30 Y40　　　　　　; 圆弧起始点
N40 G02 X50 Y40 I10 J－7　　　　; 终点和圆心

③ 圆弧张角和圆心模式。

N30 G90 G00 X30 Y40　　　　　　; 圆弧起始点
N40 G02 I10 J－7 AR＝150　　　　; 圆弧张角和圆心角

④ 终点和圆弧张角模式。

N30 G90 G00 X30 Y40　　　　　　; 圆弧起始点
N40 G02 X50 Y40 AR＝150　　　　; 终点和圆弧张角

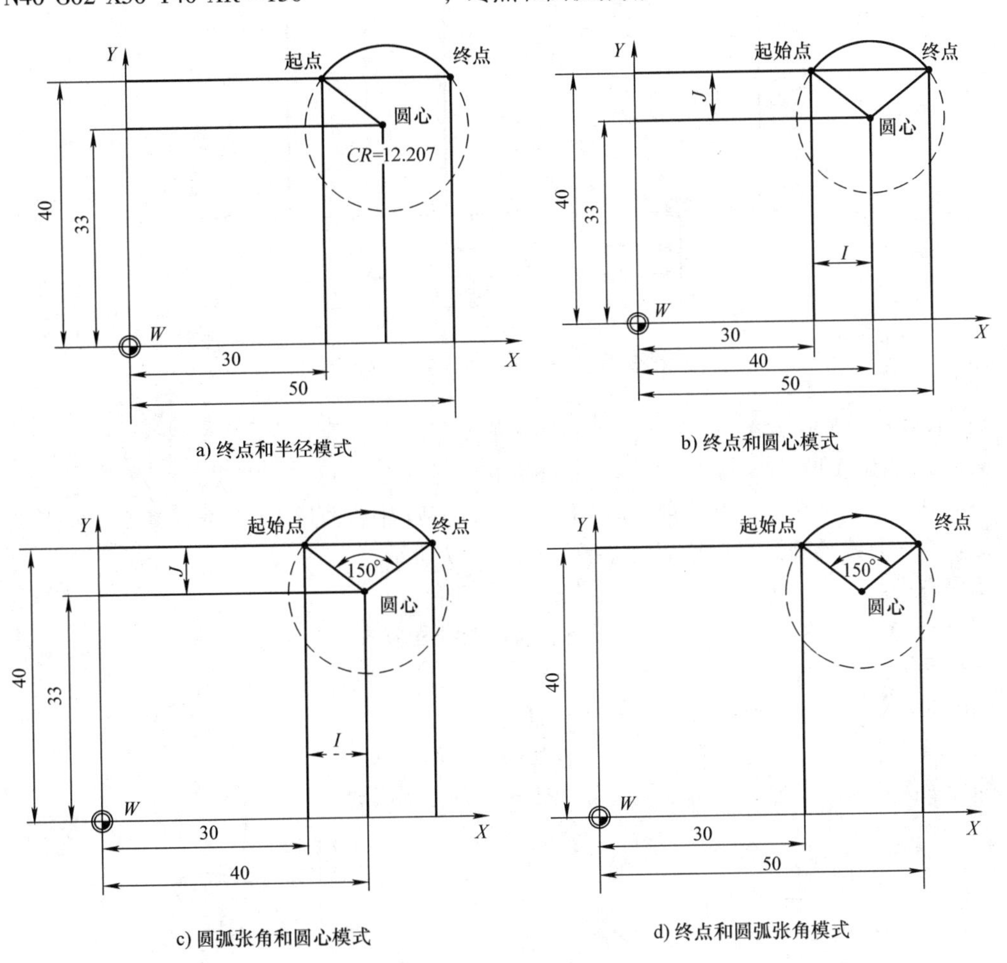

图 3-15　四种圆弧插补示例

（2）通过中间点进行圆弧插补　如果已经知道圆弧上的 3 个点而不知道圆弧的圆心、半径和圆心角，则建议使用 CIP 功能，此时，圆弧的方向由中间点的位置确定（中间点位于起点和终点之间），用 *IM*、*JM*、*KM* 分别对应 *X* 轴、*Y* 轴、*Z* 轴的中间点。

编程格式

CIP X __ Y __　Z __　IM＝__ JM＝__　KM＝__; 终点和中间点编程方式

X、*Y*、*Z*：直角坐标系下，圆弧的终点坐标；*IM*、*JM*、*KM*：直角坐标系下，圆弧中间点坐标。

编程示例见图3-16。

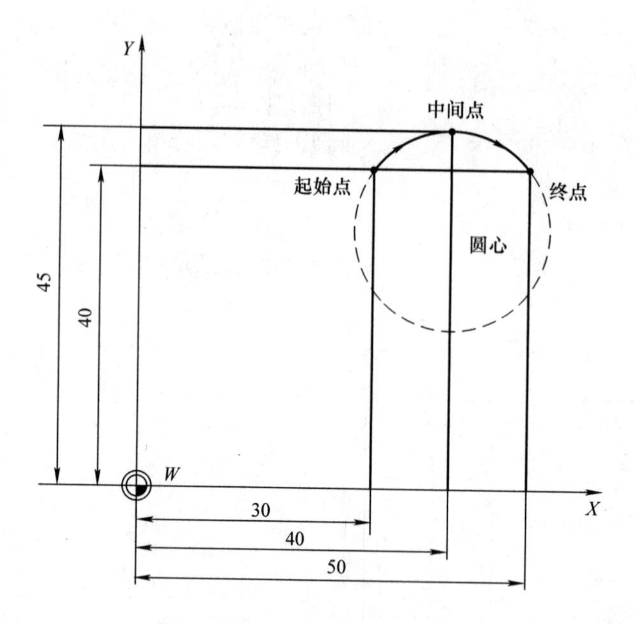

图3-16　终点和中间点定义圆弧

N10 G90 G00 X30 Y40　　　　　　；圆弧起始点

N20 CIP X50 Y40 IM =40 JM =45　　；终点和中间点

（3）切线和过渡圆弧　在当前平面G17、G18或G19中，使用CT和编程终点，可使圆弧和前面的轨迹（直线或圆弧）进行切向连接，如图3-17所示。

编程格式：

CT X __ Y __ Z __　　　　　　；终点和切线编程方式

编程示例：

N10 G01 X __ Y __ F300　　　　；直线

N20 CT X __ Y __　　　　　　　；切线连接的圆弧

综合案例：采用多种圆弧编程方式编写图3-18所示圆弧。

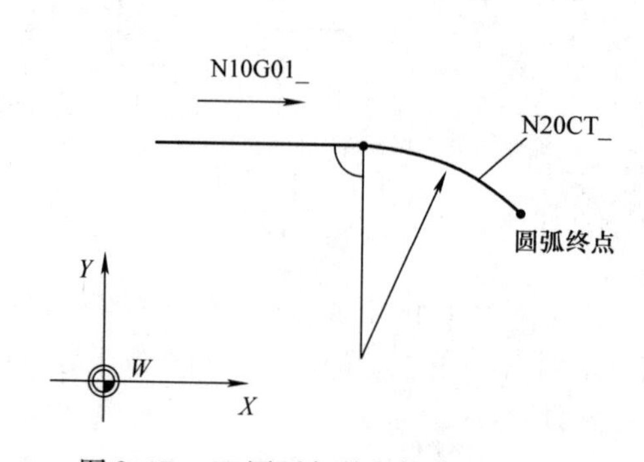

图3-17　CT圆弧与前段轨迹切向连接

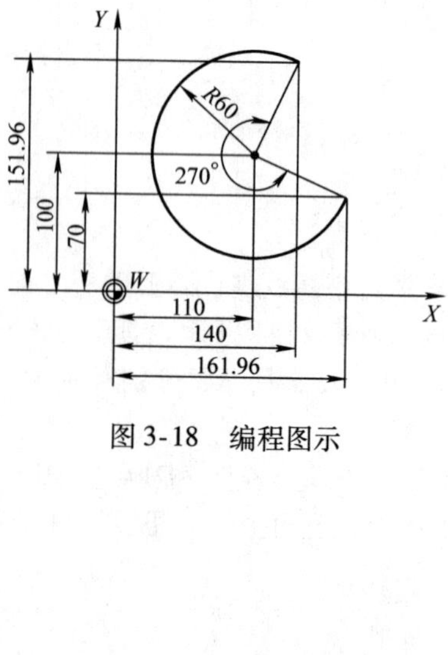

图3-18　编程图示

N10 M03 S1000

N20 G00 G90 X161. 96 Y70

```
N30 G17 G01 Z-5 F100
N40 G02 X140 Y151.96 Z0 I-51.96 J30        ；给定圆弧终点和圆心的空间圆弧
N40 G02 X140 Y151.96 CR=-60                ；给定圆弧终点和半径
N40 G02 X140 Y151.96 AR=270                ；给定圆弧终点和张角
N40 G02 I-51.96 J30 AR=270                 ；给定圆心和张角
N40 CIP X140 Y151.96 IM=90 JM=43.43        ；给定圆弧终点和中间点
N50 G00 Z100
N60 M30
```

注意

圆弧插补过程中还需注意以下几点：

1）G02指令和G03指令为模态指令，CIP指令和CT指令属于非模态指令。

2）判断顺时针和逆时针都是从垂直于圆弧所在的平面第三坐标轴的正方向往负方向看去。以G17指令为例，判断G02指令和G03指令的时候要从Z轴正方向往负方向看，顺时针为G02指令，逆时针为G03指令，如图3-19所示。

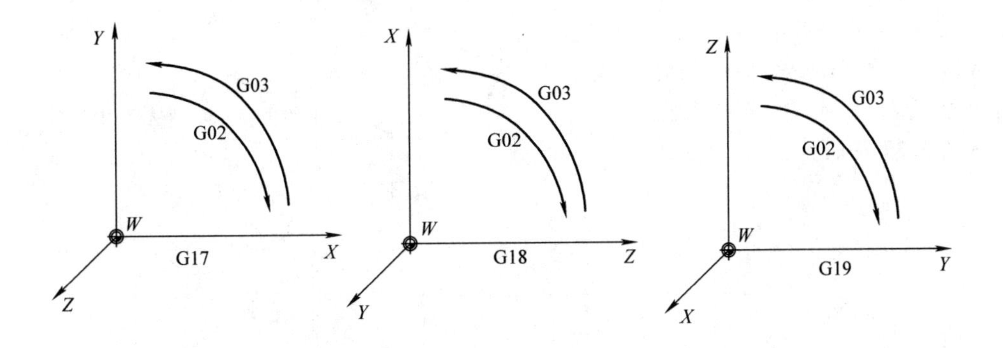

图3-19　圆弧插补方向的判别

3）当指定半径和终点时，圆心角大于0°小于或等于180°时，*CR*取正值；圆心角大于180°时，*CR*取负值，如图3-20所示。

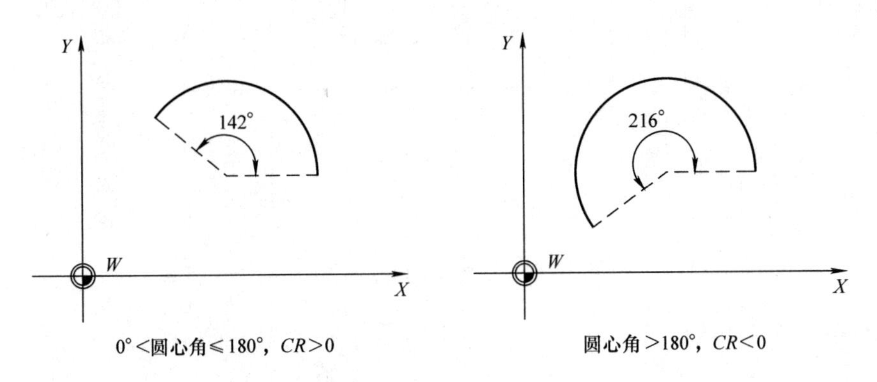

图3-20　*CR*正负的判别

4）同一程序段中，*I*、*J*、*K* 和 *CR* 不能同时编写，否则会引起报警，如图 3-21 所示。

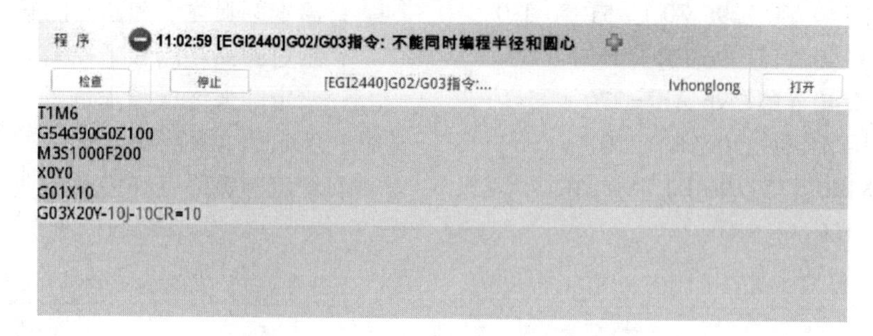

图 3-21　*I*、*J*、*K* 和 *CR* 同时编写报错

5）加工整圆的时候，起点和终点是重合的，必须指定 *I*、*J*、*K* 编程，不能用指定 *CR* 的方式。这是因为如果用 *CR* 的方式，圆心并不固定，因此情况并不唯一，如图 3-22 所示。

6）无论是 G90 指令还是 G91 指令方式编程，*I*、*J*、*K* 都为圆心相对于圆弧起点的坐标增量，但是终点坐标不同，如图 3-23 所示。

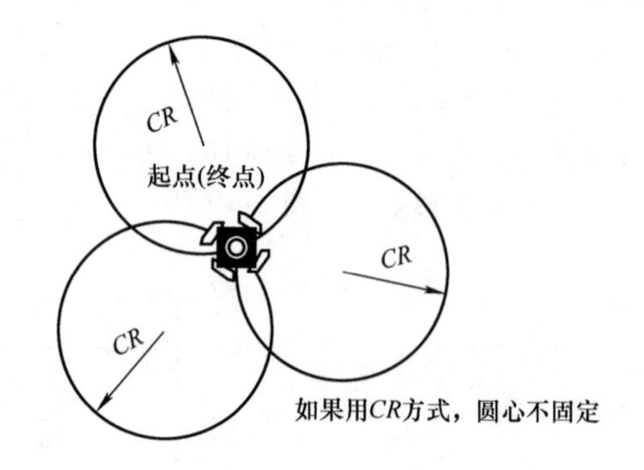

图 3-22　*CR* 编程整圆的多解

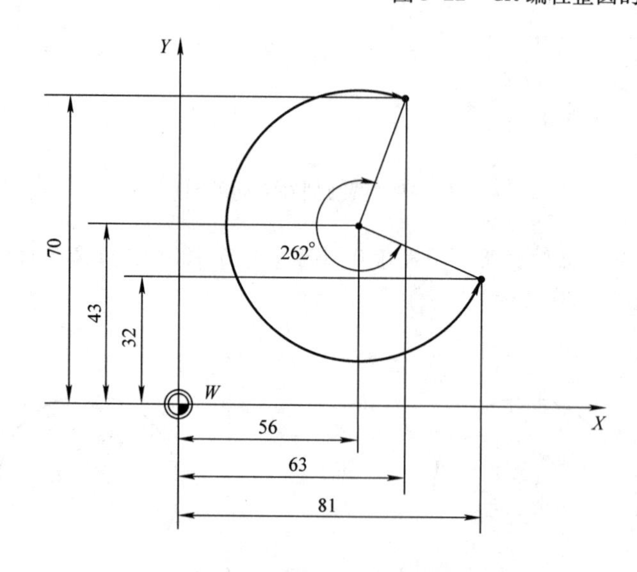

图 3-23　G90/G91 指令编程图示

G90 指令下的圆弧插补：
G00 X81 Y32
G90
G02 X63 Y70 I－25 J11

G91 指令下的圆弧插补：
G00 X81 Y32
G91
G02X－18 Y38 I－25 J11

9. 刀具补偿功能指令（G41，G42）

（1）刀位点　在数控编程过程中，为了编程人员编程方便，通常将数控刀具假想成一个点，该点称为刀位点或刀尖点。因此，刀位点既是用于表示刀具特征的点，也是对刀和加工的基准点。数控铣床常用刀具的刀位点如图 3-24 所示。车刀与镗刀的刀位点通常是指刀具的刀尖；钻头的刀位点通常指钻尖；立铣刀、端铣刀和铰刀的刀位点指刀具底面中心；而球头铣刀的刀位点是指球头中心。

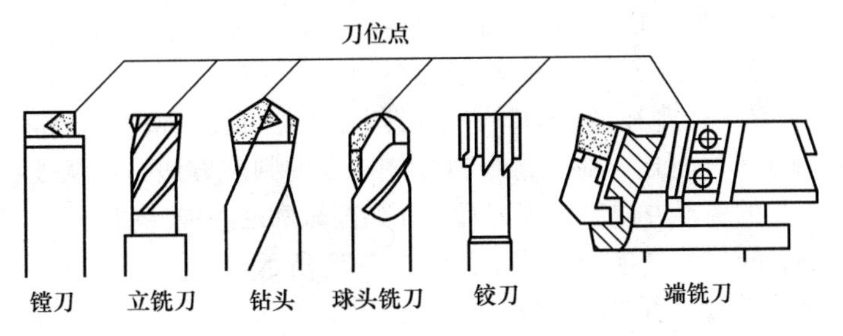

图 3-24　数控铣床常用刀具的刀位点

（2）刀具补偿　在前面章节的编程学习中没有考虑过刀具的因素（刀具半径及长度），而是按照刀位点（中心轨迹）进行编程，但在实际加工中忽视刀具的尺寸会导致加工尺寸出现偏差。图 3-25 所示是加刀具半径补偿时的对比图，图 3-26 所示是加刀具长度补偿时的对比图，从图中可以看出两者差距明显。

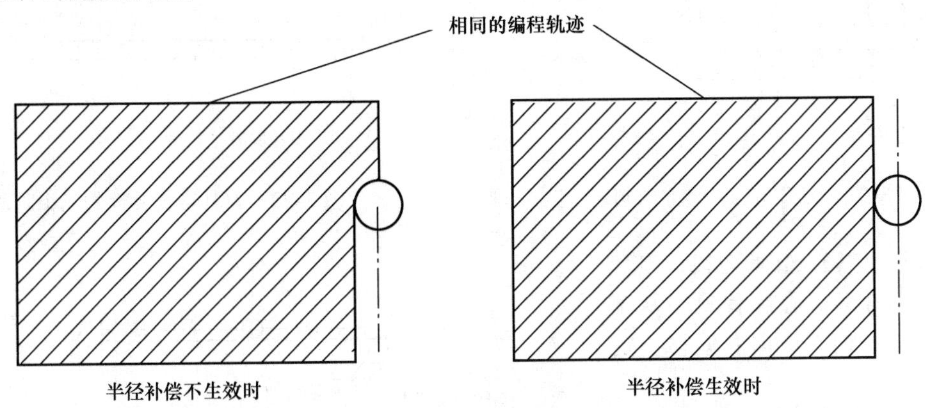

图 3-25　刀具半径补偿对比

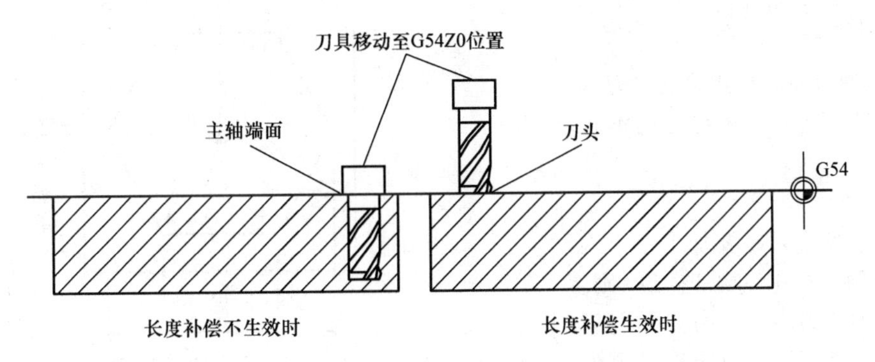

图 3-26　刀具长度补偿对比

（3）刀具半径补偿　加工中心编程往往要以刀位点（刀具中心）为编程轨迹，而刀具实际的加工部位是刀具的边缘部分。在程序中调用刀具补偿后，加工时程序就能自行计算刀具中心轨迹，使刀具中心偏离工件轮廓一个刀具半径值，这样就能加工图样所要求的轮廓。同时，还可以利用同一个加工程序去完成粗加工和精加工，可以简化编程工作。

编程格式：

G41 G00/G01 X_ Y_ Z_ F_　　；刀具半径左补偿

G42 G00/G01 X_ Y_ Z_ F_　　；刀具半径右补偿

G40 G00/G01 X_ Y_ Z_ F_　　；取消刀补

其中：G41——刀具半径左补偿；G42——刀具半径右补偿；G40——取消刀具补偿。

（4）刀具半径补偿方向判定　G41 指令和 G42 指令的判断方法是：从处在补偿平面外另一个轴的正方向，沿刀具的移动方向看，当刀具处在切削轮廓的左侧，叫作刀具半径左补偿；当刀具处在切削轮廓右侧，叫作刀具半径右补偿，如图 3-27 所示。

（5）半径补偿 3 个阶段（见图 3-28）

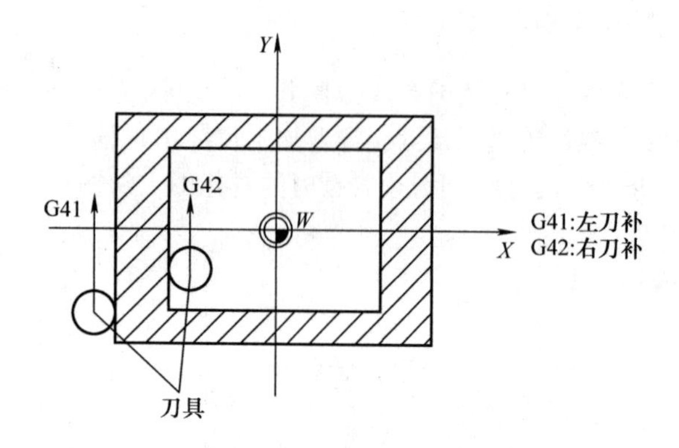

图 3-27　刀具半径补偿方向判定

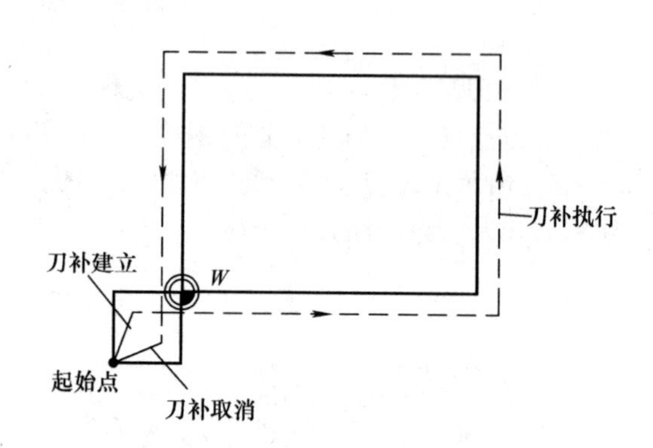

图 3-28　刀具半径补偿的三个阶段

1）建立阶段。在此阶段，刀具从起点接近工件，在编程轨迹基础上，刀具中心向左或向右偏移一定距离。

2）执行阶段。在此阶段，刀具中心轨迹相对于编程轨迹偏置一定距离。

3）取消阶段。在此阶段，刀具退出，使刀具中心轨迹终点与编程轨迹终点重合。

编程示例：

如图 3-29 所示，要加工一个六边形的轴颈，根据切线进刀原则，图中给出了下刀点、起刀点和退刀点 3 点，试编写轮廓轨迹完成零件加工（零件几何中心为工件坐标系零点）。

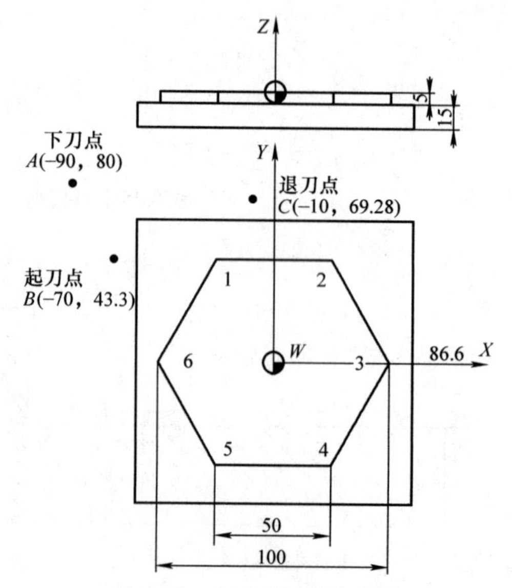

图 3-29　六边形轴颈编程图

```
N10 T1 M06                     ；换刀，刀具直径为 12mm
N20 G54 G90 G00 Z100           ；移动至安全位置
N30 M03 S2000                  ；指定转速
N40 G00 X-90 Y80               ；走刀下刀点
N50 Z-5                        ；指定下刀深度
N60 G41 G01 X-70 Y43.3  F300   ；移动至起刀点，并进行刀具补偿
N70 X25                        ；直线插补至 2 点
N80 X50 Y0                     ；直线插补至 3 点
N90 X25 Y-43.3                 ；直线插补至 4 点
N100 X-25                      ；直线插补至 5 点
N110 X-50 Y0                   ；直线插补至 6 点
N120 X-10 Y69.28               ；直线插补至退刀点
N130 G40 G01 X-90 Y80          ；取消刀补
N140 G00 Z100                  ；抬刀
N140 M05                       ；主轴停转
N150 M30                       ；程序结束
```

（6）刀具长度补偿　刀具长度补偿一般用于刀具 Z 向补偿，对刀时，将其设置好。i5 系统调用刀补号 D 以后，刀具长度补偿自动生效。执行换刀指令后，默认 D1 刀补生效。i5 系统新开机之后默认是 D0，D0 为取消刀补，此时生效的刀具直径和长度均为“0”，如图 3-30 所示。

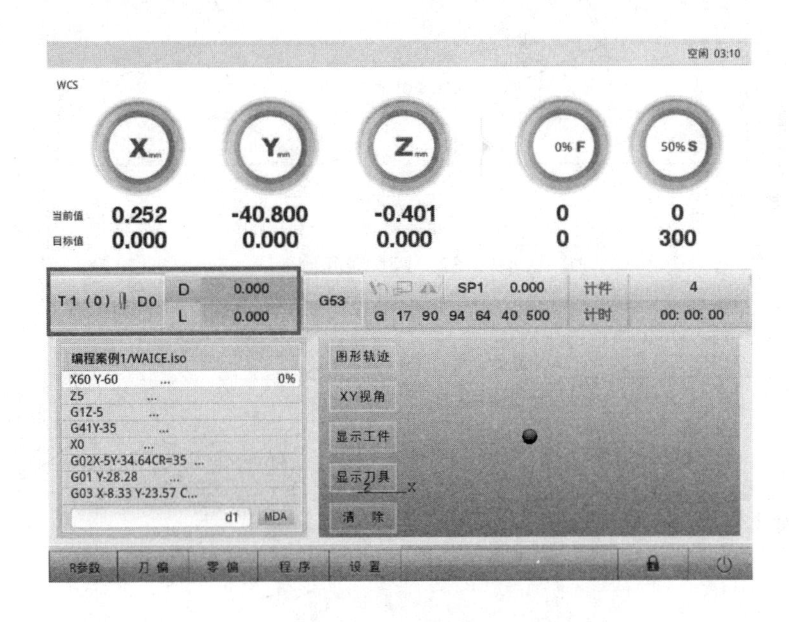

图 3-30　刀具长度补偿界面

注意

刀具补偿指令还需注意以下几点：

1）半径补偿模式的建立与取消程序段只能在 G00 或 G01 移动指令下才生效。

2）为了防止在半径补偿建立或取消过程中刀具产生过切现象（图3-31a中的*OM*线段，图3-31b中的*AM*线段），刀具半径补偿建立和取消程序段的起始位置和终点位置最好与补偿方向在同一侧。

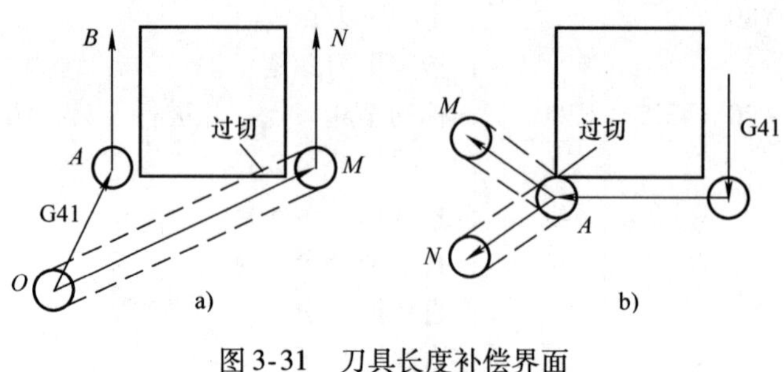

图3-31　刀具长度补偿界面

10. 倒角/倒圆（CHF/CHR/RND）

一般倒角的作用是去除毛刺，使之美观。但是对于图样中特别指出的倒角，一般是安装工艺的要求，例如轴承的安装导向，还有一些圆弧倒角（或称为圆弧过渡）还可以起到减小应力集中、加强轴类零件强度的作用。

倒角是指在两个轮廓之间切入一给定长度的直线，并倒去棱角，如图3-32所示。倒圆是指在两个轮廓之间切入给定半径的圆弧，如图3-33所示。

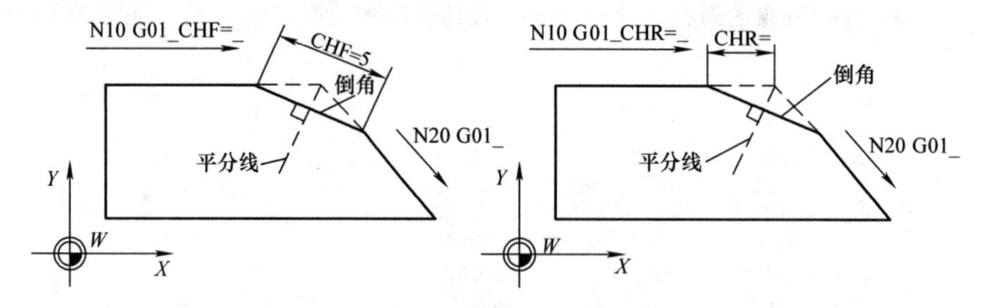

图3-32　两直线间倒角

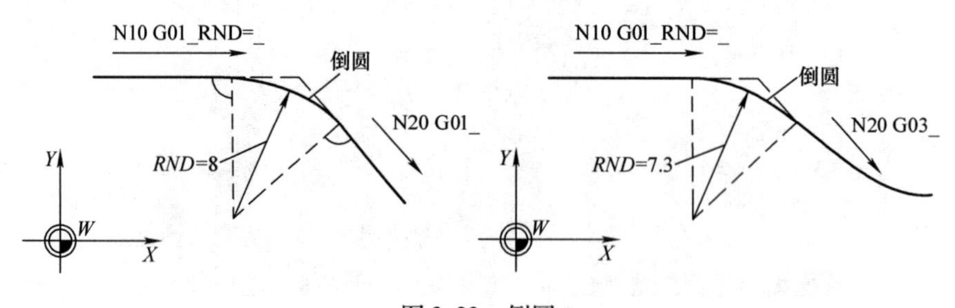

图3-33　倒圆

编程格式：

G __ X __ Y __ CHF = __　；CHF指令是指在两个轮廓之间插入给定长度的倒角，如图3-32a所示。

G __ X __ Y __ CHR = __　；CHR指令是指在两个轮廓之间插入给定边长的倒角，如图3-22b所示。

G __ X __ Y __ RND = __　；RND：倒圆的半径。

编程示例：

如图3-34所示，要加工一个边长为90mm的正方形轴颈，在这个轴颈中有两个倒角和一个倒圆，因此会分别用到CHR/CHF/RND这三个指令。工件上表面的中心为坐标系的原点，加工深度为1mm。

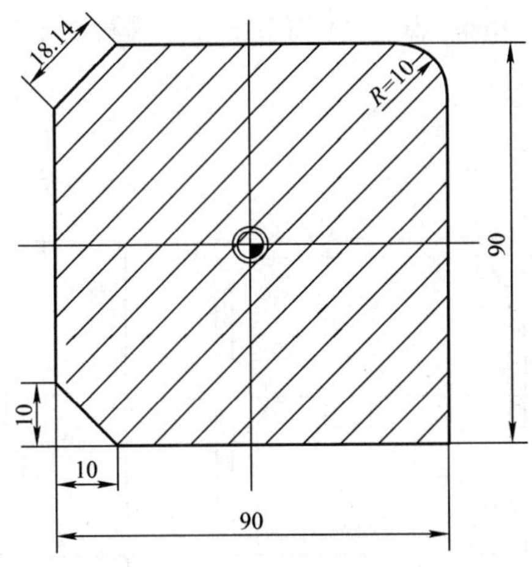

图3-34 正方形轴颈倒角、倒圆示例

编写程序：

```
N10 T1M6                ；换刀
N20 G54 G90 G00 Z100
N30 M03 S1500 F200
N40 X60 Y-60            ；快速定位
N50 Z5
N60 G01 Z-1             ；下刀
N70 G41 X55 Y-45        ；开始刀具补偿
N80 X-45 CHR=10         ；倒CHR=10的倒角
N90 Y45 CHF=18.14       ；倒CHF=18.14的倒角
N100 X45 RND=10         ；倒RND=10的圆弧
N110 Y-55
N120 G40 X60 Y-60       ；取消刀具补偿
N130 G00 Z50
N140 M30
```

注意

倒角/倒圆指令还需注意以下几点：

1）倒角、倒圆指令只能加工对称的倒角和倒圆。

2）该指令必须在直线插补G01指令或圆弧插补G02指令或G03指令生效的条件下执行，在执行过程中不能切换加工平面和工件坐标系。

3）在一个程序中必须有明确的起点、终点和倒角或倒圆点，才能实现倒角或倒圆指令。

4）指令后的“=”不可以省略。

5）倒角和倒圆指令后面必须还有插补移动的程序段，不可能是最后一段。

六、编写加工程序

如图 3-35 所示，要加工一个边长为 90mm 的正方形轴颈，在这个轴颈中有两个倒角和一个倒圆，工件右侧有一个圆弧。工件上表面的中心为坐标系的原点，加工深度为 2mm，粗加工已经完成，精加工侧面余量为 0.5mm。试在 i5 加工中心上编写加工程序并进行仿真加工（零件中心为工件坐标系原点）。

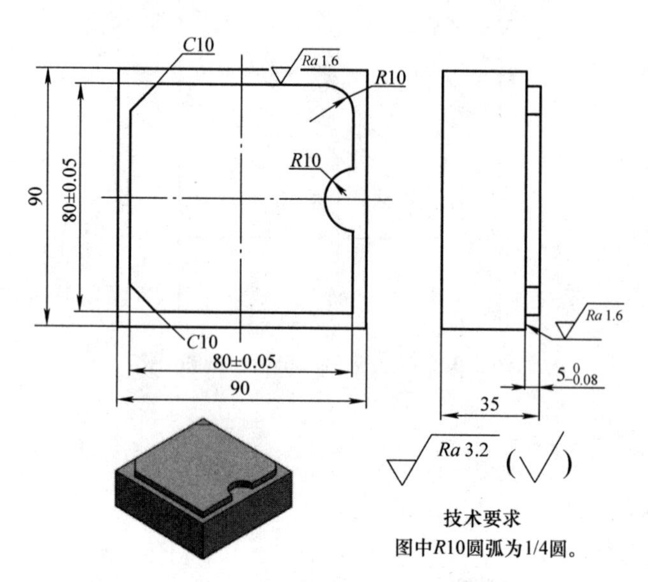

图 3-35　方形轴颈零件编程示例

编写程序：

```
N10 T1 M06                       ; 换刀，刀具直径为 10mm
N20 G54 G90 G00 Z100             ; 移动至安全位置
N30 M03 S2000                    ; 指定转速
N40 G41 X20 Y-60                 ; 移动至起刀点，并进行刀具补偿
N50 Z5                           ; 快速靠近安全位置
N60 G01 Z-5 F300                 ; 直线插补至精加工深度
N70 G03 X0 Y-40 CR=20            ; 圆弧进刀
N80 G01 X-40 CHR=10              ; 倒角 C10
N90 Y40 CHR=10                   ; 倒角 C10
N100 X40 RND=10                  ; 倒圆 R10
N110 Y10
N120 G03 Y-10 CR=10              ; 右侧圆弧
N130 G01 Y-40
N140 X0
N150 G03 X-20 Y-60 CR=20         ; 圆弧退刀
N160 G00 Z100                    ; 抬刀至安全位置
```

```
N170 G40 X0 Y0            ；取消刀补
N180 M05                  ；主轴停转
N190 M30                  ；程序结束
```

七、模拟仿真

i5 系统具有模拟仿真加工的功能，用于程序编辑完成后，模拟程序运行（机床轴和主轴静止），以检查程序的正确性，模拟结果如图 3-36 所示。

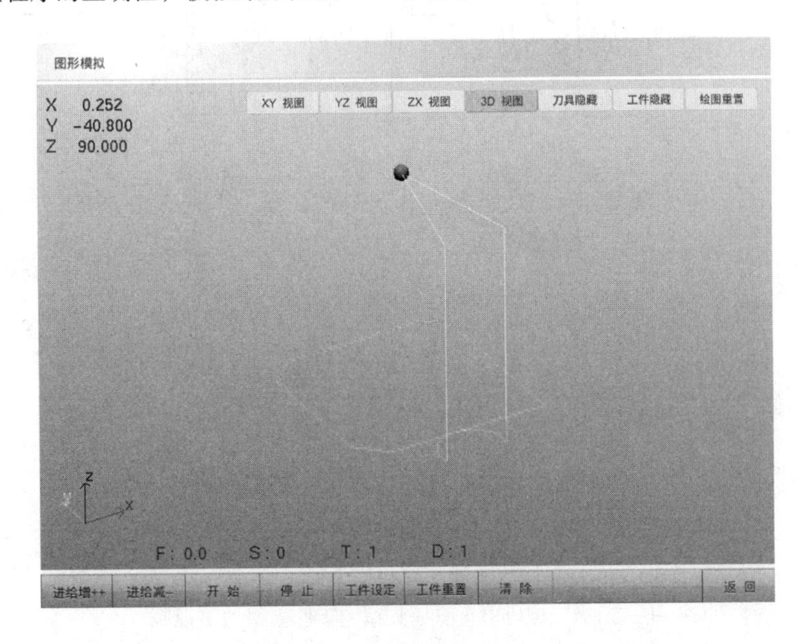

图 3-36　方形轴颈模拟仿真加工

第 2 节　模具型腔加工

一、学习目标

1. 理解可编程框架的概念及基本原理。
2. 掌握 4 种偏置指令的用法及相关注意事项。
3. 熟练使用偏置指令调用子程序完成型腔类零件加工。

二、课题任务

如图 3-37 所示，要加工一个型腔类模具，模具板的长和宽是 100mm × 100mm，模具中有 4 个轮廓相似但角度不同的凹槽轮廓，凹槽深度为 2mm，材料为 45 钢，现粗加工已经完成，精加工侧面余量为 0.5mm。试在 i5 加工中心上编写加工程序并进行仿真加工。

三、任务分析

该零件为模具型腔类零件，零件形状中包括 4 个轮廓相同，但位置和角度不同的凹陷轮廓，

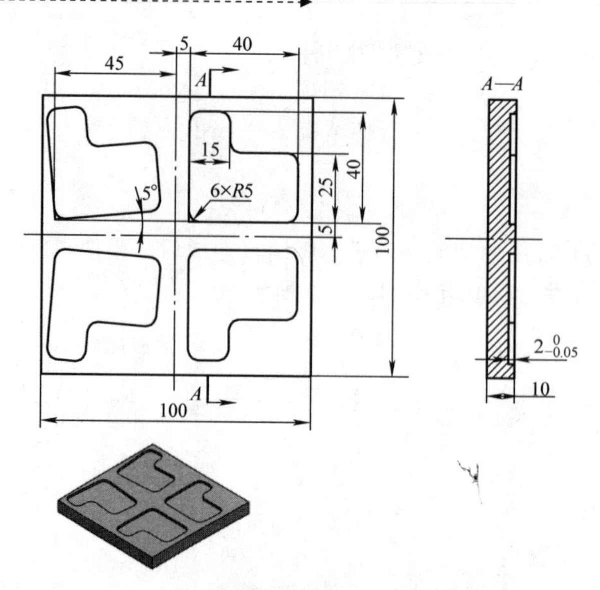

图 3-37 模具型腔零件

注：扫描二维码可查看模具型腔零件模拟加工视频

其中最小的圆弧半径是 $R5$mm，在加工凹陷圆弧时需要考虑刀具半径要小于圆弧半径，否则将出现过切现象。精加工侧壁时，加工余量较小且表面不会出现缺陷，所以采用顺铣的方式较为合适，当主轴正转时，刀具的进给运动应该逆时针绕凹槽加工，一刀即可完成加工。

四、制订加工方案

数控铣削工艺卡见表 3-2。

表 3-2 数控铣削工艺卡

工序	加工内容	刀具	转速/(r/min)	进给量/(mm/min)	背吃刀量/mm
1	精铣零件轮廓至尺寸	ϕ8mm 立铣刀	1500	200	0.5

五、准备知识

1. 可编程框架

所谓框架（FRAME），是指系统中用来描述平移或旋转等几何运算的术语。框架用于描述从当前工件坐标系开始到下一个目标坐标系的坐标或角度变化。常用的框架有坐标平移（TRANS，ATRANS）、坐标旋转（ROT，AROT）、坐标缩放（SCALE，ASCALE）、坐标镜像（MIRROR，AMIRROR）等。

2. 可设定零点偏置指令（G53、G54 ~ G59、G540 ~ G599、G500）

在工作台上同时加工多个相同零件时，可以设定不同的程序零点，从而建立 G54 ~ G59 6 个工件坐标系。其坐标系原点可设在便于编程的某一固定点上，这样建立的加工坐标系，在系统切断电源再上电后仍然有效，并与当前刀具的位置无关，只需按选择的坐标系编程即可。

可设定零点偏置指令（G54 ~ G59，G540 ~ G599）给出了工件零点在机床坐标系的位置，当工件装夹到机床上后用对刀求出偏移量，并通过操作面板将对刀数据输入到零点偏置界面中。程序可以通过选择相应的 G54 ~ G59 指令调用此值，如图 3-38 所示。

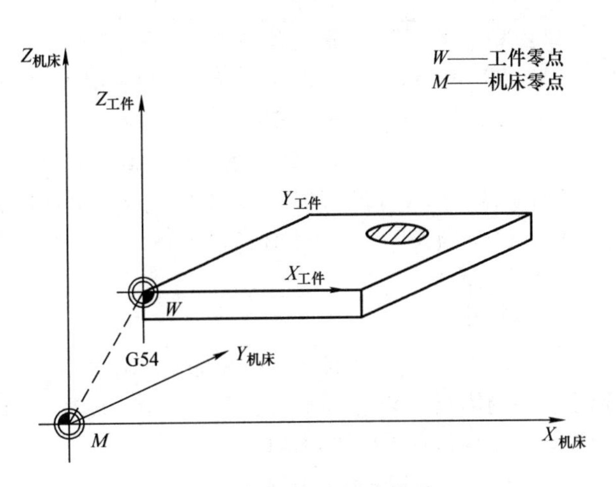

图 3-38　可设定零点偏置

3. 可编程的零点偏移（TRANS、ATRANS）

在生产的过程中，经常会遇到同时装夹多个工件进行加工；或者在同一个工件上加工多个相同的特征。如果只使用一个坐标系进行编程，则需要编制烦琐的程序进行加工，但是通过使用可编程的零点偏移会简化编程，如图 3-39 所示。

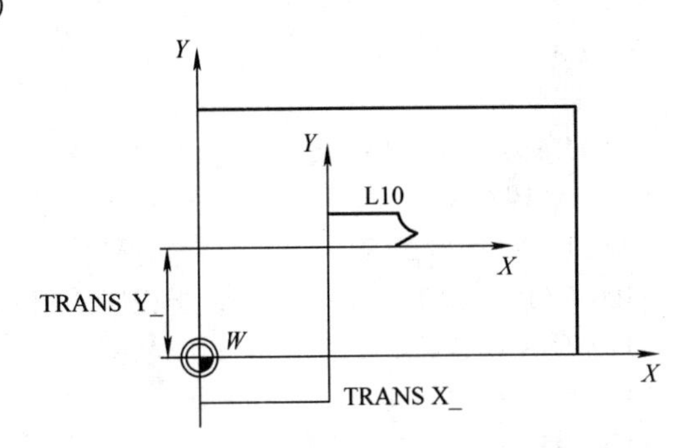

图 3-39　可编程的零点偏移的定义

可编程的零点偏移能够将 G54 ~ G59、G540 ~ G599 这些可设定或者可编程的工件坐标系偏移至所需要的位置。

编程格式：

TRANS X_ Y_ Z_　；可编程的偏移，清除所有有关偏移、旋转、比例数、镜像的指令。

ATRANS X_ Y_ Z_　；可编程的偏移，附加于当前的指令上。

编程示例：

```
N20 TRANS X20 Y15 ；可编程零点偏移
N30 L10           ；调用子程序，其中包含待偏置的几何量
……
N70 TRANS         ；取消偏移
……
```

注意

可编程的旋转指令还需注意以下几点：

1）TRANS：绝对可编程零点偏移，参考基准是当前设定的有效工作零件，即用 G54 ~ G599 中设定的工作坐标系。

2）ATRANS：附加可编程零点偏移，参考基准为当前设定的或最后编程的有效工作零件，该零件也可是通过指令 TRANS 偏移的零点。

3）“X_ Y_ Z_ ”是指各轴的平移量。

4）TRANS X10 Y20 Z30：表示以G54～G599中设定的工作坐标系原点为基点执行坐标系平移，平移的距离为X10 Y20 Z30。

5）ATRANS X10 Y20 Z30：表示以最后编程有效的工件坐标系原点为基点执行坐标系平移，平移的距离为X10 Y20 Z30。如果在同一程序中执行了TRANS X10 Y20 Z30指令后，再执行ATRANS X10 Y20 Z30指令，则经两次偏移后的零件相对于G54设定的工件坐标系原点偏移了X20 Y40 Z60的距离。

编程举例：

加工图3-40所示工件，试用坐标系平移指令及子程序调用指令来编写加工程序，其中该轮廓的加工程序编写在子程序ZCX1中。

```
N10 G17 G90 G94 G71 G54
N20 T1 M6
N30 G00 X0 Y0 D1
N40 Z30
N60 S600 M3
N70 TRANS X20 Y15          ；绝对平移
N80 CALL ZCX1              ；子程序调用
N90 TRANS X20 Y15          ；绝对平移
N100 CALL ZCX1             ；子程序调用
N110 TRANS                 ；取削偏移
N120 G74 Z0
N130 M5
N140 M30                   ；程序结束
```

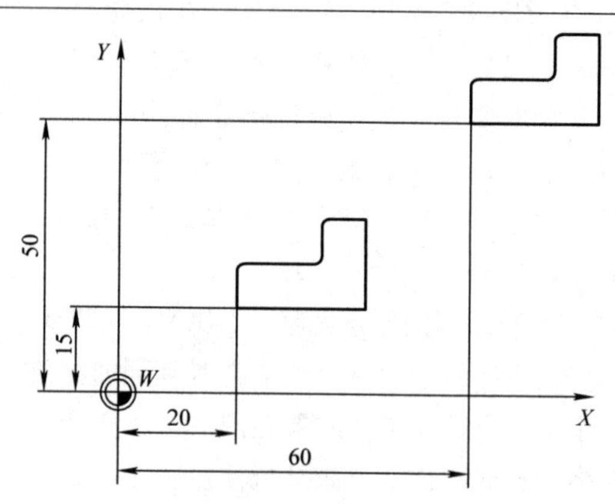

图3-40　可编程的零点偏移示例

程序中N90程序段也可采用附加平移指令进行编程，因此，该程序段可写成N90 ATRANS X40 Y35。

4. 可编程的旋转（ROT、AROT）

加工中经常遇到有的零件上的一些特征是绕某个点位角向分布的，此时我们可以把坐标系旋转一定角度后，调用同一个特征的加工程序，进行加工，从而简化编程步骤，如图3-41所示。

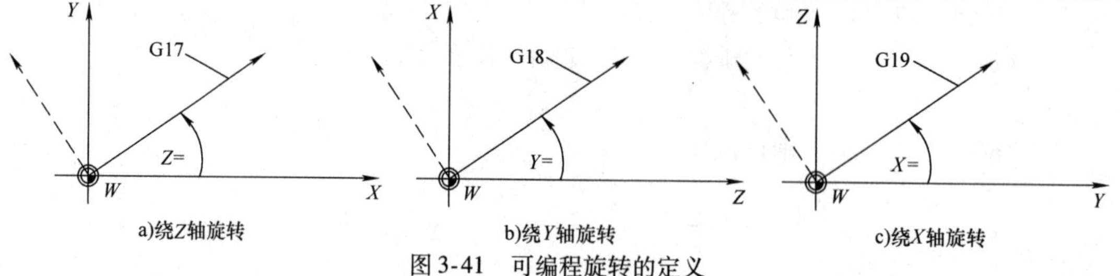

图3-41　可编程旋转的定义

其中旋转时的方向遵守右手螺旋定则，假设围绕*Z*轴旋转，即以大拇指指向*Z*轴正方向，则四指弯曲方向为旋转正方向，如图3-42所示，*X*、*Y*轴的旋转正方向同样以此判断。

编程格式：

ROT　X_ Y_ Z_　　；可编程旋转，删除当前的偏移、旋转、比例系数、镜像的指令。

AROT X_ Y_ Z_　　；可编程旋转，附加于当前的指令上。

编程举例：

加工图 3-42 所示零件的程序如下。

```
N10 G17                   ；定义 X/Y 平面
N20 TRANS X20 Y10         ；可编程的偏移
N30 CALL ZCX1             ；调用子程序，含有待偏置的几何量
N40 TRANS X30 Y26         ；新的偏移
N50 AROT Z=45             ；附加旋转 45°
N60 CALL ZCX1             ；调用子程序
N70 TRANS                 ；取削偏移和旋转
N80 M30                   ；程序结束
```

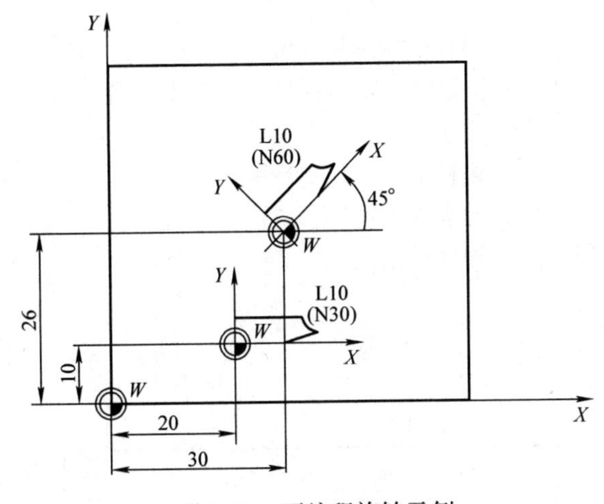

图 3-42　可编程旋转示例

⚠注意

可编程的旋转指令还需注意以下几点：

1）ROT：绝对可编程零位旋转。参考基准为通过 G54 ~ G599 指令建立的工作坐标系零位。

2）AROT：附加可编程零位旋转。参考基准为当前有效的设置或编程的零点，即在原有坐标转换的基础上进行叠加。

3）X、Y、Z 后面接的旋转角度：对于平面旋转指令，旋转轴为与该平面相垂直的轴，从旋转轴的正方向向该平面看，逆时针方向为正方向，顺时针方向为负方向。

4）如果在镜像（MIRROR）指令后用 AROT 指令编辑一个附加的旋转，则加工时按照逆向旋转方向加工。

5）旋转的取消类同于坐标系平移取消指令，如果 ROT 后面没有轴参数，则前面所有编程的框架被取消。

6）ROT、AROT 指令要求占用一个独立的程序段。

7）ROT X Y Z：绝对旋转，旋转顺序遵守：先绕机床固定轴 X 轴旋转，然后绕机床固定轴 Y 轴旋转，再绕机床固定轴 Z 轴旋转，“AROT X Y Z” 同理。

5. 可编程比例缩放（SCALE、ASCALE）

生产中我们会遇到在同一个工件中存在某些特征形状相同，但比例不同的情形，这种情况下为了简化程序的编写，可以使用可编程比例缩放功能。通过设定轴方向的缩放系数，再次调用程序加工，来实现图形的放大或缩小。

编程格式：

SCALE X_ Y_ Z_ ；可编程的比例系数，清除所有有关偏移、旋转、比例系数、镜像的指令。

ASCALE X_ Y_ Z_ ；可编程的比例系数，附加于当前的指令上。

编程举例：

加工图 3-43 所示工件的程序如下：

```
N10 G17                  ；定义 XY 平面
N20 L10                  ；编程的轮廓原尺寸
N30 SCALE X2 Y2          ；X 轴和 Y 轴方向的轮廓放大 2 倍
N40 L10
N50 ATRANS X2.5 Y18      ；偏移值也按比例放大
N60 L10                  ；轮廓放大和偏移
N70 M30                  ；程序结束
```

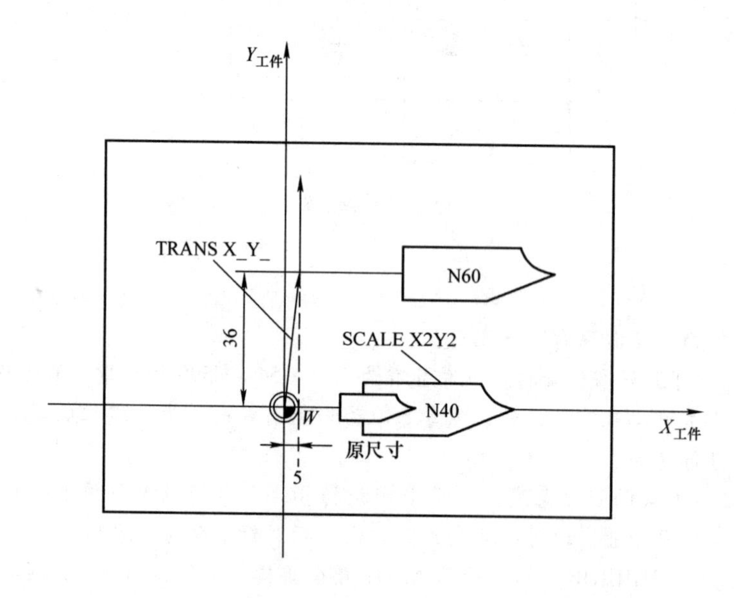

图 3-43　可编程比例缩放示例

指令说明：

1）SCALE、ASCALE 指令要求占用一个独立的程序段。

2）图形为圆时，两轴的比例系数必须完全一致。

3）SCALE 指参考 G54 ~ G59、G540 ~ G599 设定的当前有效坐标系的原点进行比例缩放。

4）ASCALE 指参考当前有效设定或编程坐标系进行附加的比例缩放。

5）X_ Y_ Z_ 指各轴后跟的缩放因子。

> **注意**
>
> 可编程缩放指令还需注意：
>
> 1）如果在比例缩放后，再进行坐标系的平移，则坐标系平移值也进行比例缩放。如下面指令所示，执行平移指令后，实际的平移距离为 X40 Y45 Z10；
>
> SCALE X2 Y1.5 Z1；
>
> ATRANS X20 Y30 Z10；
>
> 2）比例缩放对刀具偏置值和刀具补偿值无效。
>
> 3）如果在SCALE后面没有轴移动参数，将取消程序中所有的框架，仍保留原工件坐标系。

6. 可编程的镜像（MIRROR、AMIRROR）

生产中我们会遇到在同一个工件中几个形状相近，左右对称或者中心对称的轮廓，这种情况下为了简化程序的编写可以使用可编程镜像功能。

可编程镜像功能可使当前工件坐标系沿某个坐标轴镜像。因此使用相同的程序就可以加工出与原来相互镜像的特征，如图3-44所示。

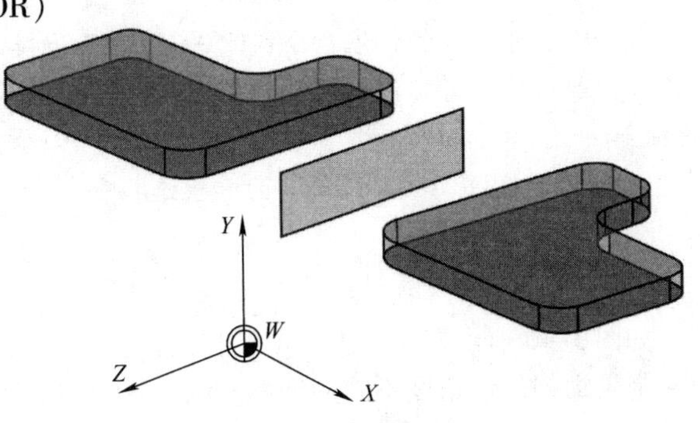

图3-44　可编程镜像的定义

编程格式：

MIRROR X0 Y0 Z0　　；可编程镜像功能，清除所有有关偏移、旋转、比例系数、镜像指令。

AMIRROR X0 Y0 Z0　　；可编程镜像功能，附加于当前指令上。

编程举例：

加工图3-45所示工件的程序如下：

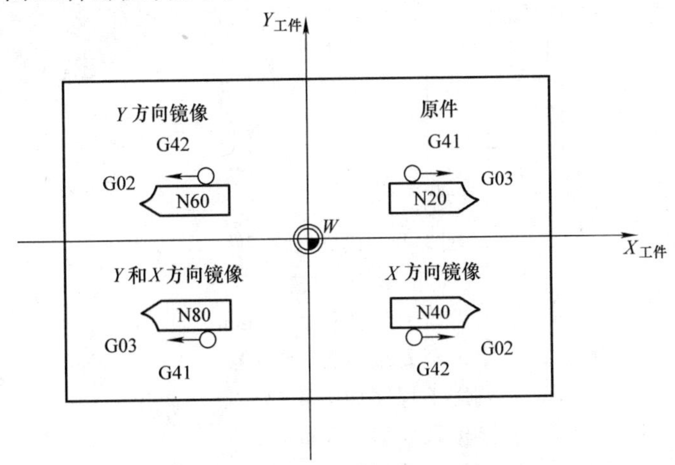

图3-45　可编程镜像示例

N10 G17　　；定义X/Y平面，Z轴垂直于该平面

N20 CALL　ZCX10　　；编程轮廓，带G41

N30 MIRROR X0　　；在X轴上改变方向加工

N40 CALL　ZCX10　　；镜像的轮廓

```
N50 MIRROR Y0          ；在 Y 轴上改变方向加工
N60 CALL  ZCX10        ；镜像的轮廓
N70 AMIRROR X0         ；在 Y 轴镜像基础上 X 轴再镜像
N80 CALL  ZCX10        ；镜像的轮廓
N90 M30                ；程序结束
```

注意

可编程镜像指令还需注意以下几点：

1）镜像后的坐标系方向不能使用右手定则判断。

2）可编程的镜像指令之后 G41 和 G42 指令功能互相转换，G02 和 G03 指令功能互相转换。

3）取消可编程的镜像指令：G500。G500 为模态指令，G500 指令为逐级取消可编程框架。

4）当程序中有其他的可编程框架指令，而镜像功能要附加于其上时，必须使用附加镜像的指令。

5）MIRROR、AMIRROR 均为非模态指令。

六、编写加工程序

如图 3-46 所示，要加工一个型腔类模具，模具板的长和宽分别是 100mm×100mm，模具中有 4 个轮廓相似但角度不同的凹槽轮廓，凹槽深度为 2mm，材料为 45 钢，现粗加工已经完成，精加工侧面余量 0.5mm。试在 i5 加工中心上编写加工程序并进行仿真加工。

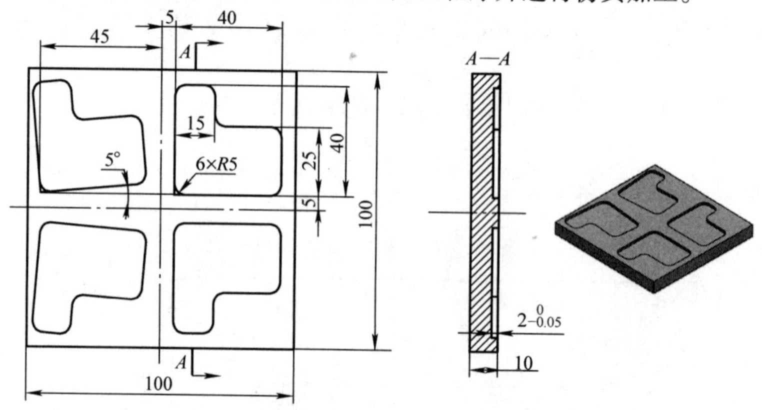

图 3-46　模具型腔零件

编写程序：

```
N10 T1 M06               ；换刀，刀具直径为 φ8mm
N20 G54 G90 G00 Z100     ；定位至安全位置
N30 CALL xxq             ；调用子程序加工轮廓 1
N40 TRANS X-50           ；坐标系偏移 -50mm
N50 AROT Z5              ；在偏移的基础上旋转 5°
N60 CALL xxq             ；调用子程序加工轮廓 2
N70 AMIRROR Y0           ；坐标系相对 X 轴镜像
N80 AROT Z10             ；在镜像的基础上旋转 10°
N90 CALL xxq             ；调用子程序加工轮廓 3
N100 MIRROR Y0           ；相对 X 轴镜像
```

```
N110 CALL xxq               ；调用子程序加工轮廓 3
N120 G00 Z50                ；退回至安全高度
N130 M05                    ；主轴停转
N140 M30                    ；程序结束
子程序：xxq. iso
N10 G00 Z50                 ；下刀到安全平面
N20 M3 S2000                ；主轴正转 2000r/min
N30 G41 X15 Y15             ；建立刀具半径补偿
N40 Z5
N50 G01 Z-2 F200            ；进刀到底面
N60 G03 X25 Y5 CR=10        ；圆弧进刀
N70 G01 X45 RND=5
N80 Y30 RND=5
N90 X20 RND=5
N100 Y40 RND=5
N110 X5 RND=5
N120 Y5 RND=5
N130 X25                    ；到达位置
N140 G03 X35 Y15 CR=10      ；圆弧退刀
N150 G00 Z5
N160 Z50
N170 G40 X25 Y17.5          ；取消刀具半径补偿
N180 RET
```

七、模拟仿真

i5 系统具有模拟加工的功能，用于程序编辑完成后的模拟程序运行（机床轴和主轴静止），以检查程序的正确性，模拟结果如图 3-47 所示。

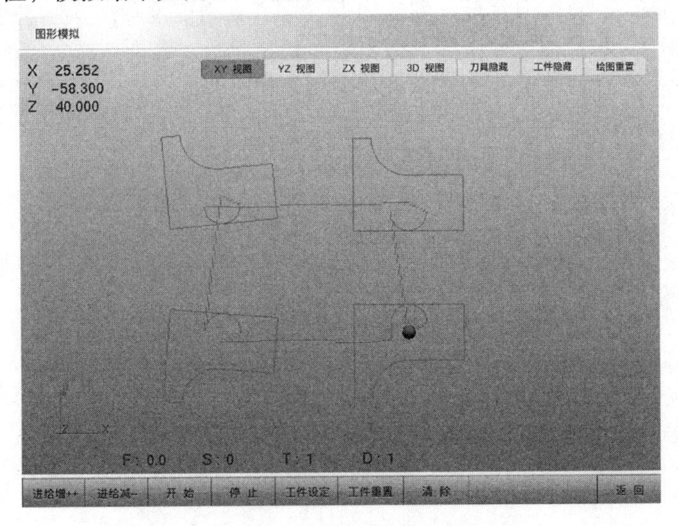

图 3-47　型腔类模具模拟仿真

第3节　数控铣削其他主要功能指令

本章前两节以不同零件轮廓特征为例，介绍了i5数控系统中部分数控指令的格式、使用条件和使用方法。根据例子，读者可完成简单零件程序的编写。本节将对剩余的部分指令进行系统性讲解，帮助读者拓展编程思想。

一、学习目标

1. 了解其余重要铣削指令的编程格式及相关用法。
2. 掌握极坐标编程指令使用的场合及编程方法。
3. 熟练运用各种指令灵活编程，使程序更加简洁。

二、知识点讲解

1. 极坐标

一般来说在图样上标注的点都是采用直角坐标系来标注，但是，在标注某些零件的尺寸时，会标注出半径和角度。为了编程方便，i5系统提供了极坐标的功能。

极坐标系是一个平面的坐标系。如图3-48所示，极坐标系中的点由它与中心点的距离和与横坐标的夹角来表示。中心点称为极点，这个距离称为极半径*RP*，这个夹角称之为极角*AP*。因此，极点、极半径和极角是极坐标的三个元素。

极角是指极半径与所在平面中的横坐标轴正向之间的夹角，如图3-48所示，在最常用的G17平面中，横坐标轴就是*X*轴。极角*AP*逆时针为正，判断的方向是从第三轴的正向往负向看过去，从横坐标轴正向到极半径之间的夹角。极角的范围大于－360°，小于360°，但是不能等于－360°和360°，否则系统会出现报警。

极坐标原点指定方式有G110、G111和G112三种。其指令格式如下。

G110，G111，G112　X_ Y_ Z_　　　　　；X_ Y_ Z_ 为相对于定义点的坐标值。

G110，G111，G112　AP＝_　RP＝_

G110 极坐标参数，相对于刀具最近到达的点（即刀具当前位置点）定义极坐标。

G111 极坐标参数，相对于工件坐标系原点定义极坐标。

G112 极坐标参数，相对于上一个有效的极点定义极坐标。

如图3-49所示，分别将*A*点、*B*点与刀具中心当前位置点*C*指定为极坐标原点。

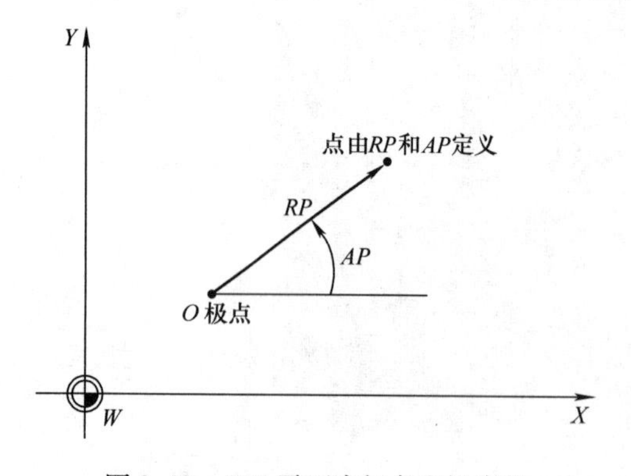

图3-48　G17平面内极角和极半径

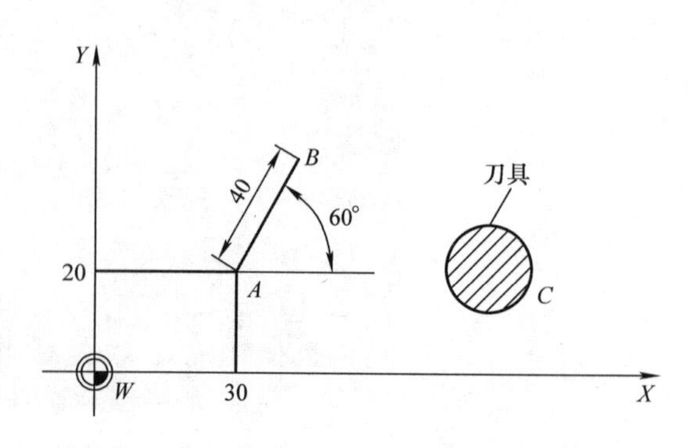

图3-49　极点确定

A 点：G111 X30 Y20　　　　　　；相对于工作坐标系原点定义极坐标

B 点：G112 AP = 60 RP = 40　　　；相对于前一极坐标原点定义极坐标

C 点：G110 X0 Y0　　　　　　　；相对于刀具当前位置点定义极坐标

与笛卡儿坐标系一样，在极坐标系中也可以用 G00/G01/G02/G03 指令加上 *RP*、*AP* 指完成快速定位/直线插补/顺、逆时针圆弧插补动作。具体指令格式如下。

G00 AP = _ RP = _

G01 AP = _ RP = _

G02 AP = _ RP = _ CR = _

G03 AP = _ RP = _ CR = _

下面用一个示例来说明极坐标系的用法。图 3-50 所示是要加工的零件，零件的长宽高分别为 86mm、76mm 和 60mm，现在要求在这个零件上加工 5 个深度为 20mm，直径为 10mm 的孔。

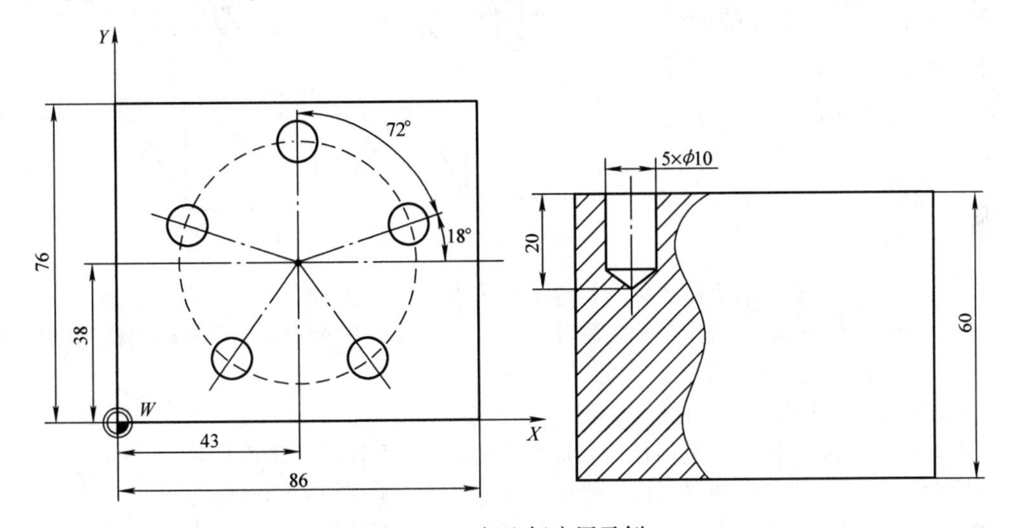

图 3-50　极坐标应用示例

编程示例：

N10 T1 M06

N20 G54 G90 G00 Z100

N30 M3 S1000 F200

N40 G111 X43 Y38　　　　　　　　　；确定极点

N50 MCALL CYCLE81（40，0，5，-20，0）；模态调用子程序

N60 AP = 18 RP = 30　　　　　　　　；极坐标确定第一个孔位置

N70 G91 AP = 72　　　　　　　　　　；增量模式编程

N80 AP = 72

N90 AP = 72

N100 AP = 72

N110 MCALL　　　　　　　　　　　　；模态调用子程序结束

N120 G00 Z50

N130 M30

注意

极坐标编程还需注意以下几点：

1）G110、G111、G112 指令都是单独程序段。

2）定义好的极点一直保持有效，除非定义了新的极点。

3）在程序中如果没有定义极点，直接编制 *AP* 和 *RP*，那么系统就默认以当前坐标系的原点为极点。

4）使用极坐标系结束之后不用取消，直接编写位置坐标 *XY*，就可以切换到直角坐标系。

2. 返回参考点（G74/ G740）

返回参考点指令可以使机床轴按照指定的方式快速定位至机床坐标系原点位置。例如，程序结束后，需要将刀具移动到安全位置，或者方便装卸工件的位置，这时可以使用G74 或者 G740 指令快速回到机床参考点。三轴返回参考点指令格式见图3-51。

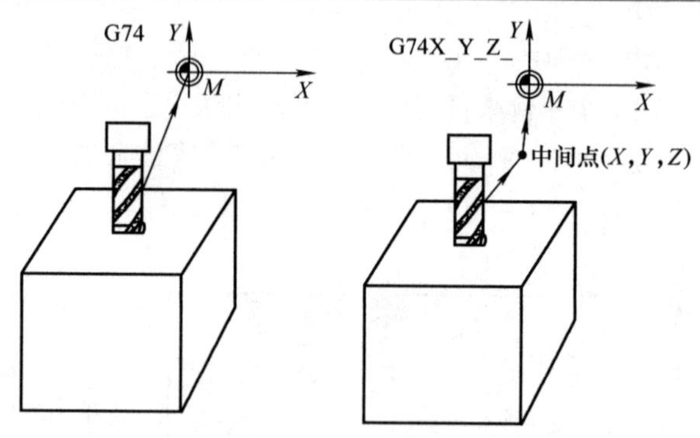

图 3-51　三轴返回参考点

G74　　　　　　；表示机床各轴直接返回机床坐标系原点。

G74 X_　Y_　Z_ ；表示机床各轴先移动至 *X*、*Y*、*Z* 指定的位置，然后再返回机床坐标系原点。*X*、*Y*、*Z* 后面的值表示当前指定坐标系下的位置。

单轴返回参考点编程格式（见图 3-52）。

G740 X0　；表示 *X* 轴快速返回机床坐标系 *X* 向原点，*Y* 轴和 *Z* 轴不移动。

G740 Y0　；表示 *Y* 轴快速返回机床坐标系 *Y* 向原点，*X* 轴和 *Z* 轴不移动。

G740 Z0　；表示 *Z* 轴快速返回机床坐标系 *Z* 向原点，*X* 轴和 *Y* 轴不移动。

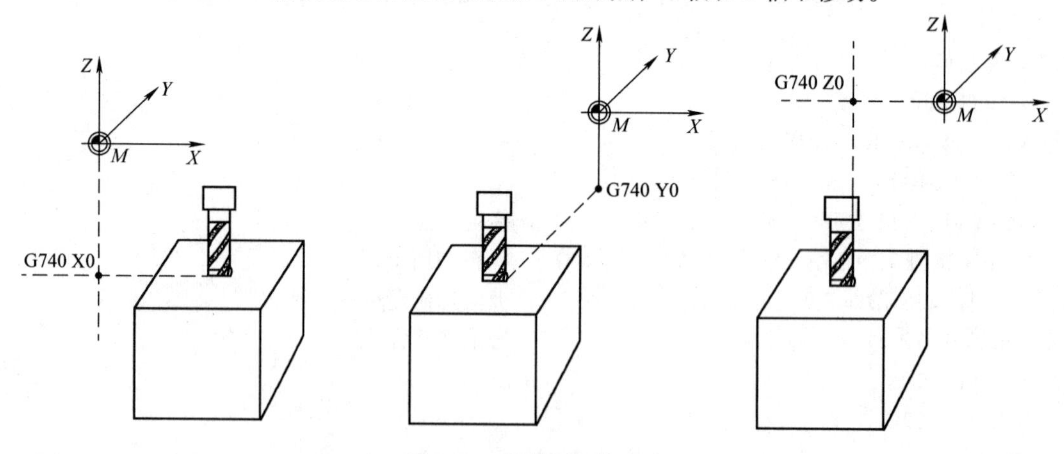

图 3-52　单轴返回参考点

3. 返回固定点（G75）

G75 指令可使机床各轴按照指定的方式快速定位到设置好的固定点位置。固定点一般是指换刀点、上料点、托盘更换点等位置。在主页单击“设置”进入图 3-53 所示界面，在 G75 固定点项目中可以进行设置，在这里输入的坐标值都是指机床坐标系下的值，默认是机床零点位置。

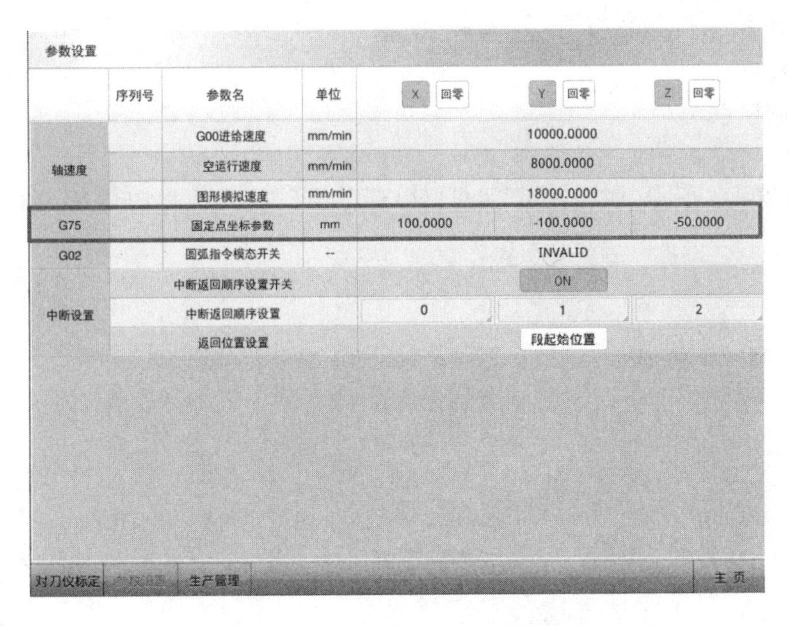

图 3-53　G75 指令固定点坐标设置

编程格式：

G75 X_ Y_ Z_

如图 3-54 所示，G75 后编写 *X*、*Y* 或 *Z* 坐标，表示机床先移动至 *X*、*Y*、*Z* 指定的位置，然后再返回设置的固定点。*X*、*Y*、*Z* 后面的值表示当前指定坐标系下的位置。

如图 3-54 所示，仅编写 G75 指令，表示机床会直接快速移动至固定点的位置。

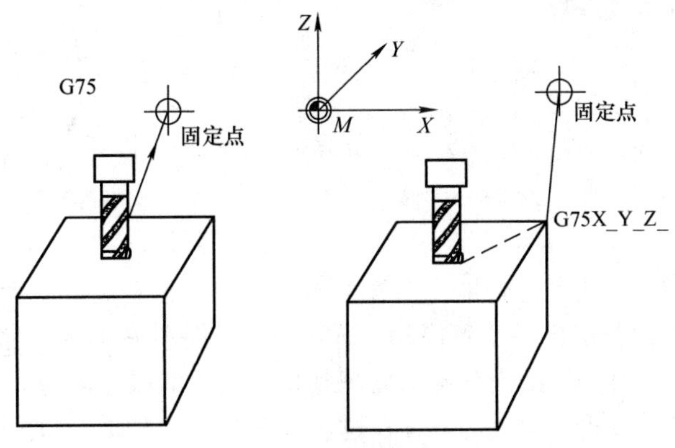

图 3-54　返回固定点

⚠注意

返回参考点/固定点指令还需注意以下几点：

1）G740/G74/G75 指令需要一独立程序段，并且是非模态指令。

2）编写 G74/G75 指令时，若后面不编写 *X*、*Y*、*Z* 值，则机床直接返回参考点/固定点，否则先返回中间点，然后再返回参考点/固定点。

4. 英制/公制（G70/G71）

G70/G71 指令主要用于设定编程中插补指令的单位，G70 是英制，G71 是公制。公制的尺寸单位是 mm，英制的尺寸单位是 in，1in = 25.4mm。

指令说明：

G70：英制尺寸。

G71：公制尺寸。

i5 系统的默认状态是公制模式 G71，可以用 G70 将其切换至英制模式，G70 和 G71 都是模态指令。

编程示例：

G71 模式：

```
N10 G90 G00 X0 Y0 Z0          ；默认公制尺寸，快速定位到 X0 Y0 Z0
N20 X100 Y100 Z-100           ；快速定位到 X100 Y100 Z-100，单位为 mm
N30 M30
```

G70 模式：

```
N10 G90 G00 X0 Y0 Z0          ；默认公制尺寸，快速定位到 X0 Y0 Z0
N20 G70 X100 Y100 Z100        ；切换到英制尺寸，快速定位到 X100 Y100 Z100，单位为 in
N30 M30
```

⚠注意

英制/公制编程还需注意以下几点：

1）进给速度、零偏和刀偏的单位与 G70 和 G71 无关。

2）G70 和 G71 影响的指令有 X/Y/Z、CR =、倒角/倒圆、I/J/K。

3）程序运行途中复位或遇到 M02/M30 指令，则系统恢复公制模式。

4）G70 和 G71 都是模态指令。

5. 暂停功能指令（G04）

暂停指令 G04（又称停刀指令或准确停止指令），可使刀具做短暂的无进给光整加工，一般用于锪平面、镗孔等场合。通过在两个程序段之间插入一个 G04 程序段，可以使加工按照给定时间暂停。

在镗孔加工中，加工至孔底时安排一个暂停指令可以保证孔底的平面度或者实现清根的要求；在两个程序段之间，若安排一个暂停动作，可有效保证转角的加工精度，实现 G09 过 G60 的准停功能。如图 3-55a 所示，由于系统在处理拐角时采用圆弧过渡模式（G64），工作台未到位便转入下一个程序段，使得转角的部分存在过切；图 3-55b 中加了暂停指令后，系统可保证工作台在第一个程序段到位后再转入到下一个程序段。

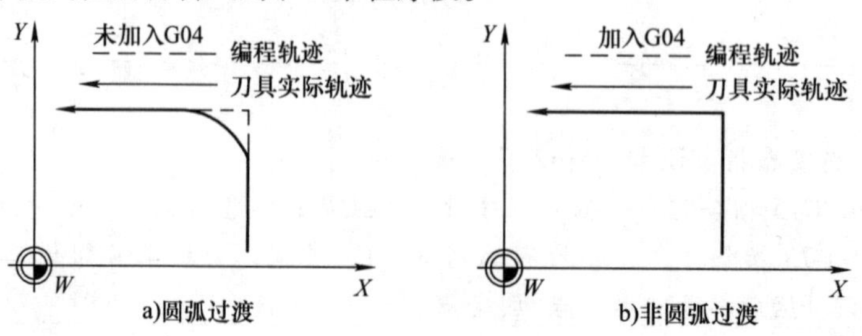

图 3-55　G04 指令功能

编程格式：G04 H_　　　　；暂停时间（单位为 s），其中 H 表示所要暂停的时间。

编程示例：

```
N10 G54 G90 G00 X0 Y0   ；表示刀具移动到（0，0）点
N20 G04 H5              ；表示进给停留 5s
N30 X100 Y100           ；表示刀具移动到（100，100）点
N40 M30                 ；程序停止
```

注意

暂停（延时）指令还需注意以下几点：

1）G04 为非模态指令。

2）前一程序段的进给速度降到零之后，G04 才能开始暂停动作。

3）H 后的数字可以精确到小数点后面两位。

4）G04 指令必须是独立程序段。

课后习题

一、判断题

1. 在机床安装调试后，由机床制造商设定的一个固定坐标系，称之为机床坐标系（MCS）；为了简化编程，引入另一个坐标系称之为工件坐标系（WCS）。（　　）

2. 铣床的坐标系主要由 *X* 轴、*Y* 轴和 *Z* 轴组成，每两条坐标轴形成了一个加工平面，即 *XY* 平面（G17）、*XZ* 平面（G18）和 *YZ* 平面（G19），i5 铣床系统上电默认为 G18 平面。（　　）

3. 铣床在换刀时，例如 T1M6，若此时 D0 生效，表示此时刀具没有长度补偿。（　　）

4. i5 系统中，轴进给速度方式用 G94/G95 指令来表示，其中 G94 F500，表示机床进给轴每分钟进给 500mm。（　　）

5. G01（直线插补）指令与 G00（快速移动）指令的区别在于，G01 指令可以用于切削加工中，而 G00 指令不能用来切削加工，只有快速定位功能。（　　）

6. 使用圆弧插补 G02/G03 指令，需要第一步判定圆弧的方向：判断顺时针和逆时针都是从垂直于圆弧所在的平面第三坐标轴的正方向往负方向看去，顺时针为 G02 指令，逆时针为 G03 指令。（　　）

7. i5 加工中心系统有 G54 ~G59 和 G540 ~G599 共 66 个零偏指令可以使用。（　　）

8. ROT Z45，表示当前坐标系沿 *Z* 轴顺时针旋转 45°。（　　）

9. 在程序中如果没有定义极点，直接编制 *AP* 和 *RP*，那么系统就默认以当前坐标系的原点为极点。（　　）

10. 铣床 M1.4 编写 G74 指令和 G75 指令后如果出现 *X*、*Y*、*Z* 坐标值，例如 G74 X29 Y30 Z21 是指在机床坐标系下的 *X*、*Y*、*Z* 值。（　　）

二、选择题

1. 下列关于 G90 指令和 G91 指令区别说法错误的是（　　）。

A. G90：相对于工件坐标系原点的坐标值

B. G91：相对于编程前一点的坐标值

C. G91 是机床默认编程方式

D. G90 和 G91 属于模态指令

2. 刀具起始位置是坐标原点处，执行如下程序后，主轴停在如下（　　）位置。

G90 G00 Y100

G91 G01 Y－10

G01 Y＝AC（50）

G90 G01 Y＝IC（－10）

A. Y＝130

B. Y＝40

C. Y＝30

D. Y＝－10

3. 下列关于圆弧插补 G02/G03 指令说法错误的是（　　）。

A. G02/G03 X_ Y_ Z_ AR＝_ 此格式为终点和张角编程方式，AR＝给定张角

B. 顺时针和逆时针都是从垂直于圆弧所在的平面第三坐标轴的正方向往负方向看

C. 当指定半径和终点时，圆心角大于0°小于等于180°时，*CR* 取正值；圆心角大于180°时，*CR* 取负值

D. 以 G90 指令方式编程，*I*、*J*、*K* 为圆心相对于圆弧起点的坐标增量，以 G91 指令方式编程时，*I*、*J*、*K* 为圆心在当前坐标系下的绝对尺寸

4. i5－M1.4 中，在 MDA 下执行 T2M6，则（　　）号刀补生效。

A. 01　　B. 02　　C. 00　　D. 06

5. 下面关于进给速度说法不正确的是（　　）。

A. G94 和 G95 表示进给速度模式，都是模态指令

B. G94 表示线性进给速度，单位是 mm/min

C. G95 代表旋转进给速度，单位是 mm/r

D. G90 G94 G01 X100 F0.1 表示主轴每转一转，刀具移动 0.1mm

6. 有一个材料为 S45C 的毛坯料，在上面加工一个 ϕ10mm±0.01mm 的孔，由于有表面粗糙度与精度要求，镗刀在孔底暂停 4s，下列选项正确的是（　　）。

A. G04 X4　　B. G04 H4.0　　C. G04 X4.0　　D. G04 H0.4

7. i5－M1.4 加工中心，编写如图 3-56 所示圆弧加工程度，下列程序不正确的是（　　）。

A. G02 X63.146 Y69.689 CR＝27.415

B. G02 X63.146 Y69.689 I－25.031 J10.908

C. G02 X63.146 Y69.689 AR＝261.754

D. G02 I－25.031 J10.908 AR＝261.754

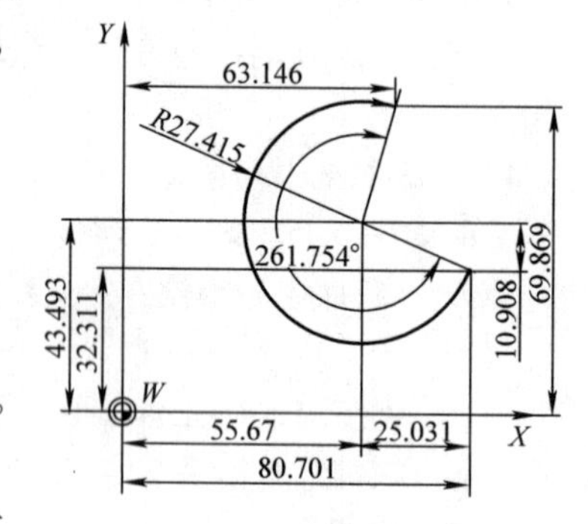

图 3-56　圆弧编程

8. i5－M1.4 中，关于倒角和倒圆指令不正确的是（　　）。

A. CHF 或者 CHR 可以在直线轮廓之间切出圆角

B. 连接倒角或者倒圆的两个移动指令程序段必须在同一平面

C. 倒角指令下一段必须有轨迹移动

D. 如果在执行倒圆程序段时按下单段按钮，那么倒圆结束后才会停止

9. i5 系统加工中心编程过程中，如果第四象限的图形镜像至第一象限，需要使用选项(　　)。

A. MIRROR X0　　B. MIRROR Y0　　C. MIRROR Z0　　D. MIRROR XY

10. i5 - M1.4 机床中，程序段 G17 G01 RP = 30 AP = 80，AP 指令是（　　）。

A. *Y* 轴坐标　　　　　　B. 时间参数

C. 点到刀具中心的距离　　D. 旋转角度

11. 下列关于可编程框架的说法中错误的是（　　）。

A. TRANS X_　Y_　Z_ ；表示以 G54 ~ G599 指令中设定的工作坐标系原点为基点执行坐标系平移

B. ROT 指令中，对于平面旋转指令，旋转轴为与该平面相垂直的轴，从旋转轴的正方向向该平面看，逆时针方向为正方向，顺时针方向为负方向

C. SCALE 指令中比例缩放对刀具偏置值和刀具补偿值同样生效

D. 使用可编程的镜像指令之后，G41 指令和 G42 指令互相转换

12. M1.4 加工中心，执行下列程序之后：

N10 ROT Z45

N20 G00 G90 X10 Y0

刀具最后的位置是原坐标系中的（　　）。

A. X10 Y0

B. X0 Y10

C. X7.07 Y7.07

D. X7.07 Y -7.07

13. 以下关于 SCALE X1.6 Y1.6 的说法正确的是（　　）。

A. 这是附加缩放的指令

B. 可以为每个轴指定不同的比例系数，但包含圆弧指令时，只能指定相同的比例系数

C. 如果此后跟 TRANS 指令，那么偏移值也跟着缩放

D. SCALE 是非模态指令

14. i5 智能加工中心加工完毕工件后，只要工作 *Y* 轴移动到机床原点，下列选项正确的是（　　）。

A. G74

B. G740 Y0

C. G740 X0 Y0

D. G740 X0 Y0 Z0

注：扫描二维码可查看课后习题答案

第4章 固定循环编程

前面几章分别介绍了立式加工中心的加工特点、加工工艺以及i5系统的基本编程指令，本章给大家介绍固定循环编程。数控加工过程中，某些加工动作已经典型化，例如钻孔、镗孔的动作都是先平面定位，再快速引进，接着工作进给，最后快速退回等。这样一些典型的加工动作已经预先编好程序，存储在系统的内存中，可用系统包含的“特定指令”去调用，从而简化了编程工作，而这种“特定指令”称为循环指令，这种编程方法称为固定循环编程。下面我们就来学习常用的固定循环指令。

第1节　孔加工循环功能

一、学习目标

1. 掌握4种钻削循环指令的用途及加工特点。
2. 学习CYCLE81中心钻钻削指令、CYCLE83深孔钻削指令、CYCLE84刚性攻螺纹指令、CYCLE86镗孔指令的含义及使用方法。
3. 熟练使用不同钻削循环指令编写完整程序。

二、课题任务

如图4-1所示工件，毛坯为80mm×80mm方料，材料为铝，前一工序将上表面铣削完毕，中间ϕ30mm的圆孔粗镗完毕，试在i5加工中心上加工4×M10螺纹孔，并精镗中心孔。

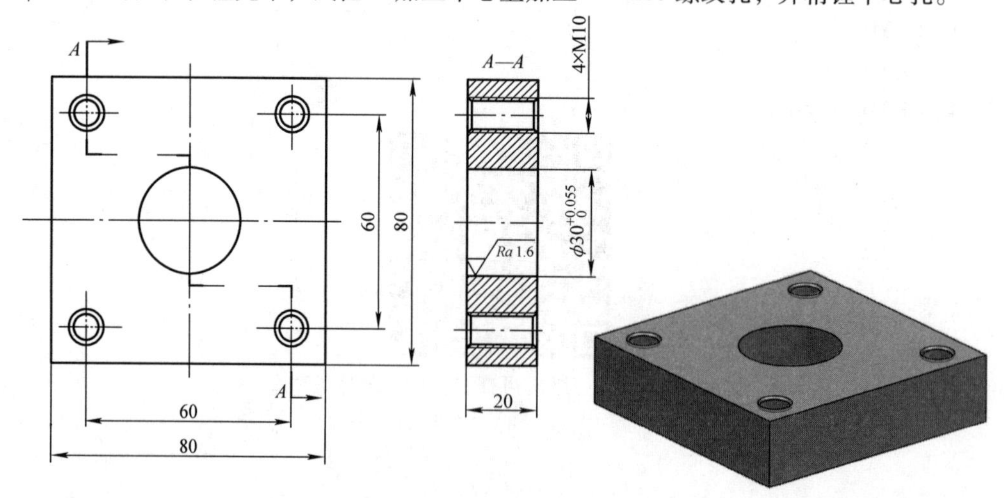

图4-1　钻镗循环编程实例

三、任务分析

该零件前一工序已经完成中心孔的粗镗，本工序只要采用 ϕ30mm 精镗刀加工即可，另外四周边沿的螺纹孔可以先采用 ϕ8.7mm 的硬质合金钻头加工通孔，然后采用 M10 丝锥加工完成（四面分中对刀，工件几何中心为工件坐标系零点）。

注：扫描二维码可查看钻镗循环编程实例视频

四、制订加工方案

数控铣削工艺卡见表 4-1。

表 4-1　数控铣削工艺卡

工序	加工内容	刀具	转速/(r/min)	进给量/(mm/min)	背吃刀量/mm
1	钻孔	ϕ8.7mm 钻头	800	200	—
2	攻螺纹	M10 丝锥	400	600	—
3	精镗中心孔	ϕ30mm 镗刀	500	60	—

五、准备知识

1. 钻削加工基本知识

一般来讲，孔加工时要按照先钻孔，再扩孔，最后铰孔的顺序进行。当遇到一个平面上需要加工多个孔时，先要明确孔系的位置关系，找到一个合理的加工顺序，否则可能会把坐标的反向间隙带入，影响位置精度。攻螺纹时应先钻底孔，后攻螺纹，对于某些要求较高的螺纹孔，需要精镗底孔，否则可能会造成攻螺纹不准或丝锥折断。

2. 中心钻钻削指令 CYCLE81

（1）用途及其加工特点　中心钻钻削指令 CYCLE81 主要用于常规的浅孔（中心孔或定位孔等）加工，不考虑断屑与排屑问题，因此，所钻孔的深度不宜过深。这个指令的功能是刀具以程序指定的主轴转速和进给速度进行钻削，直至达到最后的钻孔深度。

（2）参数介绍　中心钻钻削指令的基本格式：CYCLE81（RTP，RFP，SFD，DEP，RDP），如图 4-2 所示。

下面给大家分别介绍一下各参数的含义。

1）RTP：退回平面。退回平面是指钻削完成后，刀具最终退回的 Z 向位置（绝对坐标）。退回平面主要是为了安全下刀而规定的一个平面，可以设定在任意一个安全高度上，当使用一把刀具加工多个孔时，要保证刀具在退回平面上移动将不会与夹具、工件凸台等发生干涉。

2）RFP：基准平面。基准平面是指工件上孔的 Z

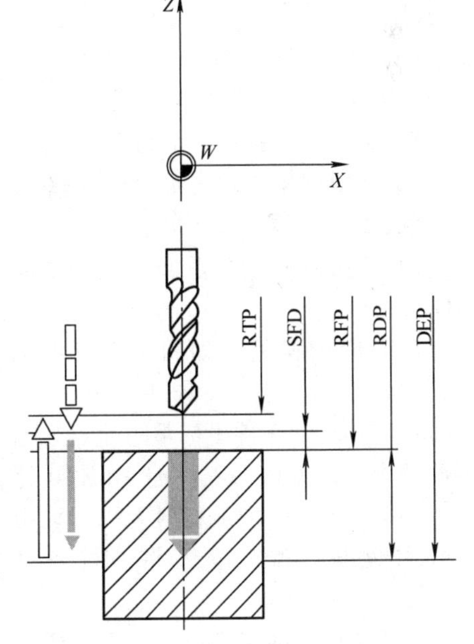

图 4-2　CYCLE81 指令循环界面

向起点位置（绝对坐标）。假设零件上表面为 Z 轴的零点，也就是 WCS 工件坐标系零点，第一个参数 RTP 退回平面，表示钻削循环完成后，刀具退回到最终的 Z 向位置；而 RFP 是基准平面，表示工件上孔的 Z 向起始点坐标。

3）SFD：安全间隙。安全间隙是指钻头与基准平面的一个安全距离（绝对值输入）。需要解释的是，如果钻头按照 RFP 基准平面开始钻削，由于对刀误差等原因，可能会出现刀具直接撞到工件的现象，这里需要设定一个安全间隙，就是让钻头提前开始进入钻削模式，防止此类现象发生。

4）DEP：孔底坐标。孔底坐标是指最后钻孔的深度（绝对坐标）。参数 DEP 表示孔底坐标值，也就是钻头达到孔底时的 Z 向坐标值，以绝对坐标输入。

5）RDP：孔深。孔深是指相对于基准平面的最后钻孔深度（绝对值输入）。参数 RDP 表示相对于基准平面上的孔的深度，以绝对值输入。孔深 RDP 和孔底坐标 DEP 写一个即可。

注意

加工过程中，关于孔底坐标 DEP 和孔深 RDP 还有一点需要注意：如图 4-3 所示，加工不通孔时，孔深就是孔底的 Z 轴高度；而加工通孔时，除了要考虑孔底平面的位置，还要考虑刀具的超程量，以保证整个孔都加工到规定尺寸。

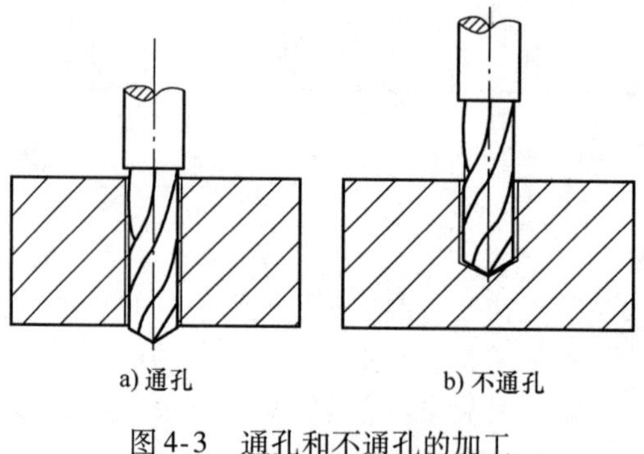

图 4-3　通孔和不通孔的加工

（3）加工过程　循环开始之前，首先确定是在 G17（XY）平面上加工，随后 X 轴定位到 $X=0$、$Y=0$ 的位置，进行中心钻孔。

1）使用 G00 指令运动到基准平面之间的安全间隙处（RTP）。

2）调用程序中的进给速度（G01）运行到最终钻削深度（DEP）。

3）使用 G00 指令返回到退回平面（RTP）。

（4）应用案例　如图 4-4 所示工件，工件的长、宽、高分别为 100mm、40mm 和 60mm，工件坐标系的原点为上表面的中心，需要在工件的 $X0$、$Y0$ 处加工一个定位孔，加工材料为铝。采用循环参数编写加工程序并进行仿真加工。

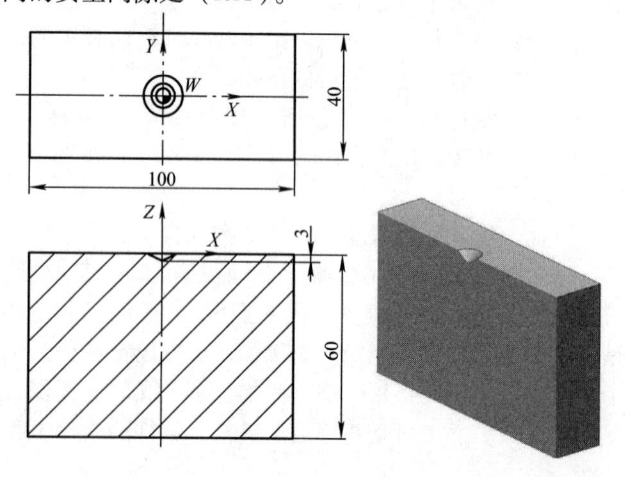

图 4-4　CYCLE81 指令中心钻钻削循环应用案例

由于定位孔的深度很浅，不需要考虑排屑和冷却对孔的影响，所以可以调用中心钻钻削循环指令 CYCLE81。

编程示例：

程序：zhongxin_ 1

```
N10 T1 M6                              ；换刀，确定中心钻
N20 G54 G90 G00 Z100                   ；定义坐标系
N30 M3 S1500 F200                      ；定义转速及进给速度
N40 X0Y0                               ；定位加工孔的坐标点
N50 CYCLE81（50，0，3，-3，0）        ；调用 CYCLE81 中心钻削循环指令
N60 M30                                ；程序结束
```

模拟仿真如图 4-5 所示。

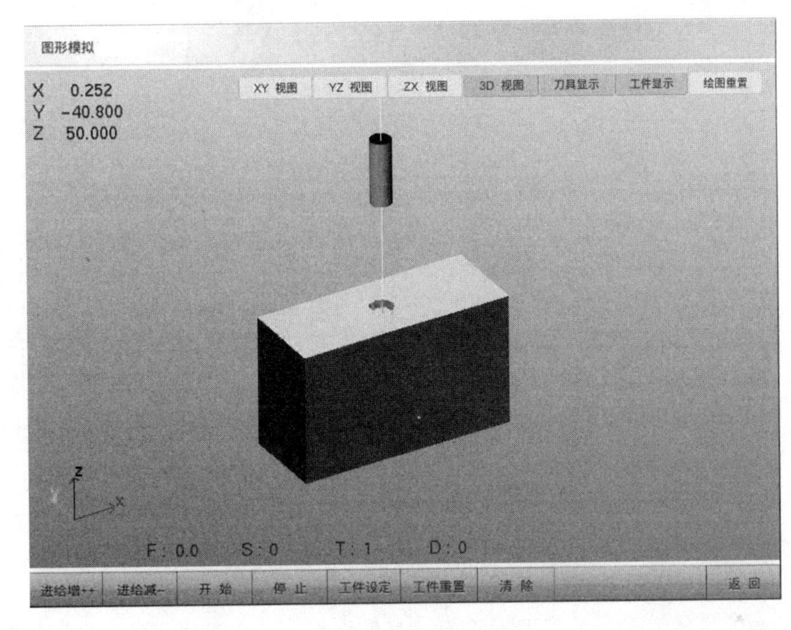

图 4-5　模拟仿真

3. 深孔钻削指令 CYCLE83

（1）深孔的定义及其加工特点　在生产中，有时需要加工深孔。深孔是指长径比为 5 ~ 10 的孔（长径比 = 孔深/孔径）。例如：一些螺纹孔、油路孔等的长径比一般大于 5 而小于 10。如图 4-6 所示，孔深为 40mm，孔径为 5mm，可以计算出它的长径比为 8，因此这是一个深孔。

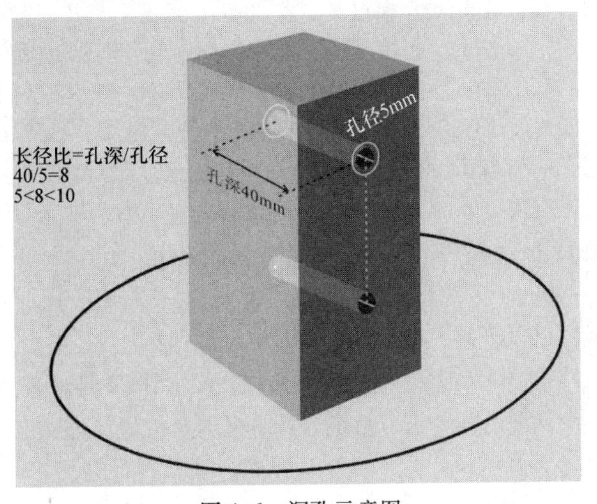

图 4-6　深孔示意图

加工深孔时，如果仍然采用一次钻削到孔底的方式，那么会出现以下的问题：第一，由于刀具的刚性和工件材料问题，孔的位置度和精度会受到影响；第二，由

于刀具在孔内部得不到足够的冷却，会影响刀具的使用寿命；第三，由于排屑困难，铁屑缠刀或形成堵塞，会造成刀具或者工件的损坏。

为了解决这些问题，在加工深孔的过程中，i5 数控系统应用 CYCLE83 深孔钻削循环指令，采用多次加工、深度递减的方式完成加工。刀具每次钻削比较浅的深度，通过抬刀的方式实现断屑或者排屑的需求，随着加工深度的增加，可以设置下次钻孔深度的递减量。

实际加工时考虑到工件材料和切削参数的影响，在一些长径比小于 5 的孔加工中也会用到深孔钻削循环。

（2）参数介绍　深孔循环指令的基本格式：CYCLE83（RTP，RFP，SFD，DEP，RDP，FDEP，FRDP，DAM，DTB，DTS，FRF，TYP），如图 4-7 所示。

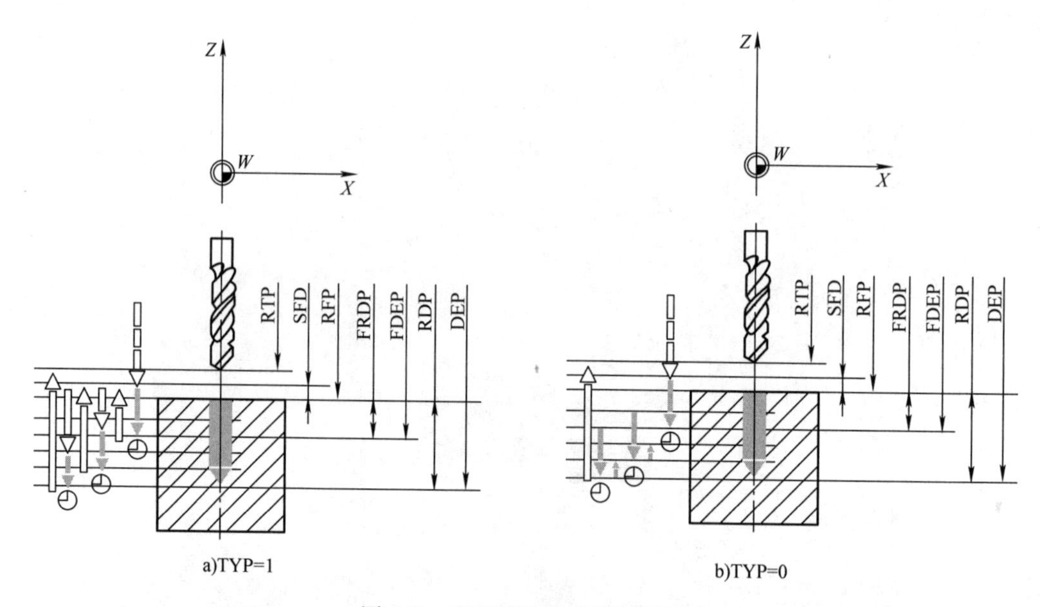

图 4-7　CYCLE83 指令循环界面

下面介绍参数的具体含义。关于退回平面、基准平面、安全间隙、孔底坐标、孔深这 5 个参数，已经在前面介绍过了，此处不再重述。

1）FDEP：起始坐标。起始坐标 FDEP 表示起始钻孔的坐标深度值（绝对坐标）。

2）FRDP：起始深度。起始深度 FRDP 表示相对于基准平面的起始钻孔深度（无符号输入）。起始坐标 FDEP 和起始深度 FRDP 都是指定第一次下刀时的钻孔深度（即第一次钻孔的孔底坐标值），但是起始坐标 FDEP 是一个坐标值，而起始深度 FRDP 是一个正值。如果在参数中指定了起始深度，系统会自动根据基准平面和起始深度来计算起始坐标，如图 4-8 所示。例如：基准平面的坐标值为“0”，设定的起始深度为“10mm”，那么系统会自动计算出起始坐标为“-10mm”，这和直接设定起始坐标为“-10mm”的结果是一样的。起始坐标和起始深度填一个就可以，另一个可以为“0”。

3）DAM：递减量（无符号输入）。DAM 是递减量，表示分次钻孔时，每次钻削的距离相比上次钻削的减少量，系统会自动根据递减量、最终深度和当前钻孔深度，自动计算下一次的钻孔深度。

4）DTB：孔底停顿时间。孔底停顿时间 DTB，表示每次钻孔到孔底位置时暂停的时间，单位为 s，在暂停过程中主轴继续旋转。

5）DTS：排屑时间。排屑时间 DTS 是指刀具在安全平面停留的时间。当加工类型选择 1（排屑）时，该参数生效。加工类型选择 0（断屑）时，该参数不生效。

6）FRF：起始进给速度系数。起始进给速度系数 FRF 的数值范围是 0.001 ~ 1，这个参数是为了避免工件表面不平整时，刀具突然接触工件时受力不均产生偏移而设定的。可以利用此参数在刀具初次进入工件时减小进给速度。这个起始进给速度系数会乘以循环之前给定的进给速度，作为本次循环中首次钻孔的进给速度。

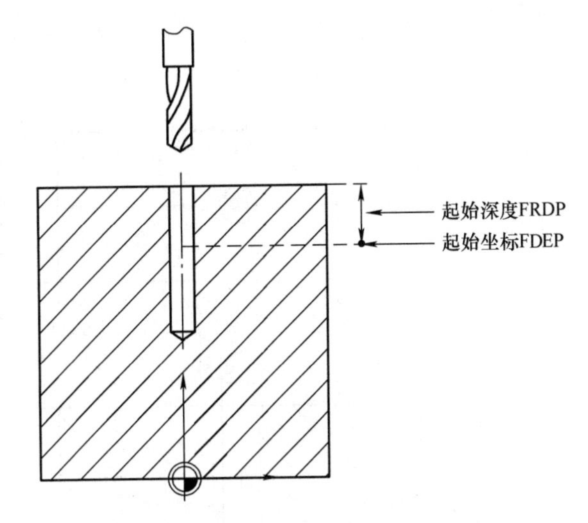

图 4-8　起始坐标和起始深度示意图

7）TYP：加工类型，断屑 =0，排屑 =1。加工类型 TYP 可以选择 0 或者 1，0 表示断屑，1 表示排屑。

一般来说，针对长铁屑材料的钻孔，比如低碳钢等延展性比较好的材料，可以选择 0，也就是断屑方式。CYCLE83 采用断屑方式时，刀具每次钻到指定深度，经过孔底暂停时间后，快速退回 1mm 用于断屑，然后再进行下次钻孔，刀具不会退出工件表面。

如果是针对灰铸铁等硬而脆的材料进行钻孔，应该选择 1，也就是排屑方式。CYCLE83 采用排屑方式时，刀具每次钻削到指定深度，经过孔底暂停时间后，快速退回至安全平面，暂停排屑时间后，再进行下次钻孔。如果是排屑方式，在进行下次钻孔时，刀具会快速定位到距离上次钻孔深度一个预留量的位置，然后再以指定的进给速度进行钻孔，这个预留量是系统内部自动计算的，操作者不必考虑。

在选择加工类型时，要根据加工过程的实际情况进行选择，当加工长铁屑材料时如果出现排屑困难的情况，也可以选择排屑的类型，虽然效率较低，但是可以保证加工质量。

（3）应用案例　如图 4-9 所示工件，工件的长、宽、高分别为 100mm、40mm 和 60mm，材料为铝。工件坐标系的原点为上表面的中心，需要在工件的 *X*0*Y*0 处加工一个深孔（孔径为 10mm，孔深为 60mm）。采用循环指令编写加工程序并进行仿真加工。

通过图样可以看出，孔的长径比（孔深/孔径）为 6，可以判定这是一个深孔，所以选择 CYCLE83 深孔钻削循环指令。在编写孔底坐标时，要考虑麻花钻头的刀尖部分，由于是通孔，为了保证刀尖部分完全伸出工件，那么孔底坐标要低于 -60mm。工件材料为铝，属于长铁屑的类型，所以加工类型可以选择断屑。

编程示例：

```
程序：shenkong_ 1
N10 T2M6                      ；换刀，麻花钻
N20 G54 G90 G00 Z100          ；定义坐标系
N30 M3 S1000 F200             ；定义转速及进给速度
```

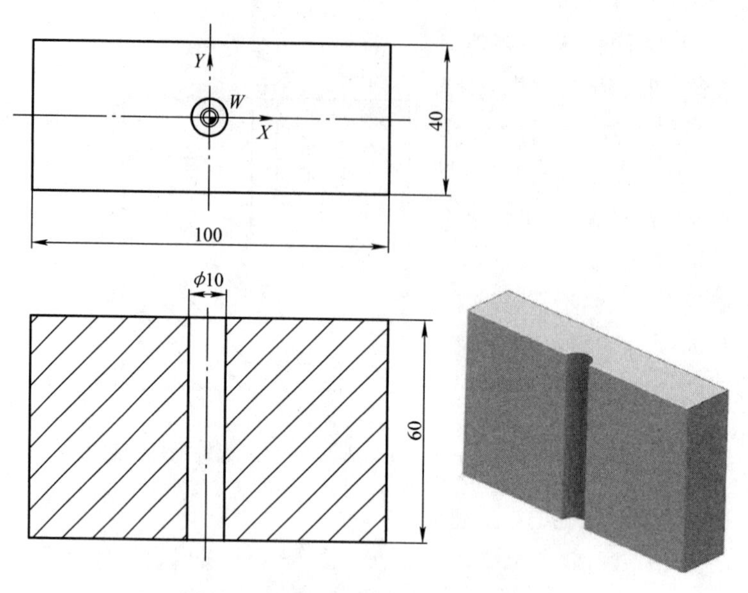

图4-9　深孔钻削循环应用案例图样

N40 CYCLE83 (50, 0, 2, -65, 0, -10, 0, 2, 0, 0, 1, 0)
　　　　　　　　　　　　　　　　　　　　；调用CYCLE83深孔钻削循环指令
N50 M30　　　　　　　　　　　　　　　　　；程序结束

模拟仿真如图4-10所示。

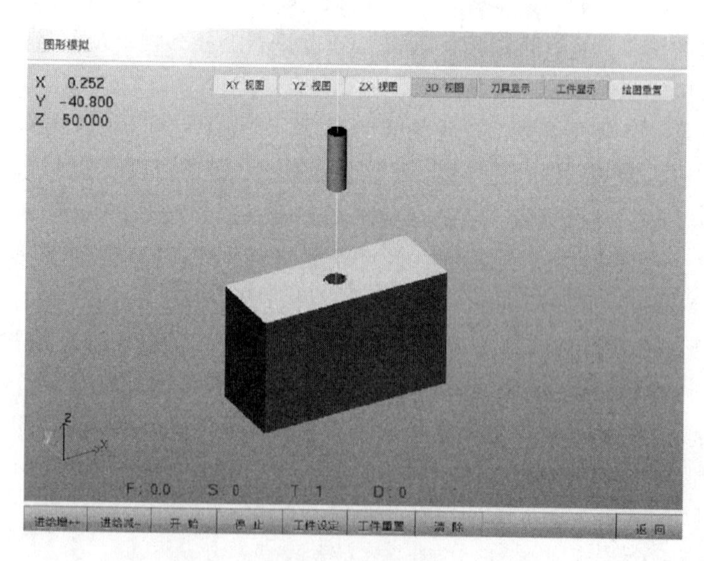

图4-10　模拟仿真

4. 刚性攻螺纹指令CYCLE84

(1) 用途及其加工特点　刚性攻螺纹又称“同步进给攻螺纹”，主轴的旋转和Z轴的进给是同步的，从而攻螺纹的精度可以得到保证。其主要用途是加工孔径较小的内螺纹。螺纹公称直径较大或导程较大的内螺纹由于采用丝锥加工，会产生较大的切削力，容易造成丝锥折断，所以通常采用铣削的加工方式。

CYCLE84 主要用于刚性攻螺纹，是将主轴旋转与进给同步化，以匹配特定的螺纹节距需要，即主轴每旋转一转，进给轴前进一个螺距的距离。主轴的控制模式从速度控制变成位置控制，刚性攻螺纹采用的刀具为丝锥。

判断螺纹旋向主要有两种方法：

方法1：如图4-11所示，当螺纹轴线垂直于水平时，观察螺纹的倾斜方向，左边高就是左旋，右边高就是右旋，这种方法简单快速。

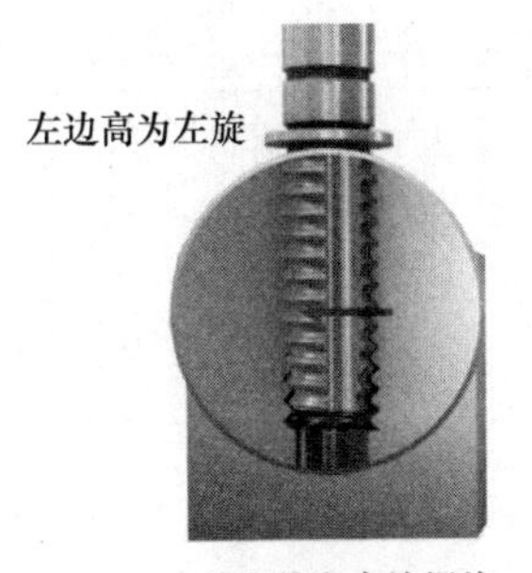

图4-11 观察法判定螺纹旋向

方法2：如图4-12所示，左旋螺纹符合左手定则：左手四指弯曲方向与螺旋件的旋转方向相同，大拇指指向螺旋件的前进方向；右旋螺纹符合右手定则：右手四指弯曲方向与螺旋件的旋转方向相同，大拇指指向螺旋件的前进方向。

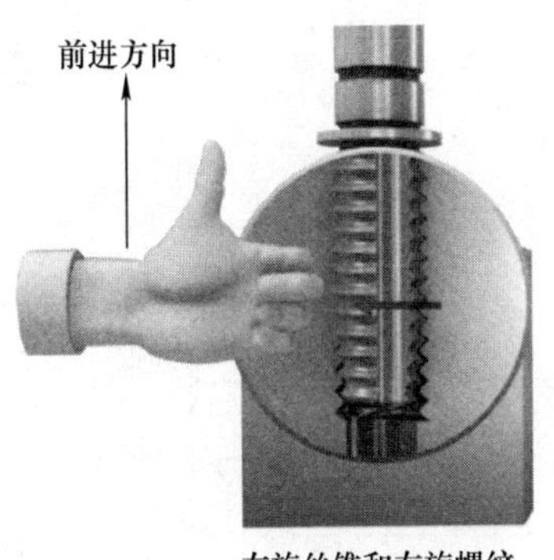

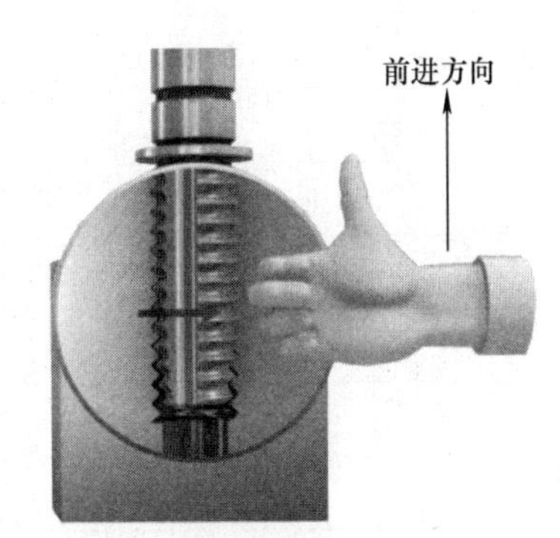

图4-12 左右手定则判定法

（2）参数介绍 刚性攻螺纹指令循环的基本格式：CYCLE84（RTP，RFP，SFD，DEP，RDP，DTB，SDAC，MPIT，PIT，POSS，SST，SSR），如图4-13所示。

下面介绍刚性攻螺纹指令的参数。关于退回平面、基准平面、安全间隙、孔底坐标、孔深这5个参数，已经在CYCLE81指令中介绍过了，此处不再重述。

1）DTB：孔底停顿时间。孔底停顿时间DTB表示刀具在最终钻孔深度的停顿时间，停顿时主轴和进给轴同时停止。停顿时间的单位为s。

2）SDAC：循环结束后的主轴转向。SDAC这个参数是指攻螺纹循环结束后，刀具退回到退回平面后主轴的旋转方向，可填的数值有3、4、5或19，分别表示主轴正转、主轴反转、主轴停止和主轴定位，主轴的定位角度由该循环中的参数POSS确定。

3）MPIT：螺纹尺寸。MPIT表示螺纹尺寸，数值范围是2～60（对应于M2～M60）。当填入该值时，系统会根据粗牙标准设定相应的螺距值，以确定主轴旋转一转，Z轴的移动距离。表4-2中的M表示螺纹，其后面的数值就是它的公称直径。例如M8，就是公称直径为8mm的螺纹。如果输入M8，则主轴旋转一转，Z轴移动1.25mm。

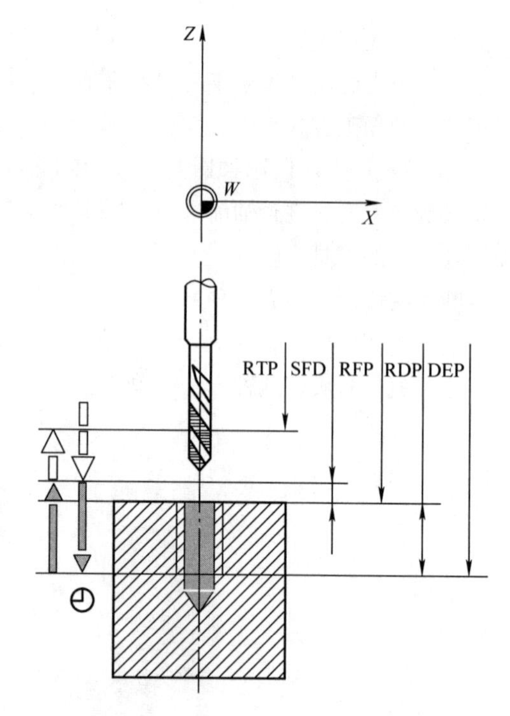

图4-13　CYCLE84指令循环界面

表4-2　螺纹尺寸MPIT和螺距PIT的对应关系

规格	螺距 P/mm	规格	螺距 P/mm
M2	0.40	M12	1.75
M2.5	0.45	M14；M16	2
M3	0.50	M18；M20；M22	2.5
M3.5	0.60	M24；M27	3
M4	0.70	M30；M33	3.5
M4.5	0.75	M36；M39	4
M5	0.80	M42；M45	4.5
M6；M7	1.00	M48；M52	5
M8	1.25	M56；M60	5.5
M10	1.5		

4）PIT：螺距数值。PIT表示螺距尺寸，需要根据丝锥的实际螺距填写。如果填写错误，会导致乱牙。

⚠注意

1）MPIT和PIT这两个参数，都是系统用来确定螺距的参数，这两个参数只填写一个就可以，如果两个螺距参数填得有冲突，循环会产生报警，并终止循环。

2）在刚性攻螺纹时，螺纹的旋向与选定的丝锥旋向有关，这两个参数MPIT和PIT需要带符号输入，正号默认省略。符号的正负表示刚性攻螺纹进刀时主轴的旋转方向，正号表示主轴正转（M03），负号表示主轴反转（M04），攻螺纹进刀过程中主轴的旋转方向受这个符号控制，与之前给定的正反转无关，而循环中丝锥进退刀时主轴旋转方向始终自动取反。

5）POSS：主轴定位角度。POSS这个参数表示攻螺纹的起始角度。攻螺纹前将主轴定位到POSS定义的角度，此时为主轴控制模式，由速度控制转换成位置控制。

6）SST：主轴攻螺纹转速。参数SST表示攻螺纹进给时的主轴转速。

7）SSR：主轴回退转速。参数SSR表示攻螺纹回退时主轴的转速，SST和SSR的值可以不相同。

（3）加工过程　刚性攻螺纹加工过程如图4-13所示。

1）使用G00指令到达基准平面之前的安全间隙处。

2）定位主轴停止（值在参数POSS中）。

3）攻螺纹（主轴每旋转一周刀具移动一个螺距）至最终钻孔深度，主轴转速为SST。

4）螺纹深度处的停顿时间（参数DTB）。

5）主轴自动反向旋转，退回到基准平面之前的安全间隙处，主轴转速为SSR。

6）使用G00指令返回到退回平面，通过在循环调用前重新编程指定有效的主轴速度以及SDAC下编程的旋转方向，从而改变主轴模式。

（4）应用案例　如图4-14所示工件，毛坯的长、宽、高分别为100mm、40mm和60mm，材料为铝，试在工件上表面的中心*X0Y0*处加工一个M10的内螺纹，并进行仿真加工。

编程示例：

```
程序：gongsi_ 1
N10 T2 M6                                          ；换刀
N20 G54 G90 G00 Z100                               ；定义坐标系，绝对编程
N30 M3 S1300 F250                                  ；主轴正转，进给量为250mm/min
N40 X0 Y0                                          ；定位到进刀点
N50 CYCLE84（50，0，5，－20，0，0，19，0，1.5，0，400，400）
                                                   ；攻螺纹循环加工
N60 M30                                            ；程序结束
```

模拟仿真如图4-15所示。

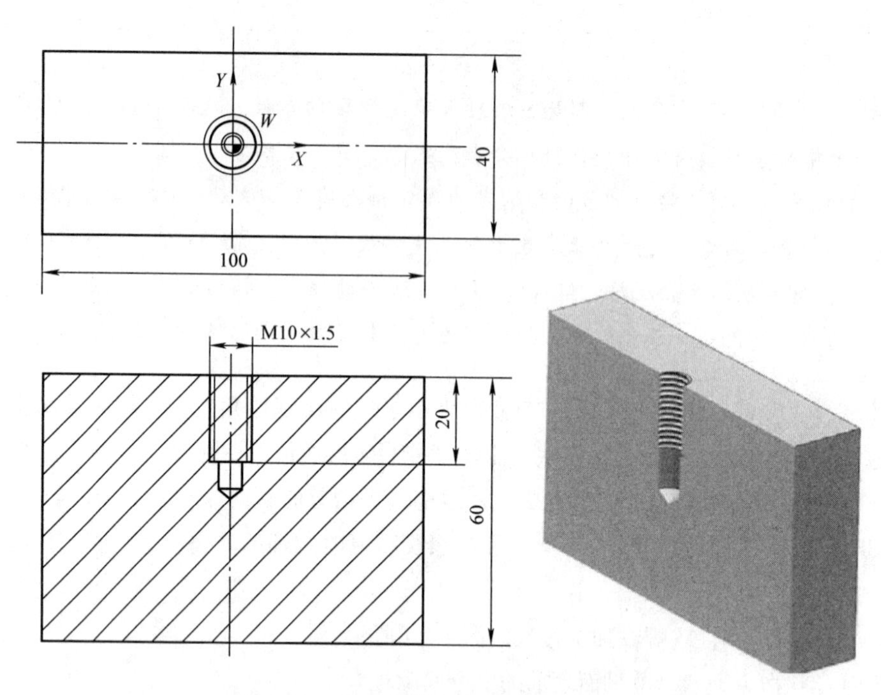

图 4-14　刚性攻螺纹循环应用案例图样

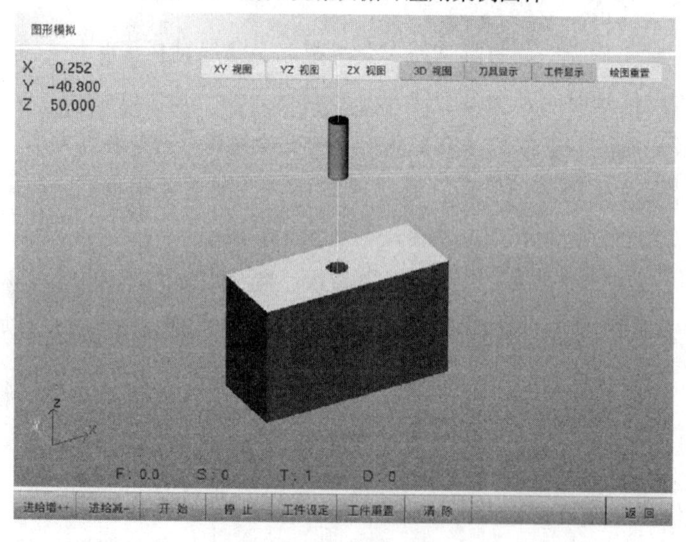

图 4-15　模拟仿真

注意

刚性攻螺纹过程中还有两点需要注意：

1）刚性攻螺纹的内螺纹都是在底孔基础上进行加工的。关于底孔的尺寸需要参照书中附录 B 标准螺纹螺距表进行加工。

2）刚性攻螺纹过程中主轴倍率和进给倍率不受人为控制。例如：当进给倍率旋钮和主轴倍率旋钮都调节成50%，但在 CYCLE84 执行的过程中，从安全平面开始，主轴真实倍率就会被固定在100%，直至再次退回到安全平面，倍率才回复至旋钮指定的值。不过，在操作的过程中，不建议改变主轴的倍率。

5. 精镗孔循环指令 CYCLE86

（1）用途及其加工特点　在加工的过程中，有些孔为了达到装配要求，需要较高的表面质量、尺寸精度和位置精度，而钻孔时所用的刀具很难满足这种较高的需求。因此，为了达到保证装配精度的目的，可以使用精镗刀具进行精镗加工。精镗属于精加工工序，切削量较小，是对已有孔的进一步加工，能扩大孔径并提高孔的表面质量，还能较好地纠正原来孔轴线的偏斜。

i5 智能加工中心应用 CYCLE86 指令来实现精镗孔加工。加工的时候，刀具以编程的转速和进给加工至孔底，然后执行主轴定向功能。刀尖部分回退一定距离，偏离孔表面，然后快速返回至退回平面。

（2）参数介绍　精镗孔循环的基本格式：CYCLE86（RTP，RFP，SFD，DEP，RDP，DTB，SDIR，RPFA，RPSA，RPTA，POSS），如图 4-16 所示。

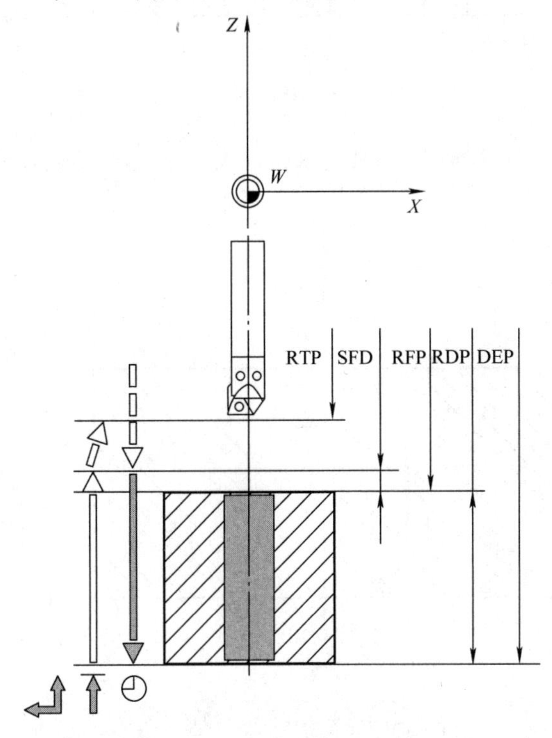

图 4-16　CYCLE86 指令循环界面

下面介绍参数的具体含义。关于退回平面、基准平面、安全间隙、孔底坐标、孔深以及孔底停顿时间这 6 个参数，已经在其他循环中介绍过了，此处不再重述。

1）主轴转向 SDIR：表示精镗时的主轴转向。这个参数可以选择 3 和 4，分别表示主轴正转（M03）和反转（M04），需要根据刀具的设计进行旋转。

2）RPFA、RPSA 和 RPTA：这 3 个参数用来指定刀具准备退刀前，在 3 个轴方向的回退距离。第 1 个轴返回路径 RPFA、第 2 个轴返回路径 RPSA、镗孔轴返回路径 RPTA 用来指定刀具在 3 个轴方向的回退距离。在 G17 加工平面中第 1 个轴为 *X* 轴、第 2 个轴为 *Y* 轴，镗孔轴为 *Z* 轴。

注意

1）输入第一个轴返回路径 RPFA 时，需要注意输入的方向和大小，如图 4-17 所示，刀尖定位朝向 *X* 轴正方向，所以要输入负值。

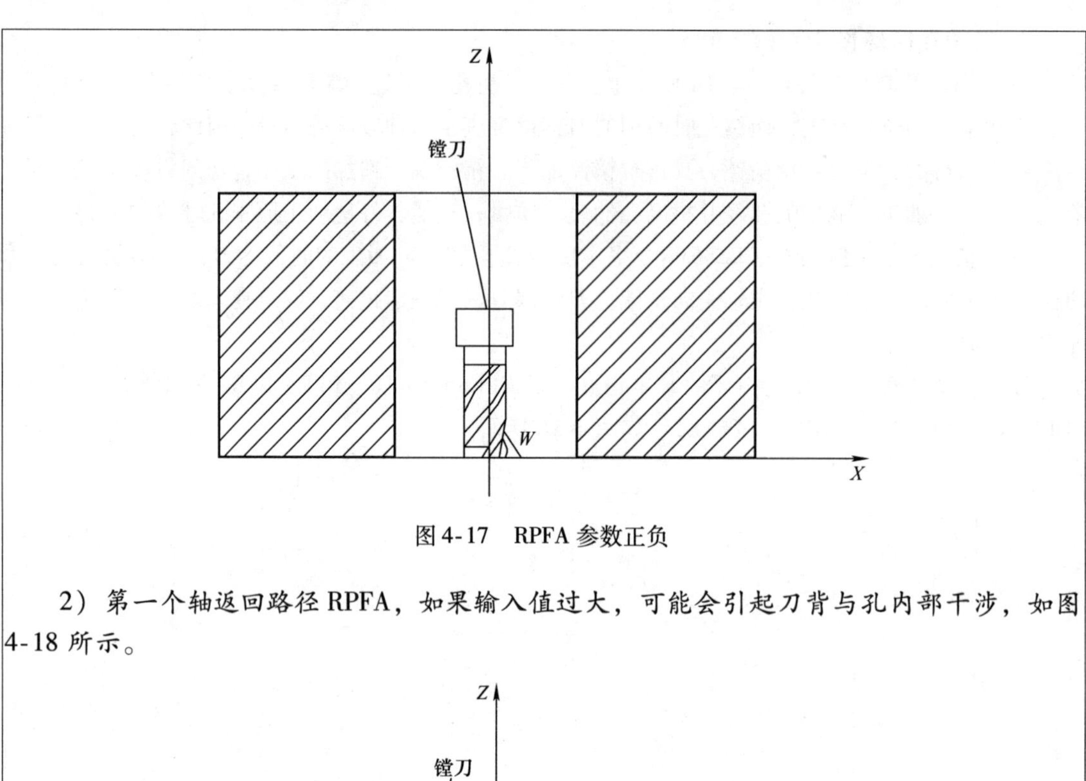

图4-17　RPFA参数正负

2）第一个轴返回路径RPFA，如果输入值过大，可能会引起刀背与孔内部干涉，如图4-18所示。

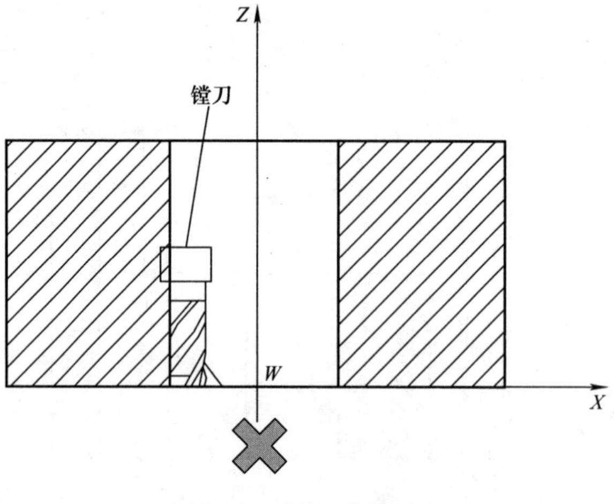

图4-18　RPFA参数过大

3）主轴定位角度POSS。主轴定位角度POSS，表示刀具到达底部时的定位角度。该角度影响退刀时刀尖的朝向，需要在调用循环之前就确定好该角度，以避免回退时造成刀尖和工件的损坏。

（3）加工过程

1）使用G00指令到达基准平面之前的安全间隙处。

2）使用G01指令按循环调用前编程指定的进给速度移动到最终钻孔深度处。

3）钻孔深度处的停顿时间（参数DTB）。

4）定位主轴停止在POSS下编程的位置。

5）使用G00指令在3个轴方向上返回（参数RPFA、RPSA和RPTA）。

6）使用G00指令在镗孔轴方向返回到基准平面之前的安全间隙处。

7）使用 G00 指令返回到退回平面（斜线返回）。

（4）应用案例

如图 4-19 所示工件，毛坯为 100mm × 100mm × 40mm 方料，材料为 45 钢，加工 ϕ30H7 孔，底孔为 ϕ29.5mm。试在 i5 加工中心上采用循环指令编写加工程序并进行仿真加工。

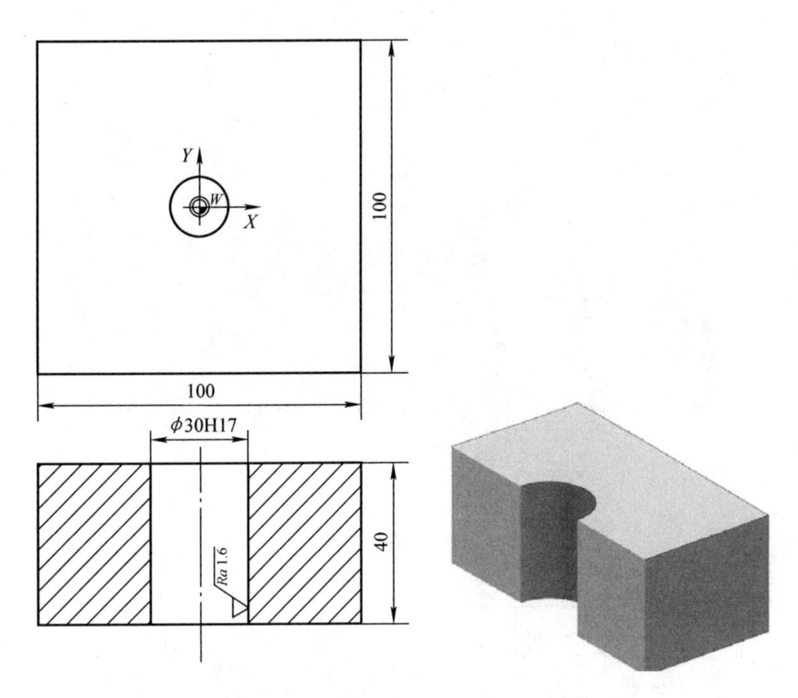

图 4-19　精镗孔循环应用案例图样

根据图样的标注，要达到表面粗糙度 Ra1.6μm，必须使用铰削或者镗削的方式，由于孔的尺寸较大，可选择镗削的方式。在程序编制之前，首先确定刀尖的角度，为了方便编程，我们把刀尖手动转到朝向 X 轴正方向，并记录主页上的主轴角度。

编程示例：

```
程序：jingtang_ 1
N10 T1M6                              ；换刀
N20 G54 G90 G00 Z100                  ；定义坐标系，绝对编程
N30 M03 S1000 F250                    ；主轴正转，进给量为 250mm/min
N40 X0 Y0                             ；定位到进刀点
N50 CYCLE86(50, 0, 5, -42, 42,
0, 3, -0.2, 0, 0, 37.827)             ；精镗循环加工
N60 M30                               ；程序结束
```

模拟仿真如图 4-20 所示。

六、编写加工程序

如图 4-21 所示工件，毛坯为 80mm × 80mm 的方料，材料为铝，前一工序将上表面铣削完毕，中间 ϕ30mm 的圆孔粗镗完毕，试在 i5 加工中心上加工 4 × M10 螺纹孔，并精镗中心孔。

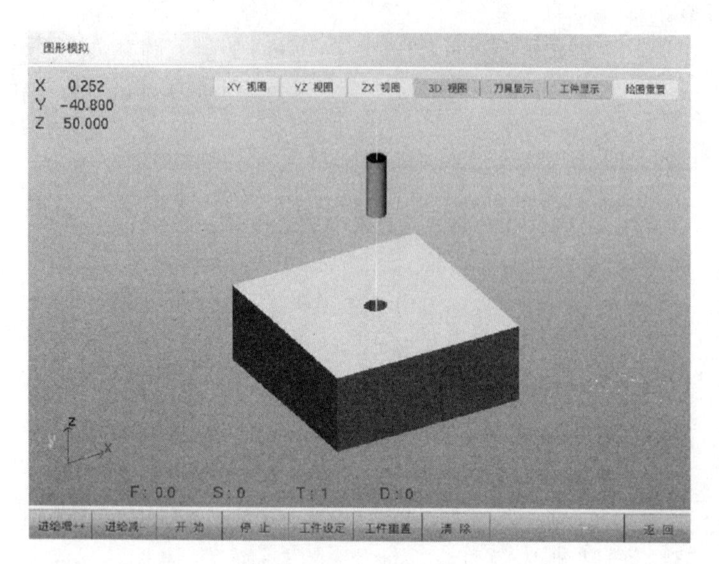

图 4-20　模拟仿真

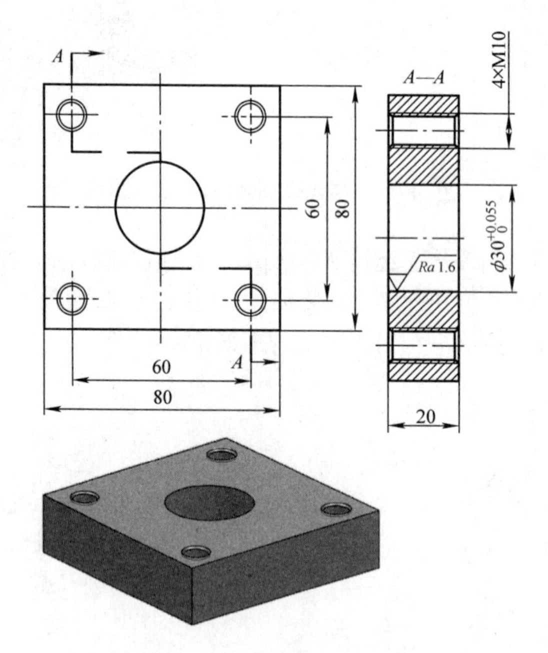

图 4-21　钻镗循环编程实例

编写程序：

N10 T1 M6　　；换刀，刀具为直径为 8.7mm 的钻头

N20 G54 G90 G00 Z100　　；移动至安全位置

N30 M3 S800 F200　　；指定转速

N40 MCALL CYCLE81（5，0，3，0，25）　　；钻孔

```
N50 X -30 Y -30                              ; 指定钻孔位置
N60 Y30
N70 X30
N80 Y -30
N90 MCALL                                    ; 取消钻孔
N100 T2 M6                                   ; 换刀，选用 M10 丝锥
N110 M03 S400                                ; 指定转速
N120 MCALL CYCLE84(5, 0, 3, 0, 25,
0, 3, 0, 1.5, 0, 400, 400)                   ; 攻螺纹
N130 X -30 Y -30
N140 Y30
N150 X30
N160 Y -30
N170 MCALL                                   ; 取消攻螺纹
N180 T3 M6
N190 M03 S600 F60
N200 G00 Z100
N210 X0 Y0
N220 CYCLE86(20, 0, 5, 0, 25, 1, 3,
-0.5, 0, 2, 40)                              ; 精镗孔
N230 M05
N240 M30                                     ; 程序结束
```

七、模拟仿真

模拟结果如图 4-22 所示。

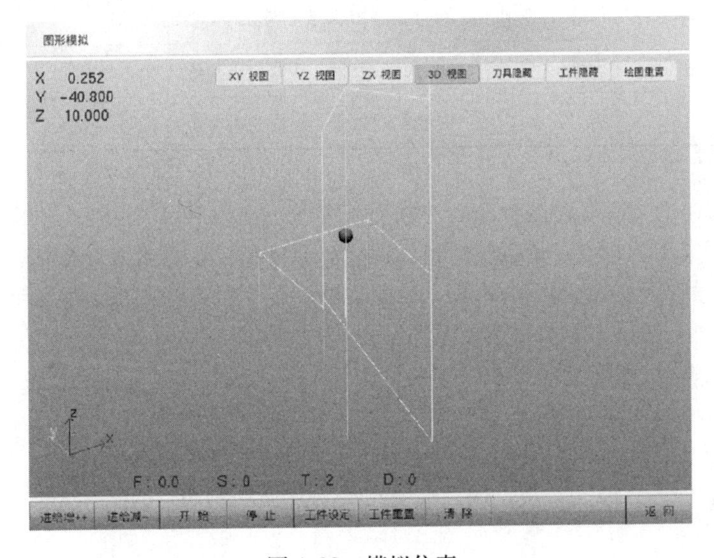

图 4-22　模拟仿真

八、知识扩展

在实际生产中，经常会遇到在一个平面上钻削多个孔的情况，这些孔往往按照一定的规律排列，例如圆周孔或者矩形栅格孔，如果采用钻孔循环配合 MCALL 指令，则需要计算大量的钻孔位置点，可以用“多孔”钻削循环指令：HOLES1 和 HOLES2。

1. 栅格孔指令 HOLES1

HOLES1 指令能实现在一个平面内加工一系列栅格孔，但需要注意的是：每两个孔的距离必须一致，如图 4-23 所示。

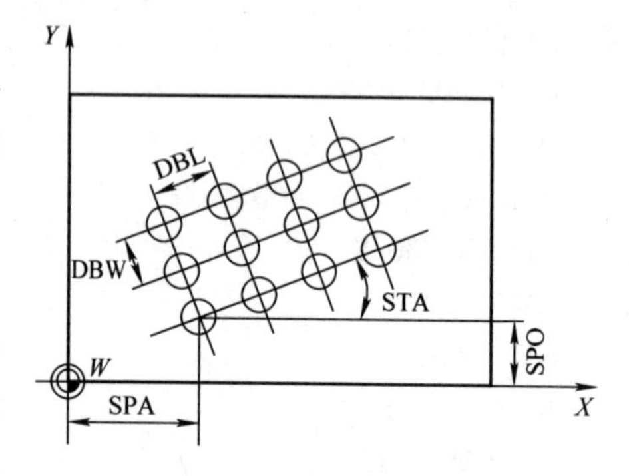

图 4-23　HOLES1 指令图例

（1）编程格式　HOLES1（SPA，SPO，STA，DBL，DBW，LNUM，WNUM）

（2）编程方式　先指定一个钻削模式（如深孔钻削 CYCLE83，中心钻钻削 CYCLE81），然后根据基准孔的横、纵坐标确定起始加工位置，刀具按循环中定义的列数与行数钻削出一定排列与数量的孔或螺纹。

（3）参数说明（见表 4-3）

表 4-3　HOLES1 指令参数说明

字符	类型	参数说明
SPA	Real	基准孔的圆心横坐标，带符号
SPO	Real	基准孔的圆心纵坐标，带符号
STA	Real	每一行圆心所在直线与 X 轴正方向的夹角
DBL	Real	每列孔与相邻列对应孔的圆心距
DBW	Real	每行孔与相邻行对应孔的圆心距
LNUM	Int	每行孔的数量，取值为正整数
WNUM	Int	每列孔的数量，取值为正整数

（4）操作顺序

1）在循环指定的基准孔位置完成一次钻削循环（由参数 SPA、SPO 决定）。

2）按照循环定义的数量、角度与间距，钻削第一排孔（由参数 LNUM、STA、DBL 决定）。

3）移动给定的行距，钻削下一排孔，依此类推，直至所有的孔都钻削结束。

（5）编程实例　使用 HOLES1 指令循环钻孔（3 行 5 列）。

```
N10 G90 G17 G54 S400 M03                ；参数定义
N20 G94 F100                            ；给定进给量
N30 MCALL CYCLE81 (10, 0, 3, -20, 0)    ；指定中心钻循环参数
N40 HOLES1 (10, 20, 0, 10, 12, 5, 3)    ；循环调用
N50 MCALL
N60 G00 Z20                             ；返回安全位置
N70 M02                                 ；程序结束
```

2. 圆弧孔指令 HOLES2

HOLES2 指令能实现在一个平面内加工一系列圆周孔，但需要注意的是：每两个圆周孔之间的角度必须一致，如图4-24所示。

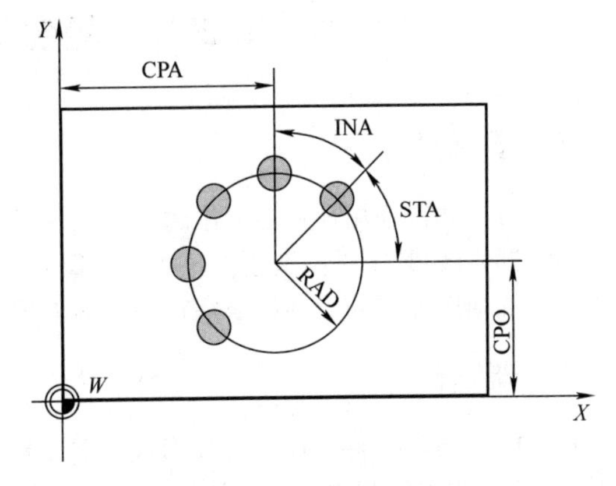

图4-24　HOLES2 指令图例

（1）编程格式　HOLES2（CPA，CPO，RAD，STA，INA，NUM）。

（2）编程方式　事先指定一个钻削模式（如深孔钻削 CYCLE83，中心钻钻削 CYCLE81），再按循环中定义的横坐标、纵坐标与半径确定一个圆弧、刀具，根据起始角度和增量角度来钻削出一定间距与数量的孔。

（3）参数说明（见表4-4）

表4-4　HOLES2 指令参数说明

字符	类型	参数说明
CPA	Real	孔所在圆弧的圆心横坐标，带符号
CPO	Real	孔所在圆弧的圆心纵坐标，带符号
RAD	Real	孔所在圆弧的半径（无符号输入）
STA	Real	第一个孔的圆心与圆弧的圆心之间的连线与横坐标的夹角，沿顺时针方向为负，逆时针方向为正
INA	Real	在圆心所在圆弧上，一个孔圆心相对其上一个孔圆心的角度变化，沿圆弧顺时针方向为负，逆时针方向为正
NUM	Int	用来定义钻孔的数量，为正整数，且数值小于等于360°/增量角度 INA

（4）操作顺序

1）由横坐标、纵坐标和半径定义了一个圆弧，再根据起始角度按定义的钻削模式钻出第一个孔。

2）接着根据循环中给定的增量角度与钻孔个数将剩下的孔钻出。

（5）编程实例　使用 HOLES2 指令循环，在 ϕ20mm 圆弧上，间隔45°钻孔5个。

```
N10 G90 G17 G54 S400 M03                ；参数定义
N20 G94 F100                            ；给定进给量
N30 MCALL CYCLE81（10，0，3，-20，0）   ；指定中心钻循环参数
N40 HOLES2（10，20，20，0，45，5）      ；循环调用
N50 MCALL
N60 G00 Z20                             ；返回安全位置
N70 M02                                 ；程序结束
```

第2节　轮廓加工循环功能

一、学习目标

1. 学习轮廓铣削循环功能的用途和加工特点。
2. 掌握CYCLE71平面铣削循环指令、CYCLE72轮廓铣削循环指令的参数含义及使用方法。
3. 熟练使用不同的循环指令编写完整加工程序，完成复杂零件切削。

二、课题任务

如图4-25所示工件，该零件外形尺寸是100mm×100mm×23mm，属于小零件，材料为铝，前一工序将上表面铣削完毕，零件外形粗加工完毕，侧壁留余量0.3mm，中间ϕ30mm的圆孔粗镗完毕，试在i5加工中心上完成轮廓精加工，并精镗中心孔。

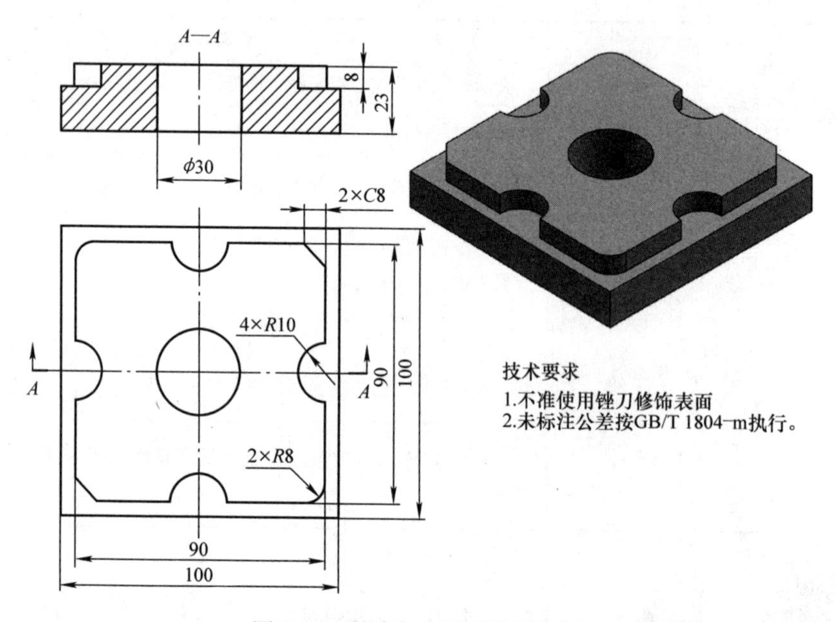

图4-25　轮廓加工循环编程实例

三、任务分析

零件选用机用虎钳装夹，图形对称，将坐标系原点定位在零件上表面中心位置，采用矩形中心测量的方式建立工件坐标系。加工刀具采用一把ϕ16mm的立铣刀和ϕ30mm的镗刀。

注：扫描二维码可查看轮廓加工循环编程实例视频

四、制订加工方案

数控铣镗工艺卡见表4-5。

表4-5 数控铣镗工艺卡

工序	加工内容	刀具	转速/(r/min)	进给量/(mm/min)	背吃刀量/mm
1	铣削外轮廓	ϕ16mm立铣刀	5000	300	0.3
2	精镗中心孔	ϕ30mm精镗刀	600	60	—

五、准备知识

1. 铣削加工基本知识

铣削属于断续切削，刀具的切削刃与工件周期性地接触，完成加工过程。在铣削过程中，铣刀的切入、切削过程、切出都会对刀具造成冲击，因此对铣削的整个过程控制都非常重要。铣削刀具主要分为面铣刀、立铣刀、三面铣刀、球头铣刀等，铣削是整个立式加工中心的核心内容，如何用一把铣刀加工出完美的零件，是每个操作者必须掌握的技能。

2. 平面铣削循环指令CYCLE71

（1）平面铣削的定义及其加工特点 CYCLE71循环指令可实现任意一个矩形平面的铣削。该循环指令不需要编写刀具半径补偿，循环指令自动以刀具中心进行轨迹规划。同时需要注意，在调用铣削循环指令之前，必须将刀具的直径输入到刀偏表中，系统会根据刀具直径来规划加工路径。如果刀偏表中的直径为0，系统在调用循环指令时会发出报警。

（2）参数介绍 平面铣削循环指令的基本格式：CYCLE71（RTP，RFP，SFD，DEP，SPA，SPO，LENG，WID，STA，MIDP，MIWD，FALD，FFS，TYP），如图4-26所示。

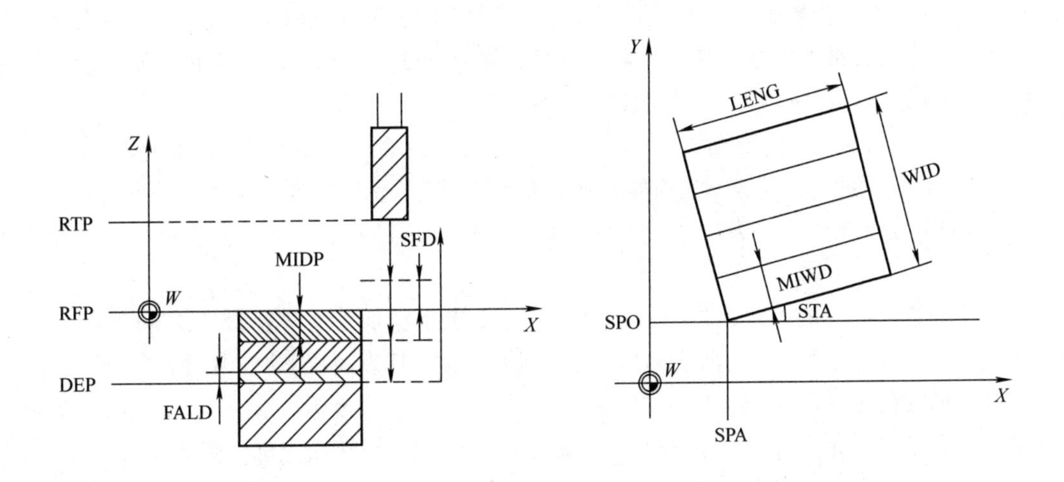

图4-26 CYCLE71循环指令界面

1）RTP：退回平面。退回平面RTP表示平面铣削结束后刀具的退回位置，对应刀具Z方向停留的坐标。

2）RFP：基准平面。基准平面 RFP 是指平面铣削的起始位置，一般指工件的上表面。

3）SFD：安全间隙。如图 4-27 所示，安全间隙 SFD 是为了保证加工安全，在基准平面之前设定的一个安全距离，该距离也是平面内长度和宽度方向上的安全距离，刀具以 G00 指令指定的速度运行至安全平面后，切换至 G01 指令。每加工完一刀后抬刀的高度等于一个安全间隙的距离。

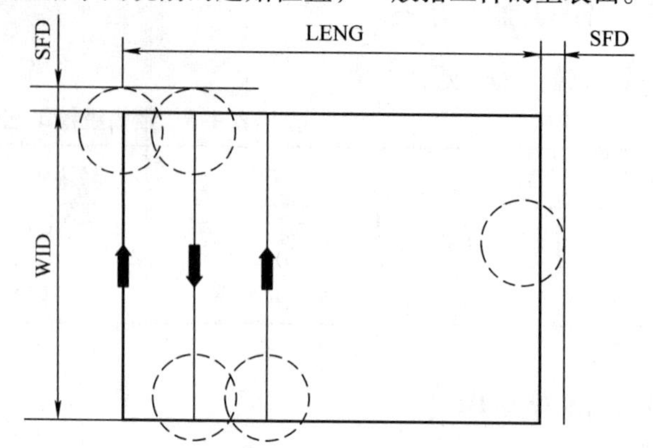

图 4-27　平面内的 SFD（加工类型 41）

4）DEP（深度）。深度 DEP 对应平面铣削的结束位置，为绝对坐标。

5）SPA 和 SPO（起始点）。SPA 和 SPO 分别为矩形起始点的横坐标和纵坐标。

6）LENG 和 WID（长度和宽度）。矩形长度 LENG 和矩形宽度 WID 表示矩形的大小和位置，其数值表示矩形的大小，符号表示矩形的位置。如果矩形长度或者宽度在起始点的正方向，相应的符号为正，反之为负。这里的正方向可以自行定义。

7）STA（矩形长边与第一个轴之间的夹角）。夹角 STA 表示矩形长度方向与工作平面横坐标轴正方向之间的夹角。

8）MIDP（最大进刀深度）。最大进刀深度 MIDP，表示每次加工时的最大背吃刀量，系统会根据最大背吃刀量计算粗加工的进刀数量和实际加工时的每次背吃刀量。如果该参数为 0，粗加工会一刀加工完成，因此填写时要注意。

9）MIWD（最大进刀宽度）。最大进刀宽度 MIWD，表示平面铣削时每次加工的最大进刀宽度，系统会根据最大进刀宽度计算出实际加工时的进刀宽度和平面的加工次数。如果该参数为 0，则循环默认最大进刀宽度为 0.8 倍的刀具直径。

10）FALD：粗加工时的预留量。底部精加工余量 FALD 表示粗加工时的预留量。

11）FFS：铣削的进给速度。表面加工进给速度 FFS 表示铣削的进给速度。

12）TYP：加工类型，分为粗加工和精加工。加工类型 TYP 用一个两位数表示，如图 4-28 所示。

个位上的数值可以是 1 或者 2。1 表示粗加工，2 表示精加工。两者刀具轨迹的区别在于，精加工时每次铣削的过程中，刀具会超出工件，以避免在工件表面留下加工痕迹。

十位上的数值可以是 1、2、3、4。1 表示加工轨迹平行于横坐标，沿一个方向加工；2 表示加工轨迹平行于纵坐标，沿一个方向加工；3 表示加工轨迹平行于横坐标，交替方向加工；4 表示加工轨迹平行于纵坐标，交替方向加工。

（3）应用案例　如图 4-29 所示工件，毛坯的长、宽、高分别为 50mm、30mm 和 25mm，材料为铝，需要铣削一个平面，平面与横坐标夹角为 5°，深度为 10mm，最大吃刀量为 6mm，加工类型为 31，即平行于横坐标进行交替方向的粗加工，试编写程序并仿真加工。

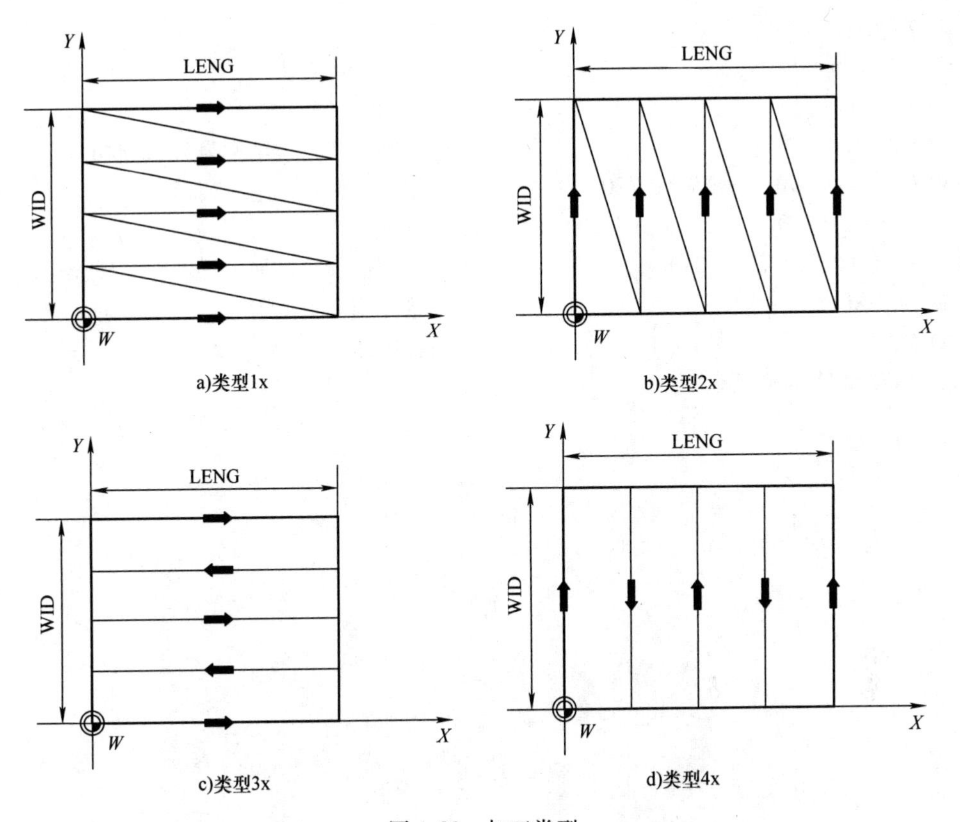

图 4-28　加工类型

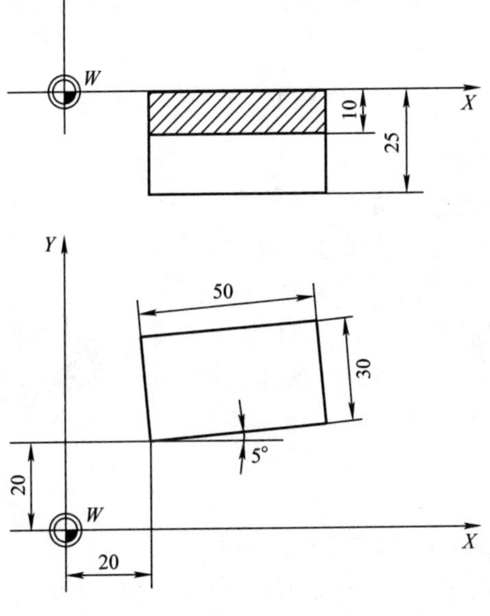

图 4-29　平面铣削循环应用案例图样

编程示例：

程序：pingmianxi_ 1

```
N10 T8 M06                                          ；换刀
N20 M3 S1500 F250                                   ；主轴正转，进给量为250mm/min
N30 G17 G00 G90 G94 X0 Y0 Z20                       ；定义坐标系，绝对编程
N40 CYCLE71(10，0，2，-10，20，20，50，
30，5，6，0，0，300，31)                             ；平面铣削循环加工
N50 G00 X0 Y0                                       ；退刀到安全位置
N60 M30                                             ；程序结束
```

模拟仿真如图4-30所示。

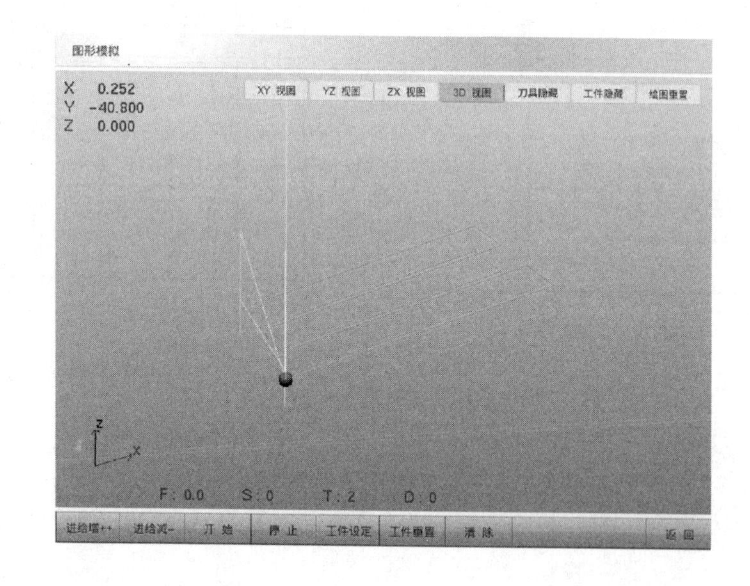

图4-30　模拟仿真

3. 轮廓铣削指令CYCLE72

（1）轮廓铣削的定义及其加工特点　在生产中经常会遇到加工特殊轮廓的情况，在深度比较大的情况下，由于刀具的限制不能一次加工到位，需要分层多次加工以达到规定的深度。如图4-31所示，利用轮廓铣削循环指令CYCLE72，可以方便地实现这一功能。刀具半径补偿方向由用户自己在循环中指定，用完后系统自动取消。

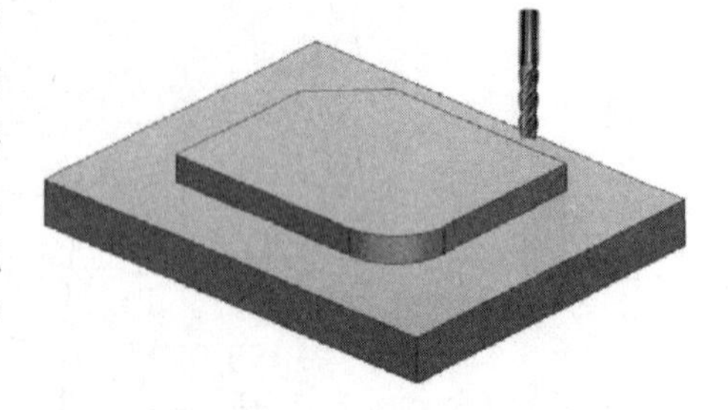

图4-31　轮廓铣削

（2）参数介绍

铣削循环指令的基本格式：CYCLE72（KNAME，RTP，RFP，SFD，DEP，MIDP，FAL，FALD，FFC，FFD，TYP，TRC），如图4-32所示。

下面介绍各参数的含义。关于退回平面、基准平面、安全间隙、深度、最大进刀深度这5个参数，已经在前面的CYCLE71指令中介绍过了，这5个参数的含义与前面是完全相同的。

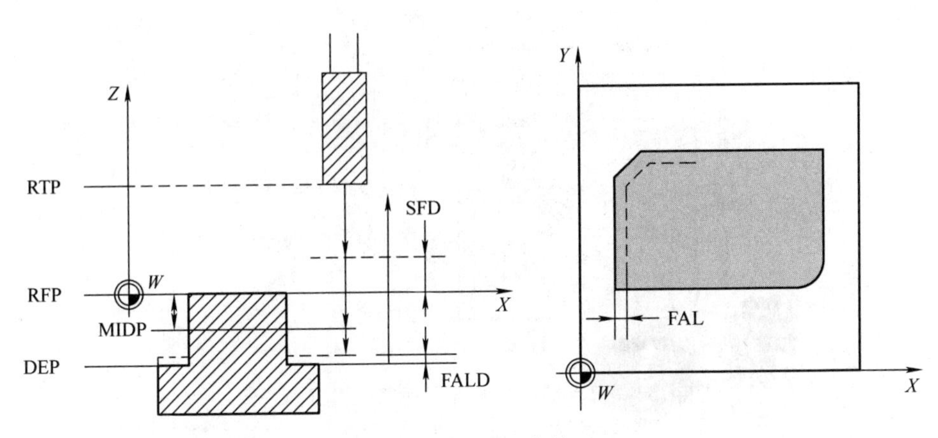

图 4-32 CYCLE72 参数图示

1）KNAME：轮廓子程序名。轮廓子程序名 KNAME 是指需要输入的轮廓子程序的名称。在编写轮廓子程序时需要注意：子程序中必须包含起刀和退刀路径。第一个程序段定义的是起刀点，一般是一个带 G00 和 G90 的快速移动程序段。第二个程序段才是轮廓的起点。最后一个程序段为退刀路径，一般是一个带 G00 和 G90 的快速移动程序段。

2）FAL：边缘的精加工余量。边缘精加工余量 FAL 表示粗加工时预留在轮廓边缘的精加工余量，一般指 *XY* 平面的余量。

3）FALD：底部的精加工余量。底部精加工余量 FALD 表示粗加工时预留在轮廓底部的精加工余量，一般指 *Z* 方向的余量。边缘精加工余量和底部精加工余量只有在加工类型选择精加工时才被加工。

4）FFC：轮廓加工进给速度。轮廓加工进给速度 FFC 是轮廓铣削时的进给速度。

5）FFD：深度加工进给速度。深度加工进给速度 FFD 是 *Z* 方向进刀时的进给速度。

6）TYP：加工类型。加工类型 TYP 可以选择 1 和 2，1 表示粗加工，2 表示精加工。选择粗加工类型时，会保留精加工余量。只有选择精加工类型时才会去除精加工余量。

7）TRC：刀补方向。刀补方向 TRC 用于选择刀补的方向，可以选择 G41/G42 和 G40，必须与编程的方向一致，如果不一致就会出现过切的情况。

⚠注意

1）加工轮廓必须在同一平面。

2）刀具半径补偿的方向要在循环中设定，且必须与子程序轮廓编写的方向一致，如图 4-33所示。

3）轮廓的起点和终点，在选择的时候需要考虑到半径补偿，建议留出一定的重叠量，如果没有重叠量，会出现漏切的情况，如图 4-34 所示。

4）顺铣时刀片先接触工件上表面，切削逐渐变薄，顺铣时表面粗糙度值小，适合精加工，但是不适合加工表面有硬化层的工件；逆铣时刀片先接触工件已加工表面，切屑逐渐变厚，逆铣表面质量差，一般用于加工有硬化层的工件或者某些粗加工，如图 4-35 所示。

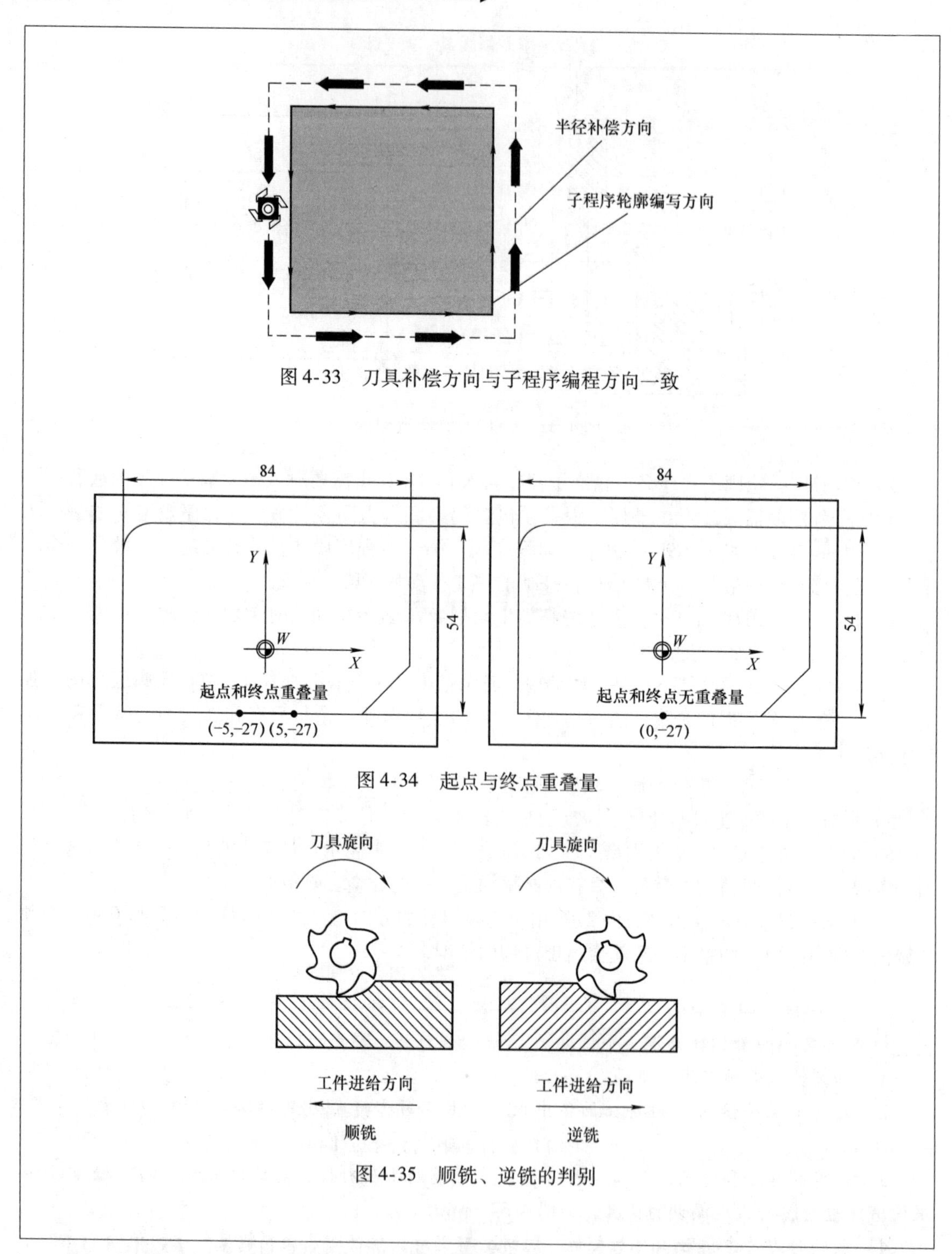

图 4-33　刀具补偿方向与子程序编程方向一致

图 4-34　起点与终点重叠量

图 4-35　顺铣、逆铣的判别

（3）应用案例　如图 4-36 所示工件，毛坯尺寸为 64mm × 83. 2mm，外侧形状与轮廓相同，轮廓深度为 5mm，分粗加工和精加工，精加工余量为 0. 2mm，最大吃刀量为 1mm，顺铣加工。试编写程序并仿真加工。

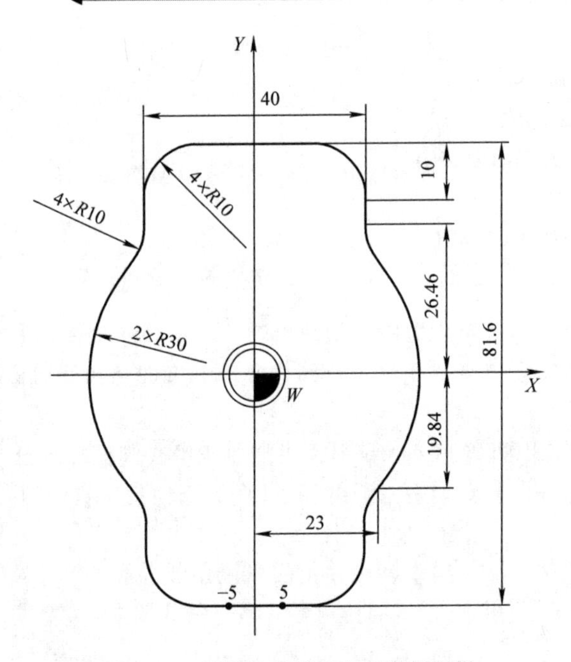

图 4-36　轮廓铣削循环应用案例图样

编程示例：

主程序：

```
N10 T1 M6                                   ；调用刀具
N20 G54 G90 G00 Z100                        ；定义工件坐标系，抬刀到安全位置
N30 M3 S3000                                ；主轴正转，转速为3000r/min
N40 CYCLE72（"72"，100，0，5，
-5，1，0.2，0，200，100，1，41）             ；粗加工
N50 M3 S4000                                ；主轴正转，转速为4000r/min
N60 CYCLE72（"72"，100，
0，5，-5，0，0，0，200，100，2，41）          ；精加工
N70 M30                                     ；程序结束
```

子程序“72. iso”：

```
N10 G90 G00 X5 Y-60                         ；定义进刀点
N20 G01 Y-40.8                              ；定义轮廓的起点
N30 X-10
N40 G02 X-20 Y-30.8 CR=10
N50 G01 Y-26.46
N60 G03 X-22.5 Y-19.84 CR=10
N70 G02 Y19.84 CR=30
N80 G03 X-20 Y26.46 CR=10
N90 G01 Y30.8
N100 G02 X-10 Y40.38 CR=10
N110 G01 X10
N120 G02 X20 Y30.8 CR=10
```

```
N130 G01 Y26.46
N140 G03 X22.5 Y19.84 CR=10
N150 G02 Y-19.84 CR=30
N160 G03 X20 Y-26.46 CR=10
N170 G01 Y-30.8
N180 G02 X10 Y-40.8 CR=10
N190 G01 X-5                    ；定义轮廓终点位置
N200 G00 Y-60                   ；退刀
```

模拟仿真如图4-37所示。

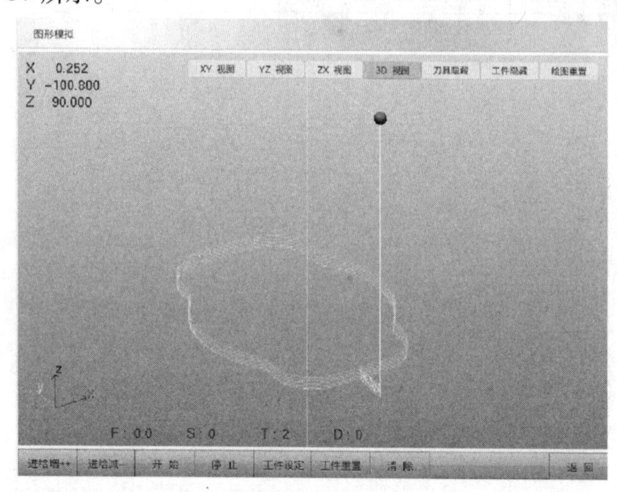

图4-37 模拟仿真

六、编写加工程序

如图4-38所示工件，该零件外形尺寸是100mm×100mm×23mm，属于小零件，材料为铝，前一工序将上表面铣削完毕，零件外形粗加工完毕，侧壁留余量0.3mm，中间ϕ30mm圆孔粗镗完毕。试在i5加工中心上完成轮廓精加工，并精镗中心孔。

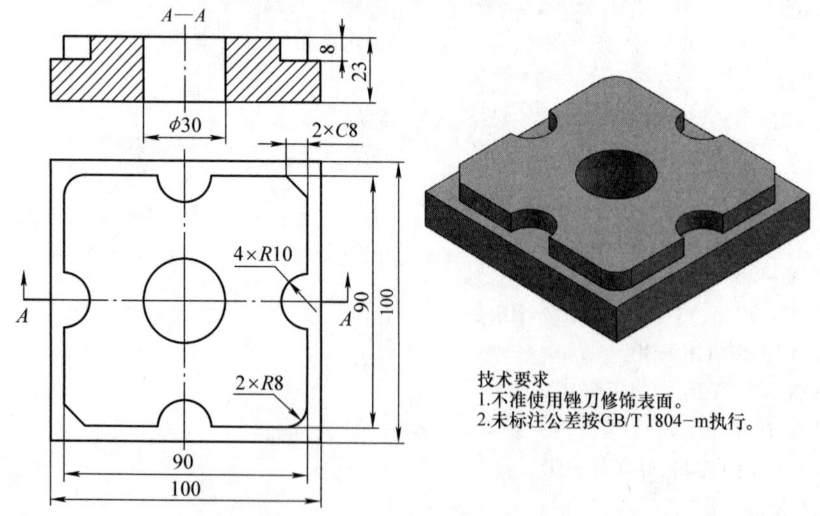

图4-38 轮廓加工循环编程实例

编写程序：

```
N10 G17 G90 G54                        ；定义加工平面及坐标系
N20 T1M6                               ；换刀，选择直径为ϕ16mm的铣刀
N30 M03 S5000 F300                     ；指定主轴转速和进给量
N40 G90 G00 X0Y0Z50                    ；移动至安全位置
N50 M08                                ；切削液开启
N60 CYCLE72 ("anli3", 20, 0, 5,
-8, 0, 0, 0, 300, 200, 2, 41)          ；精铣轮廓
N70 T2 M6                              ；换刀，选择直径为ϕ30mm的镗刀
N80 M03 S600 F60                       ；指定主轴转速和进给
N90 G00 X0 Y0
N90 CYCLE86 (20, 0, 3, 0, 25, 1, 3,
-0.3, 0, 2, 40)                        ；精镗加工
N100 G00 Z100
N110 M09                               ；冷却液关闭
N120 M30                               ；程序结束
子程序：anli3. iso
N10 G01 X45 Y55                        ；切线进刀起刀点
N20 Y10
N30 G03 X45 Y-10 CR=10
N40 G01 Y-45 RND=8
N50 G01 X10 Y-45
N60 G03 X-10 Y-45 CR=10
N70 G01 X-45 CHR=8
N80 Y-10
N90 G03 X-45 Y10 CR=10
N100 G01 Y45 RND=8
N110 G01 X-10
N120 G03 X10 Y45 CR=10
N130 G01 X37
N140 G01 X55 Y27                       ；切线退刀点
```

七、模拟仿真

模拟仿真结果如图4-39所示。

八、知识扩展

前面讲到CYCLE72指令是轮廓铣削循环，只要编好轮廓子程序，再用主程序调用，即可加工复杂的轮廓轨迹。而对于一些简单的轴颈或是腔体轮廓，每次都编写子程序又显得过于烦琐，所以i5系统中将一些规整的轮廓图形做成了模块化的子程序，操作者只需要在主程序相应的循环指令中填写参数调用即可，免去了编写子程序的麻烦。下面给大家介绍4个常用的循环指令。

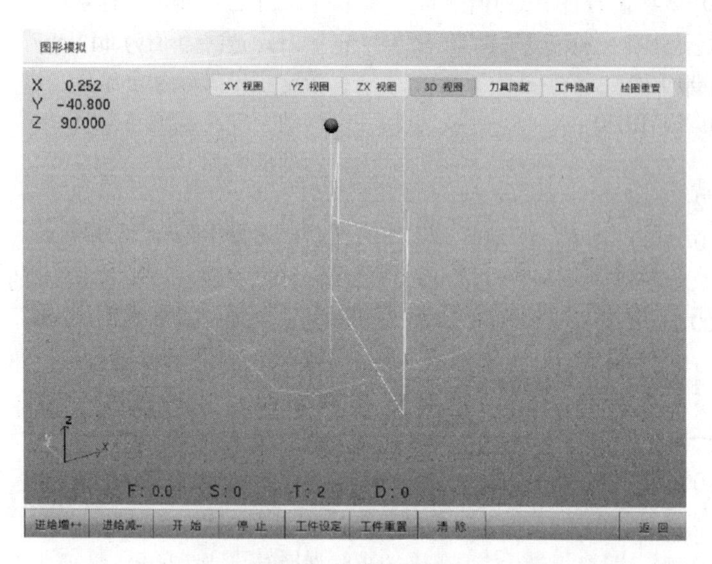

图 4-39 模拟仿真

1. 矩形轴颈铣削指令 CYCLE76

使用 CYCLE76 指令可以在平面中加工矩形轴颈，如图 4-40 所示。CYCLE76 指令是轮廓铣削的一种特例，循环内部调用轮廓铣削循环指令 CYCLE72 对矩形轮廓进行加工。

图 4-40 铣削矩形轴颈

编程格式：CYCLE76（RTP，RFP，SFD，DEP，LENG，WID，CRAD，SPA，SPO，STA，MIDP，FAL，FALD，FFC，FFD，MDIR，TYP，LBS，WBS）。

参数说明见图 4-41 及表 4-6。

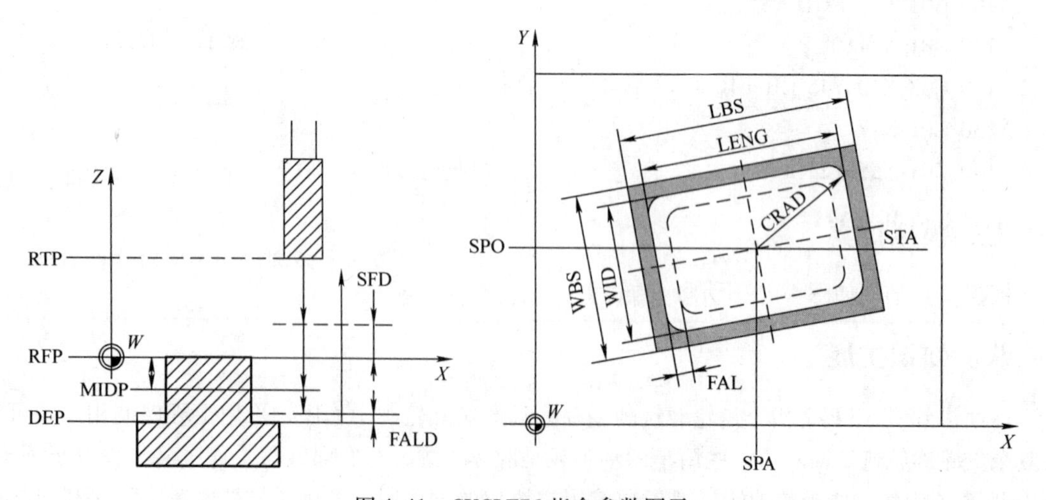

图 4-41 CYCLE76 指令参数图示

表 4-6　CYCLE76 指令参数说明

字符	类型	参数说明
RTP	Real	退回平面（绝对坐标）
RFP	Real	基准平面（绝对坐标）
SFD	Real	安全间隙（无符号输入）
DEP	Real	深度（绝对坐标）
LENG	Real	轴颈长度（无符号输入）
WID	Real	轴颈宽度（无符号输入）
CRAD	Real	轴颈拐角半径（无符号输入）
SPA	Real	轴颈基准点横坐标（绝对坐标）
SPO	Real	轴颈基准点纵坐标（绝对坐标）
STA	Real	轴颈长边与平面第一轴（横坐标）的夹角（无符号输入）
MIDP	Real	最大进刀深度（无符号输入）
FAL	Real	轮廓边缘精加工余量（无符号输入）
FALD	Real	底部精加工余量（无符号输入）
FFC	Real	轮廓加工进给速度
FFD	Real	深度加工进给速度
MDIR	Int	铣削方向：（无符号输入） 0 = 同向铣削 1 = 逆向铣削 2 = 顺时针铣削（G02） 3 = 逆时针铣削（G03）
TYP	Int	加工类型（无符号输入）： 1 = 粗加工 2 = 精加工
LBS	Real	毛坯长度（无符号输入）
WBS	Real	毛坯宽度（无符号输入）

参数 RTP、RFP、SFD、DEP、MIDP 可以参考 CYCLE72 指令中的说明。

1）SPA、SPO（基准点）。使用参数 SPA 和 SPO 定义轴颈中心点的横坐标和纵坐标。

2）STA（轴颈长边与第一个轴之间的夹角）。STA 定义了轴颈长边（即长度轴）与工作平面第一个轴（横坐标轴）之间的夹角。

3）LENG、WID、CRAD（轴颈长度、轴颈宽度、拐角半径）。使用参数 LENG、WID 和 CRAD 可以确定轴颈的形状。

4）MDIR（铣削方向）。通过参数 MDIR 定义加工轴颈时的铣削方向。铣削方向可以直接定义为顺时针方向（G02）或逆时针方向（G03），也可以定义为同向铣削或逆向铣削，循环自动结合主轴旋转方向确定铣削方向（顺时针或逆时针）。

5）LBS、WBS（轴颈毛坯长度和宽度）。加工轴颈时，可以通过参数 LBS 和 WBS 定义毛坯的长度和宽度。LBS 和 WBS 为无符号输入，循环自动将毛坯对称地放置在轴颈中心点两侧。

编程实例：

如图 4-42 所示，矩形轴颈位于 XY 平面中，中心点坐标为 X45、Y50，长度为 60mm，宽度为 40mm，拐角半径为 R10mm，与 X 轴夹角为 5°。加工深度为 10mm，最大吃刀量为 6mm，边缘和底部精加工余量均为 0。毛坯长度为 70mm，宽度为 50mm。采用同向铣削，加工类型为粗加工。

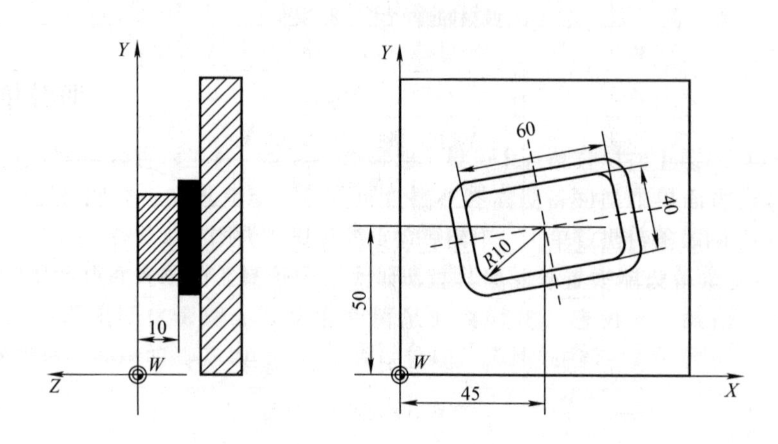

图 4-42　矩形轴颈铣削编程图示

```
N10 T8 M06
N20 M03 S1000
N30 G17 G00 G90 X100 Y100 Z10
N40 CYCLE76 (10, 0, 2, -10, 60, 40, 10, 45, 50, 5, 6, 0, 0, 700, 700, 0, 1, 70, 50)
N50 G00 X100 Y100
N60 M30
```

注意

CYCLE76 指令还需注意以下几点：

1）毛坯的尺寸和安全间隙会影响进刀路径，但不会影响切削矩形轴颈时的路径。

2）进刀点的方位始终在轴颈长边的正方向。

2. 圆形轴颈铣削指令 CYCLE77

使用 CYCLE77 指令可以在平面中加工圆形轴颈。如图 4-43 所示，CYCLE77 也是轮廓铣削的一种特例，循环内部调用轮廓铣削循环 CYCLE72 指令对圆形轮廓进行加工。

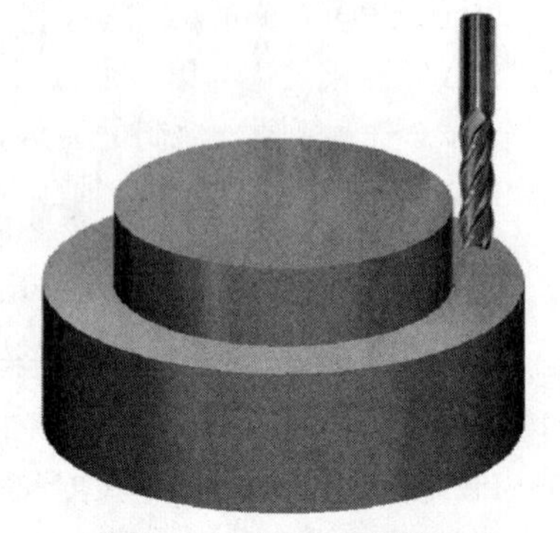

图 4-43　铣削圆形轴颈

编程格式：CYCLE77（RTP，RFP，SFD，DEP，SDIA，SPA，SPO，MIDP，FAL，FALD，FFC，FFD，MDIR，TYP，DBS）

参数说明见图 4-44 及表 4-7。

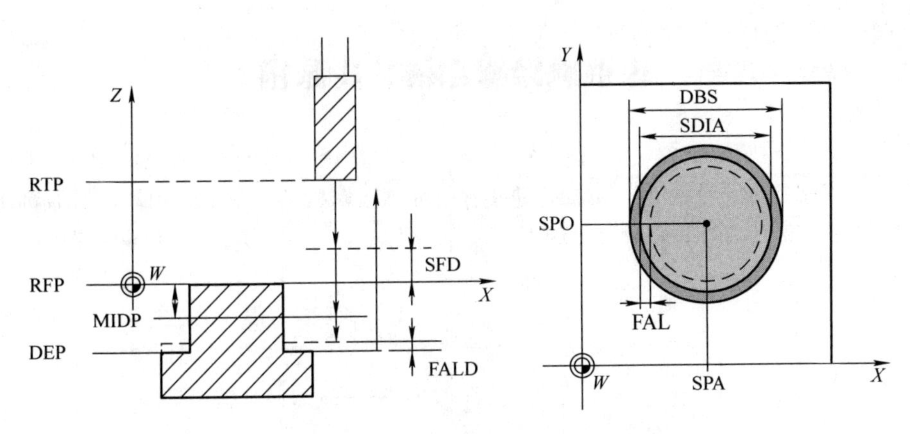

图 4-44　CYCLE77 指令参数图示

表 4-7　CYCLE77 指令参数说明

字符	类型	参数说明
RTP	Real	退回平面（绝对坐标）
RFP	Real	基准平面（绝对坐标）
SFD	Real	安全间隙（无符号输入）
DEP	Real	深度（绝对坐标）
SDIA	Real	轴颈直径（无符号输入）
SPA	Real	轴颈圆心横坐标（绝对坐标）
SPO	Real	轴颈圆心纵坐标（绝对坐标）
MIDP	Real	最大吃刀量（无符号输入）
FAL	Real	轮廓边缘精加工余量（无符号输入）
FALD	Real	底部精加工余量（无符号输入）
FFC	Real	轮廓加工进给速度
FFD	Real	深度加工进给速度
MDIR	Int	铣削方向（无符号输入）： 0 = 同向铣削 1 = 逆向铣削 2 = 顺时针铣削（G02） 3 = 逆时针铣削（G03）
TYP	Int	加工类型（无符号输入）： 1 = 粗加工 2 = 精加工
DBS	Real	毛坯直径（无符号输入）

参数 RTP、RFP、SFD、DEP、MIDP 可以参考 CYCLE72 指令的说明。参数 MDIR 可以参考 CYCLE76 指令的说明。

1）SPA、SPO（基准点）。使用参数 SPA 和 SPO 定义轴颈中心点的横坐标和纵坐标。

2）SDIA（轴颈直径）。轴颈直径为无符号输入。

3）DBS（轴颈毛坯直径）。使用参数 DBS 定义轴颈毛坯的直径。

编程实例：

如图 4-45 所示，圆形轴颈毛坯直径为 50mm，轴颈直径为 45mm。轴颈位于 *XY* 平面中，圆心坐标 *X*40、*Y*50，深度为 10mm。最大吃刀量为 6mm，边缘精加工余量为 0.2mm，底部精加工余量为 0。采用逆向铣削，加工类型为粗加工。

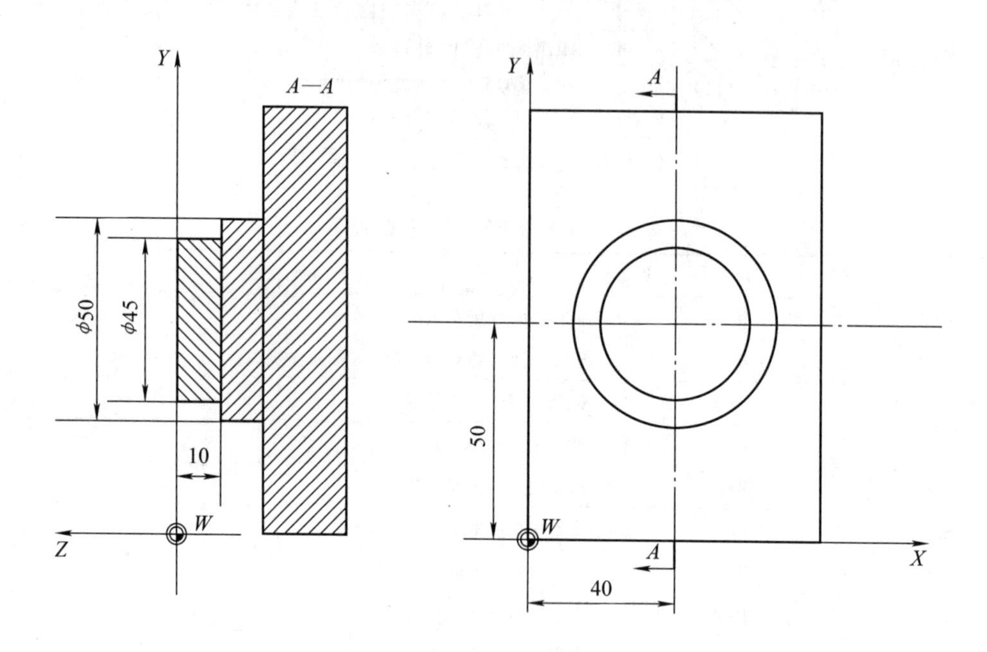

图 4-45　圆形轴颈铣削编程图示

```
N10 T8 M06
N20 M03 S1800
N30 G17 G00 G90 X100 Y100 Z10
N40 CYCLE77（10，0，3，-10，45，40，50，6，0.2，0，700，700，1，1，50）
N50 G00 X100 Y100
N60 M30
```

注意

1）毛坯的尺寸和安全间隙会影响进刀路径，但不会影响切削圆形轴颈时的路径。

2）进刀点的方位始终在第一横坐标轴的正方向。

3. 矩形腔体铣削指令 POCKET1

使用 POCKET1 指令可以在平面中的任意位置加工一个矩形腔体，如图 4-46 所示。

编程格式：POCKET1（RTP，RFP，SFD，DEP，LENG，WID，CRAD，CPA，CPO，STA，FFD，FFS，MIDP，MDIR，FAL，TYP，MIDF，FFC，SSF）

参数说明见图 4-47 及表 4-8。

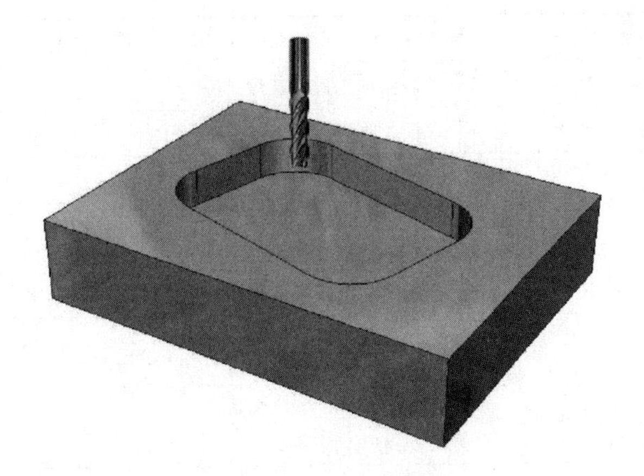

图 4-46　铣削矩形腔

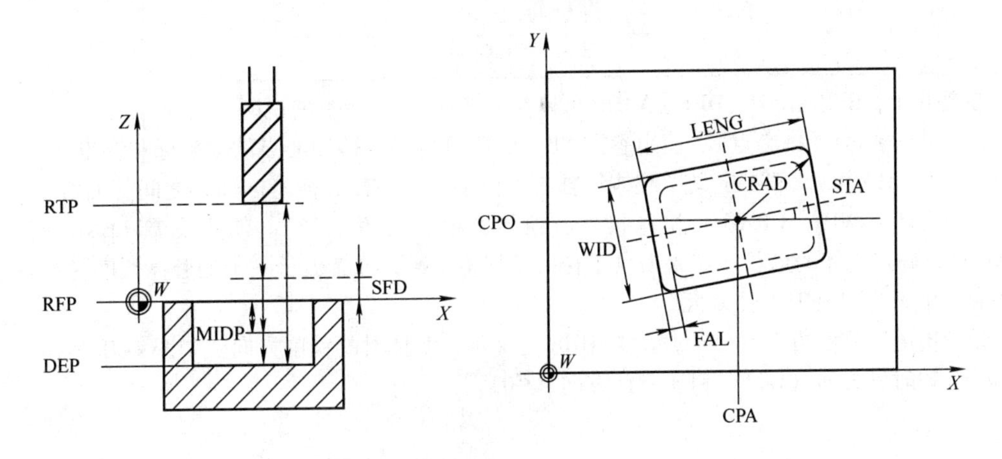

图 4-47　POCKET1 指令参数图示

表 4-8　POCKET1 指令参数说明

符号	类型	参数说明
RTP	Real	退回平面（绝对坐标）
RFP	Real	基准平面（绝对坐标）
SFD	Real	安全间隙（无符号输入）
DEP	Real	腔体深度（绝对坐标）
LENG	Real	腔体长度（无符号输入）
WID	Real	腔体宽度（无符号输入）
CRAD	Real	拐角半径（无符号输入）
CPA	Real	腔体中心点横坐标（绝对坐标）
CPO	Real	腔体中心点纵坐标（绝对坐标）
STA	Real	腔体纵轴与平面第一个轴（横坐标）的夹角（无符号输入）
FFD	Real	深度加工进给速度

（续）

符号	类型	参数说明
FFS	Real	表面加工进给速度
MIDP	Real	最大吃刀量（无符号输入）
MDIR	Int	铣削方向（无符号输入）： 2 = 顺时针铣削（G02） 3 = 逆时针铣削（G03）
FAL	Real	轮廓边缘精加工余量（无符号输入）
TYP	Int	加工类型（无符号输入）： 0 = 综合加工 1 = 粗加工 2 = 精加工
MIDF	Real	精加工最大吃刀量（无符号输入）
FFC	Real	精加工进给速度
SSF	Real	精加工主轴转速

参数 RTP、RFP、SFD、DEP、MIDP 可以参考 CYCLE72 指令的说明。

1）CPA、CPO（中心点）。使用参数 CPA 和 CPO 定义腔体中心点的横坐标和纵坐标。

2）STA（夹角）。STA 定义了腔体纵轴与工作平面第一轴（横坐标轴）之间的夹角。

3）LENG、WID、CRAD（腔体长度、腔体宽度、拐角半径）。使用参数 LENG、WID 和 CRAD 可以确定腔体的形状。如果刀具半径大于拐角半径，或者大于一半的腔体长度（或宽度），循环会产生报警“铣刀半径太大”。

4）MDIR（铣削方向）。通过参数 MDIR 定义加工腔体时的铣削方向。如图 4-48 所示，铣削方向分为顺时针方向（G02）和逆时针方向（G03）。

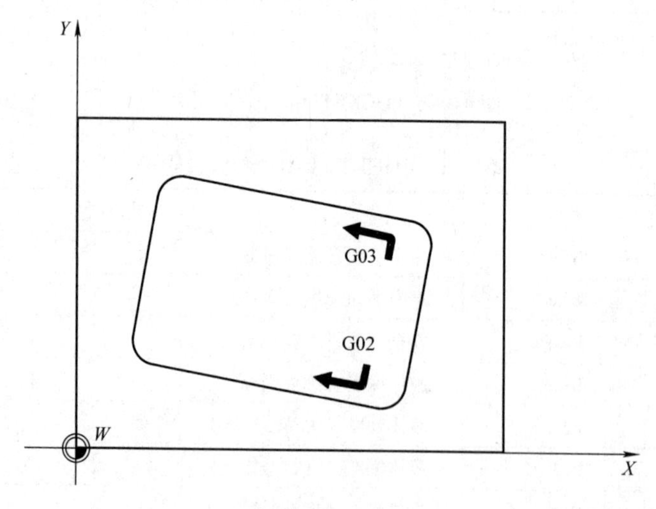

图 4-48　铣削方向

编程实例：

如图 4-49 所示，矩形腔体长度为 80mm，宽度为 60mm，拐角半径为 7mm，深度为 10mm，在 *XY* 平面中。腔体与 *X* 轴的夹角为 0°。腔体边缘的精加工余量为 0.75mm，基准平面之前的安全间隙为 0. 5mm。腔体中心点的坐标为 X46 和 Y42，粗加工最大吃刀量为 4mm，精加工最大吃刀量为 2mm，加工类型选择为综合加工。

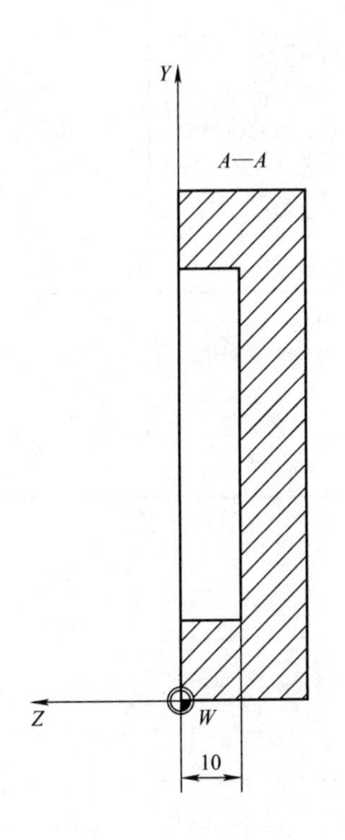

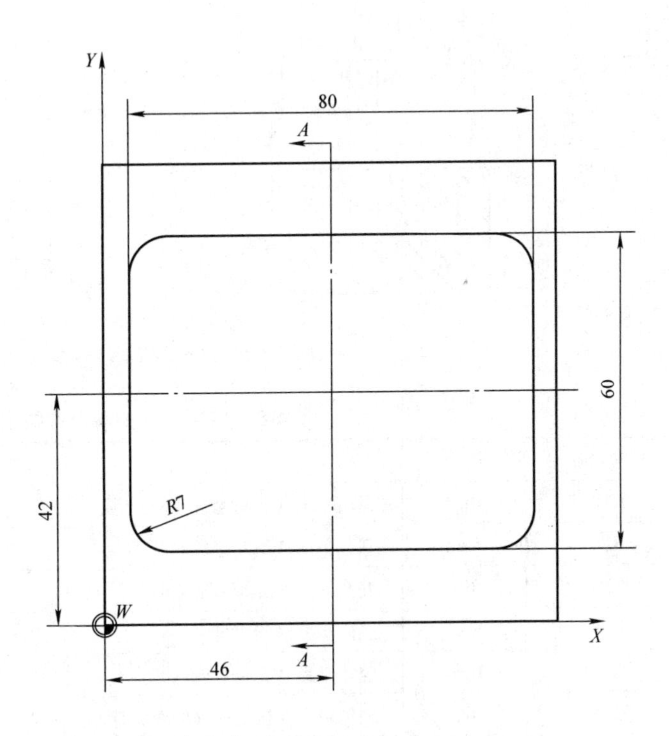

图 4-49　编程图示

```
N10 T8 M06
N20 M04 S600
N30 G17 G00 G90 X100 Y100 Z10
N40 POCKET1(5,0,0.5,-10,80,60,7,46,42,0,120,300,4,2,0.75,0,2,0,0)
N50 G00 X100 Y100
N60 M30
```

4. 圆形腔体铣削指令 POCKET2

使用 POCKET2 指令可以在平面中的任意位置加工一个圆形腔体，如图 4-50 所示。

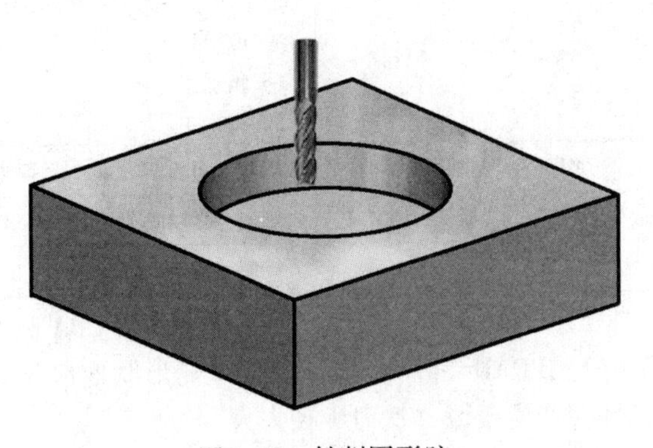

图 4-50　铣削圆形腔

编程格式：POCKET2（RTP，RFP，SFD，DEP，PRAD，CPA，CPO，FFD，FFS，MIDP，MDIR，FAL，TYP，MIDF，FFC，SSF）

参数说明见图 4-51 及表 4-9。

参数 RTP、RFP、SFD、DEP、MIDP 可以参考 CYCLE72 指令的说明。参数 MDIR 可以参考 POCKET1 指令的说明。

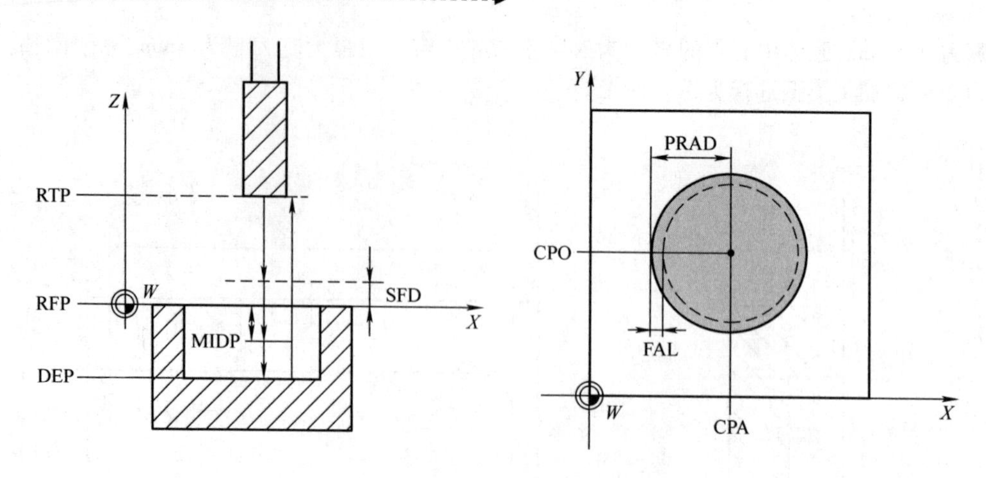

图 4-51　POCKET2 指令参数图示

表 4-9　POCKET2 指令参数说明

符号	类型	参数说明
RTP	Real	退回平面（绝对坐标）
RFP	Real	基准平面（绝对坐标）
SFD	Real	安全间隙（无符号输入）
DEP	Real	腔体深度（绝对坐标）
PRAD	Real	腔体半径（无符号输入）
CPA	Real	腔体中心点横坐标（绝对坐标）
CPO	Real	腔体中心点纵坐标（绝对坐标）
FFD	Real	深度加工进给速度
FFS	Real	表面加工进给速度
MIDP	Real	最大吃刀量（无符号输入）
MDIR	Int	铣削方向（无符号输入）： 2 = 顺时针铣削（G02） 3 = 逆时针铣削（G03）
FAL	Real	轮廓边缘精加工余量（无符号输入）
TYP	Int	加工类型（无符号输入）： 0 = 综合加工 1 = 粗加工 2 = 精加工
MIDF	Real	精加工最大吃刀量（无符号输入）
FFC	Real	精加工进给速度
SSF	Real	精加工主轴转速

1）CPA、CPO（中心点）。使用参数 CPA 和 CPO 定义腔体中心点的横坐标和纵坐标。

2）PRAD（腔体半径）。腔体的形状取决于它的半径 PRAD。如果刀具半径大于腔体半径，循环会产生报警“铣刀半径太大”。

编程实例：

如图 4-52 所示，圆形腔体位于 *XY* 平面中，中心点坐标为 *X*30、*Y*50，腔体直径为 45mm。精加工余量和安全间隙均为 0。腔体深度为 10mm，粗加工最大吃刀量为 4mm，铣削方向为 G02（顺时针方向），加工类型选择为粗加工。

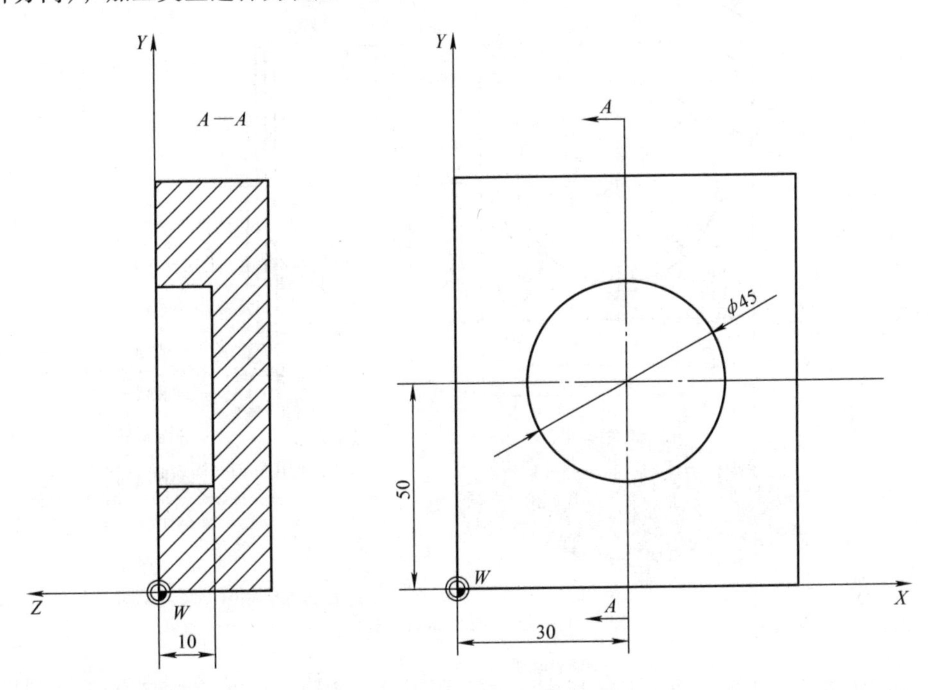

图 4-52　铣削圆形腔编程图示

```
N10 T8 M06
N20 M03 S800
N30 G17 G00 G90 X100 Y100 Z10
N40 POCKET2(3,0,0,-10,22.5,30,50,100,200,4,2,0,1,0,0,0)
N50 G00 G90 X100 Y100
N60 M30
```

第 3 节　数控加工综合样例

本书曾经列举过一个综合样件的例子，这个例子如果采用基本指令编程，则需要计算多次走刀路径，这样不仅费时费力，而且找点过程中还需要考虑刀具半径补偿等，很容易造成计算错误。而如果采用循环编程，那就简单多了。本节就来详细分析这个例子，并最终编写程序并完成模拟加工。

1. 图示样例

如图 4-53 所示，用于加工零件的毛坯尺寸为 90mm × 90mm × 9.5mm，材料为铝制；已知刀具 T1 为直径为 63mm 的方肩铣刀，用于面铣和粗加工；刀具 T2 为直径为 10mm 的立铣刀，用于精加工；T3 为直径为 10mm 的钻头，用于孔加工。请编写加工程序，完成最后加工。

2. 编程思路

该案例为典型轴颈加工循环样例。零件由圆柱轴颈、正方形轴颈、通孔等组成。根据对图样的分析，我们会用到平面铣削指令 CYCLE71，圆形轴颈铣削循环指令 CYCLE77，矩形轴颈铣削

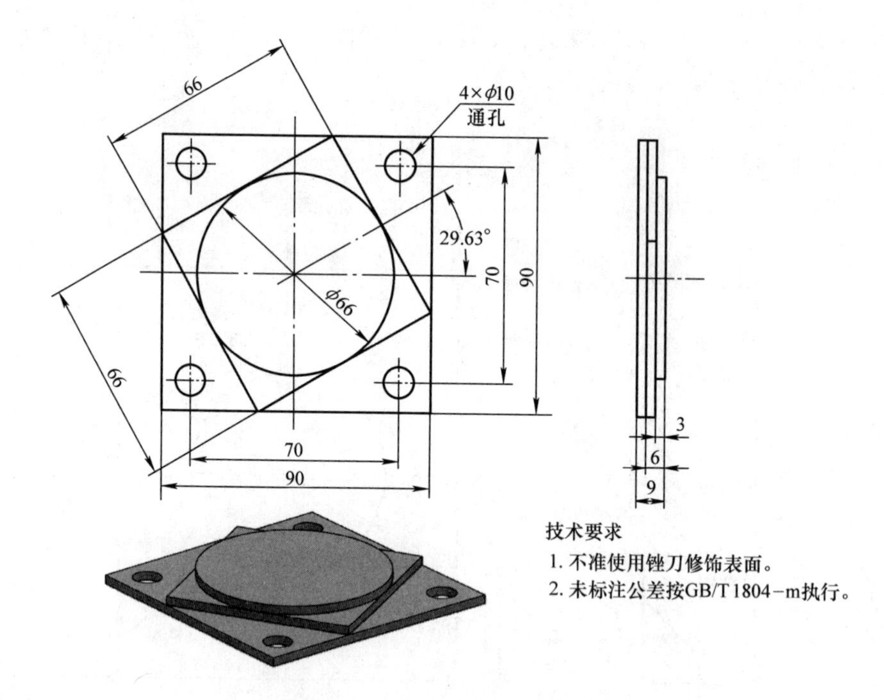

图 4-53　综合加工图样

指令 CYCLE76 和中心钻钻削指令 CYCLE81，还会用到模态调用子程序功能 MCALL。

根据先面后孔、先粗后精的原则，先用刀具 T1（ϕ63mm 方肩铣刀）进行平面铣削、圆形轴颈和方形轴颈的粗加工部分，侧面粗加工余量为 0.3mm，然后用刀具 T2（ϕ10mm 立铣刀）进行精加工，最后用刀具 T3（ϕ10mm 钻头）进行孔的加工。

3. 制订加工方案

数控铣削工艺卡见表 4-10。

表 4-10　数控铣削工艺卡

工序	加工内容	刀具	转速/(r/min)	进给量/(mm/min)	背吃刀量/mm
1	铣平面、粗铣外轮廓	ϕ63mm 方肩铣刀	1500	200	—
2	精铣外轮廓	ϕ10mm 立铣刀	2500	200	0.3
3	钻孔	ϕ10mm 钻头	1000	200	—

4. 编写加工程序并模拟仿真

主程序：li_ 1

```
N10 T1M6                                          ；调用ϕ63mm方肩铣刀
N20 G54 G90 G00 Z100                              ；定义工件坐标系
N30 M3 S1500 F200                                 ；定义主轴转速和进给量
N40 CYCLE71（50,0,5,-0.5,-45,-45,90,90,0,0,0,0,400,12）
                                                  ；铣削平面
N50 CYCLE77（50,-0.5,5,-3.5,66,0,0,0,0.3,0,200,100,2,1,100）
                                                  ；粗加工,铣削方轮廓
N60 CYCLE76（50,-0.5,5,-6.5,66,66,0,0,0,29,0,0.3,0,200,100,2,1,90,90）
```

```
                                                    ；粗加工，铣削圆轮廓
N70 T2 M06                                          ；换刀，选择 φ10mm 立铣刀
N80 G54 G90 G00 Z100
N90 M03 S2500 F200
N100 CYCLE77 (50，-0.5,5，-3.5,66,0,0,0,0.3,0,300,100,2,2,67)
                                                    ；精加工，铣削方轮廓
N110 CYCLE76 (50，-0.5,5，-6.5,66,66,0,0,0,29,0,0,0,300,100,2,2,67,67)
                                                    ；精加工，铣削圆轮廓
N120 T3 M06                                         ；换刀，选择 φ10mm 钻头
N130 G54 G90 G00 Z100
N140 M03 S1000 F200
N150 MCALL CYCLE81 (50，-6.5，3，-13，0)            ；钻孔
N160 X35 Y35
N170 X-35
N180 Y-35
N190 X35
N200 MCALL
N210 M30
```

模拟仿真如图 4-54 所示。

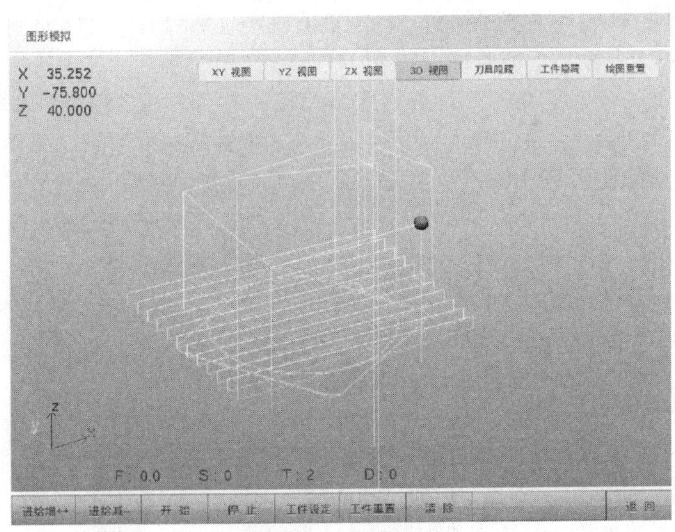

图 4-54　模拟仿真

课 后 习 题

一、选择题

1. 对于 i5-M1.4 加工中心，下面哪种加工类型需要用到 CYCLE81 指令（　　）。

A. 钻一个深度为 5mm 的孔

B. 立铣刀铣一个 φ10mm 的孔

C. 钻一个深度为 50mm 的孔（长径比大于 1∶5）

D. 立铣刀铣一个平面

2. 在机台上面的一个正方向的毛坯上面钻一个孔，加工程序如下：

N10 T3 M6

N20 G90 G00 Z100

N40 X0Y0

N50 CYCLE81（50，0，3，－3，0）

N60 M30

上述程序中缺少几个指令，下列哪个不是必须的（　　）？

A. F200　　B. M03 S1000　　C. G54　　D. M340

3. 使用刚性攻螺纹循环加工一个 M6×1 的螺纹，程序内的转速为 S1290，那么攻螺纹过程中 F 进给值是（　　）。

A. F645　　B. F1290　　C. F1612　　D. F129

4. 使用机床加工一个 M5 的螺纹孔，当丝锥开始向下攻螺纹时，现场工人为了安全起见，将机床面板上的进给倍率旋钮调节至50%。假设程序设定的进给值是 F150，请问这时丝锥向下攻螺纹的实际进给值是（　　）。

A. 150　　B. 100　　C. 200　　D. 50

5. 下列关于使用 CYCLE84 指令循环说法正确的是（　　）。

A. 在程序执行攻螺纹过程中，操作面板上的进给倍率生效

B. 在程序执行攻螺纹过程中，操作面板上的转速生效

C. 在 CYCLE84 指令循环里填写螺距，且正负值决定攻螺纹时主轴转向

D. 在 CYCLE84 指令循环不需要填写转速

6. 下面哪个选项的参数是 CYCLE71 指令循环里没有，需要在主程序内编写的（　　）。

A. 工件切削厚度　　B. 工件材料　　C. 主轴转速　　D. 平面长、宽、夹角

7. 下列哪个选项能使用 CYCLE71 指令循环加工（　　）。

A. 加工凸台轮廓　　B. 加工不规则图形的平面

C. 加工凹槽　　D. 加工内腔平面

8. 下面关于 CYCLE72 指令循环说法错误的是（　　）。

A. 使用 CYCLE72 指令循环必须编写子程序

B. CYCLE72 指令循环的功能包括 CYCLE71

C. 使用 CYCLE72 指令循环时，需要在刀偏表里写入刀具直径

D. CYCLE72 指令中 TRC 是选择刀补的方向，可以选择 G41/G42 和 G40 指令，必须与编程的方向一致，如果不一致就会出现过切的情况

9. 如果加工一个圆形轮廓，刀具沿图形顺时针进给，刀补方向 TRC 参数应该选择(　　)。

A. G40　　B. G41　　C. G43　　D. G42

10. 以下哪一段可能是 CYCLE72 指令（轮廓铣削）中子程序的第一段（　　）。

A. G90 G00 X10 Y10　　B . M3 S500

C. G90 G17　　D. M08

11. i5－M1.4 关于主轴定向功能的说法不正确的是（　　）。

A. 使用 CYCLE86 指令（精镗孔）和 CYCLE84 指令（刚性攻螺纹）的机床主轴必须有主轴定向功能

B. M19SP＝…中 SP 后面的单位是度

C. 执行 CYCLE84 指令（刚性攻螺纹）的时候，主轴会先定向，再以编程的转速进行攻螺纹

D. 执行 CYCLE86 指令（精镗孔）时，如果循环中没有指定主轴停止角度，系统就会报警

二、判断题

1. 使用 CYCLE77 指令在平面中加工 ϕ30mm 圆形轴颈，加工完成后使用卡尺检测发现尺寸只有 ϕ29.8mm，可以通过刀具的直径大小来达到 ϕ30mm 尺寸要求。（　）

2. 使用 CYCLE72 指令铣削轮廓时，当铣削轮廓的深度比较深时，可以通过设置 CYCLE72 指令内部选项实现分层加工。（　）

3. 使用 CYCLE86 指令镗孔时，第一轴返回路径 RPFA 和第二轴返回路径 RPSA 设置越大越好。（　）

4. CYCLE83 指令属于深孔钻削循环，可以选择断屑或者排屑的加工方式。（　）

5. 模态调用子程序 MCALL 指令之间不能改变坐标系，下面例子所示是正确的写法。（　）

```
MCALL CYCLE81(……)
……
TRANS X10
……
MCALL
```

三、编程题

1. 如图 4-55 所示为一个方台，毛坯尺寸为 70mm×70mm×35mm，材料为石蜡，试在数控加工中心上编写程序，完成加工。

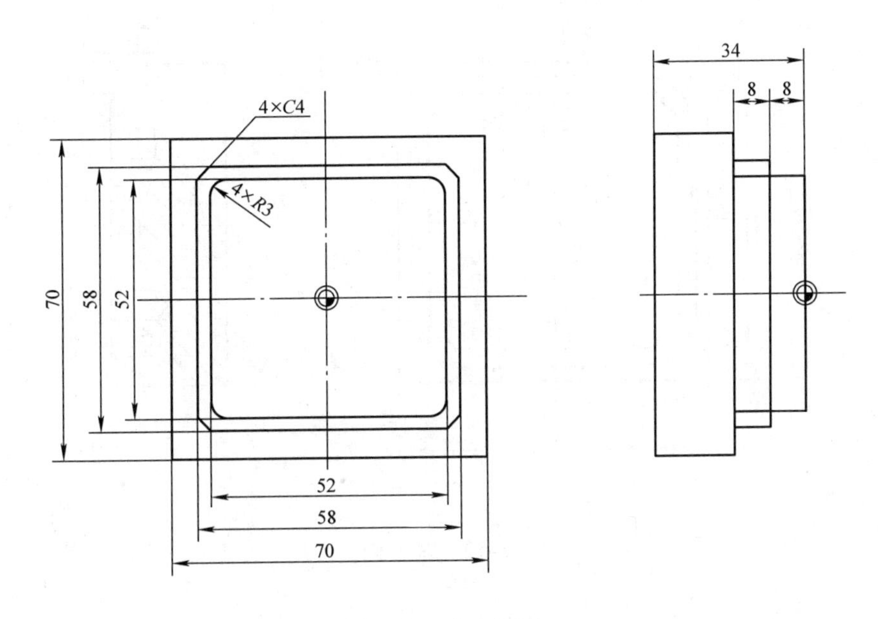

图 4-55　方台图样

2. 如图 4-56 所示为典型综合加工工件，毛坯尺寸为 70mm×70mm×35mm，材料为石蜡，试在数控加工中心上编写程序，完成加工。

3. 如图 4-57 所示为方盘零件，毛坯尺寸为 70mm×70mm×35mm，材料为石蜡，试在数控加工中心上编写程序，完成加工。

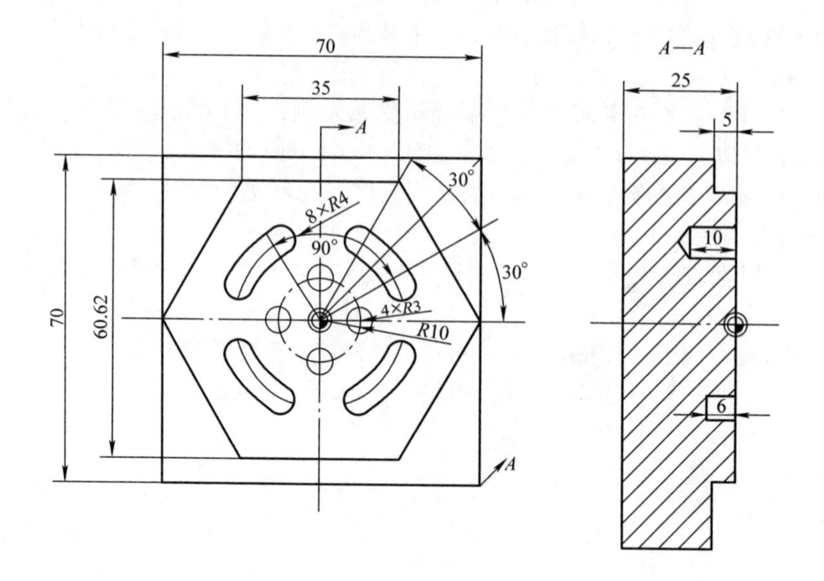

图 4-56　综合加工样件 1

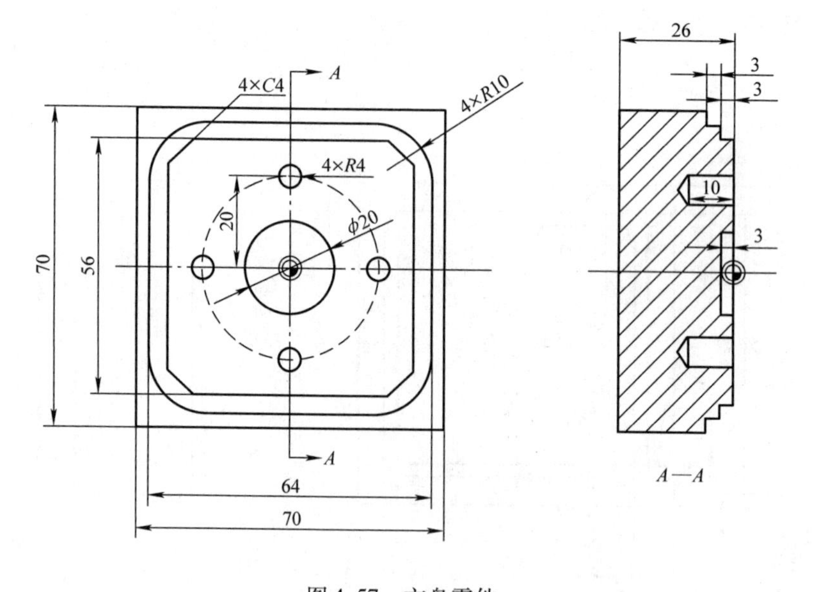

图 4-57　方盘零件

4. 如图 4-58 所示为综合样件，毛坯尺寸为 70mm×70mm×35mm，材料为铝，试在数控加工中心上编写程序，完成加工。

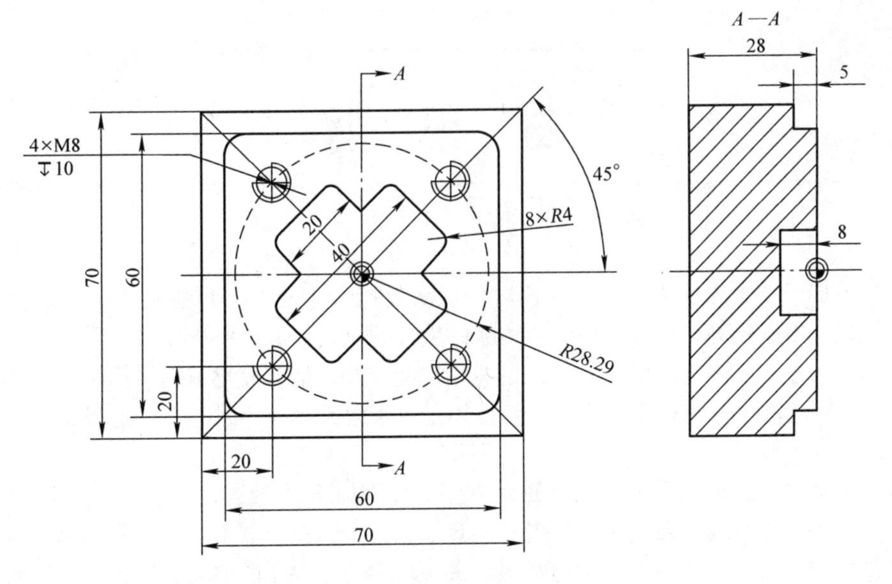

图4-58　综合加工样件2

注：扫描二维码可查看课后习题答案

第5章

宏　程　序

随着数控加工技术的不断发展，企业对各层次数控人才的需求日益旺盛，人们对数控技术重要性的认识也不断提高，而在CAD/CAM软件盛行的今天，生产中往往忽视手工编程，特别是宏程序，而宏程序在实际生产中有着广泛的应用空间，并且能够简化编程，而机床执行此类程序时比CAD/CAM软件生成的程序更便捷，使得加工效率大大提高，因此学习宏程序有更深远的现实意义。

本章第1节主要介绍变量的种类及使用方法，分别以R参数、系统变量、自定义变量为主线，着重介绍子程序参数调用及宏编程指令的意义和用法；第2节主要介绍宏编程中经常使用的运算符、逻辑控制指令以及语法架构等知识，进一步完善宏程序的编写；第3节主要列举实际加工中宏程序的应用案例，分别以圆形腔体铣削、利用立铣刀对矩形进行倒圆角和锥螺纹铣削加工为例，详细讲解零件的加工过程及编程方法。

第1节　变量及参数子程序调用

一、学习目标

1. 了解i5系统中R参数、系统变量、自定义变量的编写格式及使用方法。
2. 掌握子程序的概念和参数传递的用法。
3. 熟练使用3种变量及子程序调用编写简单的数控加工程序。

二、课题任务

任务一：分别利用R参数编写宏程序，求 $1^2+2^2+3^2+\cdots+10^2$ 之和。

任务二：如图5-1所示，请用直线近似法编制渐开线插补程序，不用考虑Z方向位置及刀具补偿，只编出路径即可，保证虚拟机能正常模拟。

$$X=50[\cos\theta+(\theta\pi/180)\sin\theta]$$
$$Y=50[\sin\theta-(\theta\pi/180)\cos\theta]$$

θ的范围是0°~270°，基圆的直径为100mm。

三、准备知识

1. R参数

R参数是NC系统中设置好的一种变量形式，可以理解为一种浮点数类型的全局变量，可以在不同程序之间进行数值的传递。系统中可使用的R参数包括R0到R99，可在R参数界面进行修改，也可在程序中进行赋值。

R参数功能十分强大，可实现数学计算、轴坐标赋值以及界面赋值等功能。下面用一个例子来说明R参数的用法。

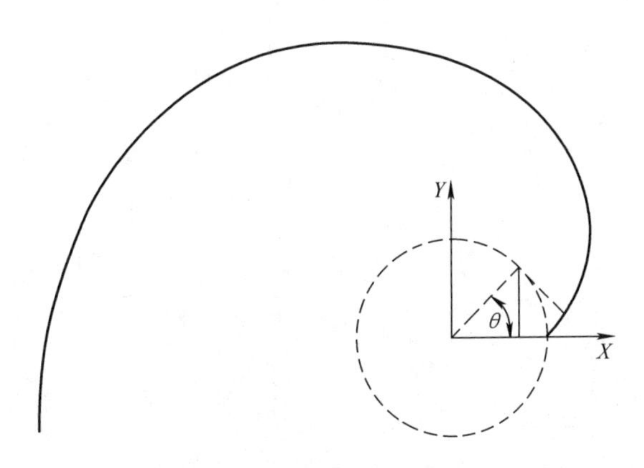

图5-1 渐开线插补程序

注：扫描二维码可查看渐开线插补程序模拟视频

编程示例：

（1）使用R参数计算

```
N10 R1 =  R1 +1                        ；新的R1等于原R1加1
N20 R1 = R2 + R3   R4 = R5 - R6        ；变量之间可进行加、减运算
N30 R7 = R8 * R9   R10 = R11/R12       ；变量之间可进行乘、除运算
N40 R13 = SIN（25.3）                  ；R13等于sin25.3°
N50 R14 = R1 * R2 + R3                 ；先乘除后加减
N60 R14 = R3 + R2 * R1                 ；结果与程序段N50相同
N70 R15 = SQRT(R1 * R1 + R2 * R2)      ；R15等于R1 * R1 + R2 * R2的平方根
N80 R1 =  - R1                         ；新的R1为原R1的负值
```

（2）用R参数为坐标赋值

```
N10 G01 G91 G94 X = R1 Z = R2 F300     ；单独程序段(运行程序段)
N20 Z = R3                             ；R参数坐标赋值Z
N30 X = - R4                           ；R参数坐标赋值X
N40 Z =  SIN(25.3) - R5                ；带算术运算
N50 M30
```

（3）界面赋值　单击系统主界面的“R参数”按钮，进入图5-2所示的R参数界面，即可进行R参数修改，例如图5-2中将R1赋值为“1.000”，将R2赋值为“15.000”。

⚠注意

采用R参数编程还需注意以下几点：

1）在一行程序段中最多可定义3个R参数的值，超过3个系统会报错，例如R1 =1，R2 =3，R3 =5，R4 =7，则系统报错。

2）R参数的赋值形式只可以是实数REAL形式，例如3.23，-0.4，5等，不可以赋值字符及字符串等形式，例如：R1 = ‘A’，R2 = “msedfh”。

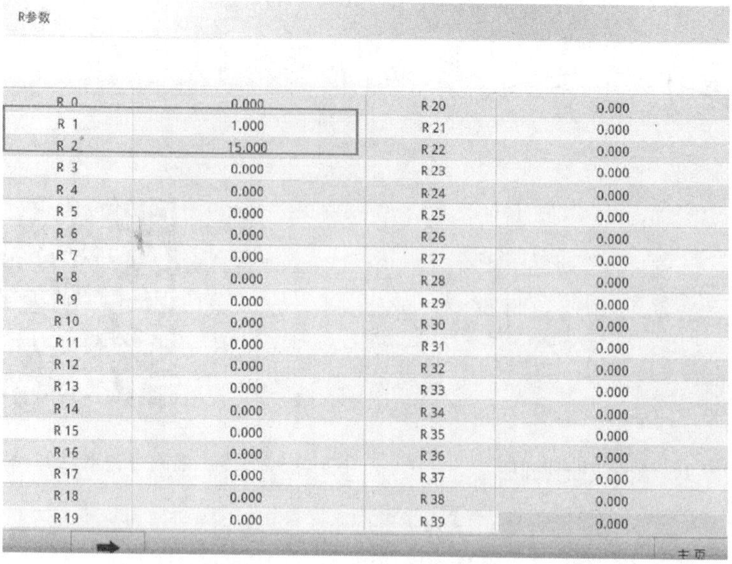

R参数

R 0	0.000	R 20	0.000
R 1	1.000	R 21	0.000
R 2	15.000	R 22	0.000
R 3	0.000	R 23	0.000
R 4	0.000	R 24	0.000
R 5	0.000	R 25	0.000
R 6	0.000	R 26	0.000
R 7	0.000	R 27	0.000
R 8	0.000	R 28	0.000
R 9	0.000	R 29	0.000
R 10	0.000	R 30	0.000
R 11	0.000	R 31	0.000
R 12	0.000	R 32	0.000
R 13	0.000	R 33	0.000
R 14	0.000	R 34	0.000
R 15	0.000	R 35	0.000
R 16	0.000	R 36	0.000
R 17	0.000	R 37	0.000
R 18	0.000	R 38	0.000
R 19	0.000	R 39	0.000

图 5-2　界面赋值 R 参数

2. 系统变量

系统变量是宏程序变量中一类特殊的变量，其定义为数控系统中使用的固定用途和用法的变量，它们的地址是固定对应的，它的值决定着系统的状态。它能获取包含在机床处理器或CNC 内存中的只读或读/写信息，包括机床状态数据或者加工参数等信息。宏程序中还有很多不同功能和含义的系统变量，系统变量对系统功能的二次开发至关重要，它是自动控制和通用加工程序开发的基础。下面列举了一些常见的系统参数，见表 5-1。

表 5-1　常见的系统参数

名称	类型	含　义
$P_ S	REAL	编程的主轴转速
$P_ F	REAL	编程的进给速度
$P_ TOOLNO	INT	当前有效的刀具号
$P_ TOOL	INT	当前有效的补偿号
$P_ TOOLL [n]	REAL	当前有效的刀具长度补偿，对于 G17，$P_ TOOLL [3] 为 *Z* 方向长度；对于 G18，$P_ TOOLL [2] 为 *Z* 方向长度；对于 G19，$P_ TOOLL [1] 为 *Z* 方向长度
$P_ TOOLR	REAL	当前有效的刀尖半径补偿
$P_ AXN1	AXIS	轴类型，代表轴地址，0 为 *X* 轴，1 为 *Y* 轴，2 为 *Z* 轴
$P_ AXN2	AXIS	轴类型，代表轴地址，0 为 *X* 轴，1 为 *Y* 轴，2 为 *Z* 轴
$P_ AXN3	AXIS	轴类型，代表轴地址，0 为 *X* 轴，1 为 *Y* 轴，2 为 *Z* 轴
$P_ EP [AXIS]	REAL	刀尖的理论坐标。当前工件坐标系下的刀尖理论坐标。考虑到增量模式、坐标系变换和换刀等因素，该变量值不一定等于前一程序段的编程值
$METRIC_ SYSTEM	BOOL	是否公制尺寸。TRUE——公制，FLASE——英制
$RADIUS_ COMPENSATION	STRING	刀尖半径补偿。1——G40，2——G41，3——G42

下面用一个例子来说明系统参数的用法。

编程示例1：

根据表5-1中的系统变量，调用常见的系统参数赋值给R参数，以便查看当前的系统设置，例如系统当前设置为T1 D2，刀具半径为5mm，*Z*向刀长为Z15等。

```
N10 G54
N20 T1D2 M06
N30 M03 S500
N40 G00 Z10
N50 G41 G01 X20 Y20 F600
N60 X30
N70 Y40
N80 R1 = $P_ S                          ; R1 值为 500
N90 R2 = $P_ F                          ; R2 值为 600
N100 R3 = $P_ TOOLNO                    ; R3 值为 1
N110 R4 = $P_ TOOL                      ; R4 值为 2
N120 R5 = $P_ TOOLL [3]                 ; R5 值为 15
N130 R6 = $P_ TOOLR                     ; R6 值为 0.1
N140 R7 = $P_ AXN1                      ; R7 值为 0，代表 Z 轴
N150 R8 = $P_ AXN2                      ; R8 值为 1，代表 X 轴
N160 R9 = $P_ AXN3                      ; R9 值为 2，代表 Y 轴
N170 R10 = $P_ EP [0]                   ; R10 值为 30
N180 R11 = $METRIC_ SYSTEM              ; R11 值为 1 ，代表公制
N190 R12 = $RADIUS_ COMPENSATION        ; R12 值为 2 ，代表 G41
N200 G40
N210 M30
```

编程示例2：

下面程序为某立式加工中心实际换刀程序，调用系统参数完成换刀功能。

```
N10 IF $P_ TOOLNO = = $P_ TOOLPRG
N20 MSG ("[INC1001] 目标刀号与当前刀号相同")
N30 RET
N40 ENDIF
N50 MCSON                               ; 切换为 G53 坐标系
N60 SPOS = $" USERDEFSPDPOS0"           ; 此参数为换刀点主轴定向角度
N70 M104                                ; 关闭安全软限位
N80 G00 Z = $" USERDEFPOINT1 Z"         ; 此参数为换刀 Z 轴上行缓冲点坐标 24.9
N90 G4 H0.1
N100 G00 Z = $" USERDEFPOINT0 Z"        ; 此参数为换刀 Z 轴换刀点坐标 105
N110 M101
N120 G00 Z = $" USERDEFPOINT2 Z"        ; 此参数为换刀 Z 轴下行缓冲点坐标 25.1
N130 G4H0.1                             ; 延时 0.1s
N140 G00 Z0
```

```
N150 MCSOF                        ; 关闭 G53 坐标系
N160 M105                         ; 打开安全软限位
N170 M103
N180 RET
```

3. 自定义变量

与大多数计算机语言一样，i5 系统也能自定义变量。一个变量名称可以由字母、数字和下划线组成，且只能使用字母开头，并且变量名称不能与系统“关键字”相同，最好是多个字母组合，防止重复。自定义变量只能在当前程序中生效（用于参数传递除外），所以可以将其理解为局部变量。变量定义有两种形式，一种是单独定义，另一种是连续定义并赋值。

（1）单独定义　DEF 类型 名称 [= 数值]

其中“[ ]”表示选择添加，也就是说可直接添加变量的数值，也可以只定义变量不添加数值。

编程示例：

```
DEF INT ANZAHL            ; 只定义变量 ANZAHL,未赋值
DEF INT ANZAHL = 7        ; 定义变量 ANZAHL 并直接赋值为 7
```

（2）连续定义并赋值　DEF 类型 名称 1 [= 数值 1]，名称 2 [= 数值 2]，名称 3 [= 数值 3] …

编程示例：

```
DEF REAL HH1 =1, HH2 =2, HH3 =3   ; 连续定义 3 个变量，并分别赋值
```

（3）自定义变量的类型

INT：整数型，意即整数的数字，包括负数值。

REAL：实数型，意即带小数的数字，包括整数。

BOOL：布尔型，其值只能是“TRUE”或者“FALSE”。

CHAR：字符型，是与 ASCII 代码相对应的单个字符，用单引号标识。

STRING：字符串型，由多个字符组成的符号串，用双引号标识。

AXIS：轴类型，代表轴地址，0 为 *X* 轴，1 为 *Y* 轴，2 为 *Z* 轴。

编程示例：

```
DEF CHAR FORM = 'A'              ; 字符型赋值
DEF CHAR FORM [2] = ('A','B')
DEF STRING MDG = “ALARMING”      ; 表示定义一个字符串
```

4. 自定义数组

当需要一次定义多个变量并且赋值时，以上定义变量的方法显然慢了许多，i5 系统中可采用数组定义的方法，一次可快速定义多个变量。定义的格式如下：

（1）数组定义

```
DEF CHAR NAME [N, M]
DEF INT NAME [N, M]
DEF REAL NAME [N, M]
DEF AXIS NAME [N, M]
DEF STRING NAME [M]
DEF BOOL NAME [N, M]
```

⚠注意

数组定义还需注意以下两点：

1）数组最多可以由二维尺寸定义，但字符串类型的数组变量只能定义一维尺寸。换一种表达方式：DEF INT NAME [N, M] 这个数组表示一个 N 行 M 列的二维矩阵，最多是二维，DEF INT NAME [N, M, K] 是错误的，因为不能定义三维数组，而对于字符串类型的数组变量，只能像 DEF STRING NAME [M] 这样定义，因为最多是一维的。

2）当数组单元定义完毕后，系统内存将会根据其定义的情况分配地址。在这里需要强调的是：每一个数组单元的地址都是从 [0, 0] 开始，例如，当数组为 3×4 的二维数组时，第一个地址为 [0, 0]，最大可能的数组地址为 [2, 3]。

（2）自定义数组赋值　数组单元可以在程序运行时赋值，也可以在数组定义时进行赋值。

1）定义数组时赋值。

编程示例：

```
DEF REAL FELD [2, 3] = (10, 20, 30, 40)
```

以上程序的真实赋值情况是$\begin{pmatrix} 10 & 20 & 30 \\ 40 & 0 & 0 \end{pmatrix}$，当赋值没有完全填满矩阵时，默认值为“0”。其中 FELD [0, 0] 表示地址 1 行 1 列的值是 10，其中 FELD [1, 1] 表示地址 2 行 2 列的值是 0，依此类推。

2）程序运行时赋值。

编程示例：

```
DEF REAL FELD [2, 3]
FELD [0, 0] = 10        ; 表示将第 1 行 1 列矩阵赋值为 10
FELD [0, 1] = 20        ; 表示将第 1 行 2 列矩阵赋值为 20
……
```

3）使用“SET”关键字从指定的单元开始连续赋值。

编程示例：

```
DEF REAL FELD [2, 3]
FELD [0, 1] = SET (10, 20, 30, 40)
```

表示从地址 [0, 1] 开始，有多少初值被编程就有多少数组单元被赋值，没有赋值的单元会自动被填上 0。假设 FELD [2, 3] 是 2 行 3 列矩阵，那么它的赋值结果为$\begin{pmatrix} 0 & 10 & 20 \\ 30 & 40 & 0 \end{pmatrix}$，如果赋值数量超过数组单元数，就会触发系统报警。

4）使用“REP”关键字对数组赋予相同的数值。

编程示例：

```
DEF REAL FELD [10, 3] = REP (9.9)
```

以上定义中，所有数组单元均为 9.9，或者可以在程序运行中进行定义。

编程示例：

```
N10 DEF REAL FELD [2, 3]
N20 FELD [0, 0] = REP (10)
N30 FELD [1, 0] = REP (-10)
```

程序段 N10 表示首先定义一个矩阵 2 行 3 列，程序段 N20 表示将从地址 [0, 0] 开始全部赋值为10，也就是$\begin{pmatrix}10&10&10\\10&10&10\end{pmatrix}$，程序段N30表示从地址［1，0］开始，将其之后的值赋值为－10，也就是$\begin{pmatrix}10&10&10\\-10&-10&-10\end{pmatrix}$。

i5系统三类变量区别见表5-2。

表5-2　三类变量区别

变量名称	读写	区别	示例
R参数	可读可写	系统提供的全局变量，可在任何程序中使用，值可保存，下电不丢失	R0～R99 R1 ＝ 10 R2 ＝ R1＋R3
系统变量	可读、部分可写	CNC系统运行时的变量，用来存储刀具参数、位置、当前状态等信息	$T_ TRADIUS_ D1［1］ $T_ L2_ D1［1］ $AXSZEROOFFSET［X］
自定义变量、数组	可读可写	属于用户定义的局部变量。只在被定义的程序中可以使用。可以用来运算、赋值、传递参数等。程序结束即失效，不能保存	DEF INT DGHUIO ＝9 DEF REAL FELD［3，2］

5. 子程序

（1）子程序定义　当程序中多次出现相同的加工形状时，可以把这个加工形状编成一个程序，该程序称为子程序，这种子程序称为标准子程序。子程序的另一种形式就是参数子程序，通过对子程序中规定的计算参数赋值，就可以实现各种具体的加工，如平面铣削循环、轮廓铣削循环等都是通过参数子程序的形式对加工参数进行赋值的。原则上主程序和子程序之间并没有区别，零件加工主程序也可作为子程序被调用。

注意

子程序定义还需注意以下几点：

1）子程序名可以自由选择，但必须符合相关规定。

2）子程序必须在单独的文件中进行编程，在需要时可使用CALL指令进行调用。

3）子程序结尾可以用RET返回到程序调用处。

（2）子程序的分类

1）标准子程序：不带参数的子程序，可以被主程序和其他子程序调用。

2）参数子程序：调用参数子程序时，通过传递参数给子程序来实现具体功能，参数子程序中开头处必须有PROC，结尾处有RET。

编程示例：

```
PROC SUN（TYPE1 VAR1，TYPE2 VAR2，…）
…
RET
```

（3）子程序调用　在一个程序中可以直接用程序名调用子程序。如果要求多次连续地执行某一子程序，则在编程时必须在所调用子程序的程序名后对地址P进行数次编程，最大次数为99次。

编程格式（标准子程序的调用，后面的（　）可以省略）：

```
N10 WELLE7(   ) P3                ; 调用子程序 WELLE7 3 次
或 N10 CALL WELLE7(   ) P3        ; 调用子程序 WELLE7 3 次
```

编程示例：

主程序：ZM1

```
N10 G90 G94 F100
N20 T2 D1 M06
N30 M03 S500
N40 G00 X0 Y0 Z1
N50 CALL YIPER P1          ; 第一次调用子程序
N60 G00 X0 Y -30
N70 CALL YIPER P1          ; 第二次调用子程序
N80 G00 X0 Y -60
N90 CALL YIPER P1          ; 第三次调用子程序
N100 G00 X0 Y -90
N110 CALL YIPER P1         ; 第四次调用子程序
N130 G00 Z100
N140 M30
```

子程序：YIPER. iso

```
N10 G00 G91 Y -10
N20 G01 Z -1
N30 G02 J -10
N40 G90 G00 Z5
N50 RET
```

注意

子程序调用还需注意以下几点：

1）被调用的子程序必须与主程序在同一目录下。子程序调用要求占用一个独立的程序段。

2）在退出子程序后，主程序中必须重新进行机床基本状态定义（G91/G90、G71/G70 等）。

3）子程序的名称是区分大小写的，扩展名必须是小写 iso。

（4）程序嵌套深度　子程序不仅可以从主程序中调用，也可以从其他子程序中调用，这个过程称为子程序的嵌套。子程序嵌套流程如图 5-3 所示。

编程示例：

主程序：AA

```
N10 G54 G90
N20 T1 M66
N30 M3 S1000
N40 G00 Z100
N50 X0Y0
N60 G00 Z2
N70 CALL aa                ; 调用子程序 aa
```

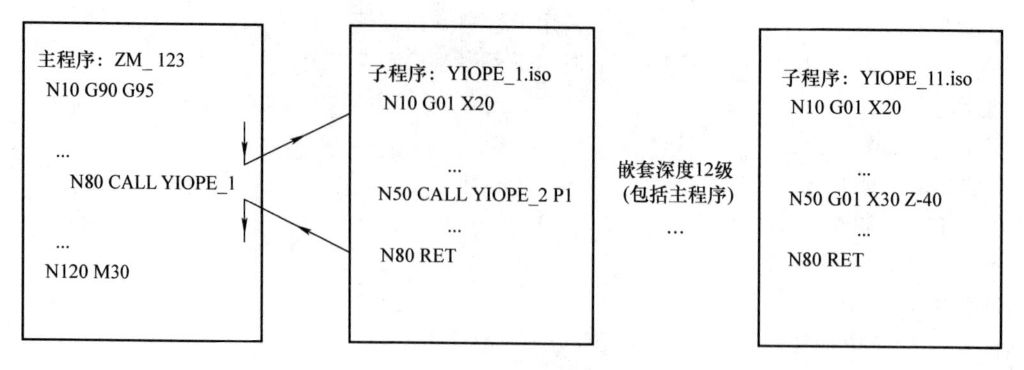

图 5-3　子程序嵌套流程图

```
N80 G00 Z100
N90 M30
子程序 1：aa. iso
N10 TRANS X50 Y0
N20 CALL bb                ；调用子程序 bb
N30 ATRANS X0 Y50
N40 CALL bb                ；调用子程序 bb
N50 RET
子程序 2：bb. iso
N10 G00 X0 Y0
N20 G00 X = IC(10)
N30 G90 G01 Z -2 F100
N40 G02 I = IC( -10)
N50 G00 Z1
N60 X = IC( -10)
N70 RET
```

（5）子程序参数传递　子程序参数传递分为两种形式，按值传递和按地址传递。按值传递的参数仅作为输入参数，在被调用子程序中参与计算，即使其值发生变化也不反馈回上层程序。而按地址传递的参数作为输入输出参数，在被调用子程序中参与计算后，其值将重新返回至上层程序。为实现参数的按地址传递，只需在被调用子程序的对应参数前加上“VAR”关键字即可。子程序参数传递流程如图 5-4 所示。

编程示例：

```
主程序：ZM1
N10 DEF INT Par1 =10          ;自定义变量,并赋值
N20 DEF INT Par2 =20
N30 SUB2( Par1 ,Par2)         ；调用子程序并且参数传递
N40 MSG( Par1 )
N50 MSG( Par2 )
子程序：SUB2. iso
PROC SUB2( VAR INT Par1 ,INT Par2)
```

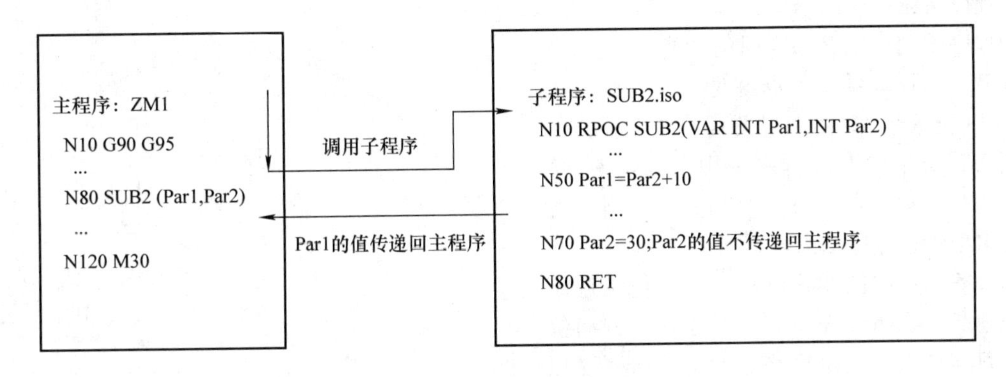

图 5-4 子程序参数传递流程图

```
N10 Par1 = Par2 + 10
N20 Par2 = 30
N30 RET
```

程序说明：

在主程序中定义两个整数型变量并赋值 Par1 = 10，Par2 = 20，当主程序中执行到第 N30 段 SUB2（Par1，Par2）时，则调用子程序 SUB2，在子程序中 VAR INT Par1 是按地址传递的，INT Par2 是按参数值传递的，子程序执行完毕后，返回主程序，MSG（Par1）、MSG（Par2）表示在界面上方显示 Par1 和 Par2 的最终值，结果是 Par1 = 30，Par2 = 20，因为 Par2 是按值传递的，最终结果传递不到主程序中，而 Par1 是按地址传递的最终值传递回主程序中。

注意

子程序参数调用还需注意以下几点：

1）子程序参数传递示例中 N30 段，SUB2（Par1，Par2）与子程序名称“SUB2. iso”相对应，两者必须一致，否则系统无法找到子程序。

2）在子程序中“VAR”设置的参数是按地址传递的，其余的参数是按值传递的。

3）参数子程序 PROC 语句前不允许添加程序段号，例如：N10 PROC（…）。

四、课题实施

任务一：分别利用 R 参数编写宏程序，求 $1^2+2^2+3^2+\cdots+10^2$ 之和。（程序中的 IF... GOTO 语句将会在本章程序构架中讲解，这里只简单介绍）

编写程序：

```
N10 R1 = 0                  ; 解的初始值
N20 R2 = 1                  ; 加数的初始值
N30 IF(R2 > 10) GOTO 70     ; 加数超过 10 时就跳转至 N70
N40 R3 = R2 * R2            ; 加数的平方
N40 R1 = R1 + R3            ; 计算解
N50 R2 = R2 + 1             ; 下一个加数
N60 GOTO 30                 ; 转移到 N30
N70 M30                     ; 程序结束
```

程序解析：

程序中利用了R参数赋值功能，R1用来保存最终的计算结果，也就是$1^2+2^2+3^2+\cdots+10^2$之和。R2用来定义真实变化值，也就是从1变化到10。程序中用IF(R2>10) GOTO 70语句，表示当R2值超过10时，直接跳出程序，程序结束。

任务二：如图5-5所示，请用直线近似法编制渐开线插补程序，不用考虑Z方向位置及刀具补偿，只编出路径即可，保证虚拟机能正常模拟。

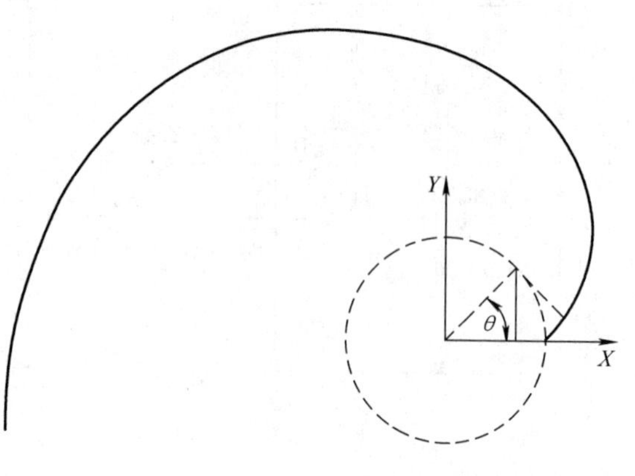

图5-5　渐开线插补程序

$$X=50[\cos\theta+(\theta\pi/180)\sin\theta]$$

$$Y=50[\sin\theta-(\theta\pi/180)\cos\theta]$$

θ的范围是0°~270°，基圆的直径为100mm。

编写程序：

```
N10 DEF REAL SAITA =0                  ；定义起始角度为0°
N20 DEF REAL XX1 YY1                   ；定义XX1、YY1两个变量
N30 WHILE SAITA < =270                 ；当SAITA角度≤270°时,执行WHILE至END-
                                        WHILE之间的语句
N40 XX1 =50 * (COS(SAITA) + (SAITA * 3.14/180) * SIN(SAITA))
                                       ；计算X方向值
N50 YY1 =50 * (SIN(SAITA) - (SAITA * 3.14/180) * COS(SAITA))
                                       ；计算Y方向值
N60 G01 X = XX1 Y = YY1 F300           ；直线插补,逼近曲线
N70 SAITA = SAITA +1                   ；变量增加1°
N60 ENDWHILE                           ；循环结束
N70 M30                                ；程序结束
```

程序说明：

程序中利用了自定义变量赋值功能，将起始角度SAITA定义为0°，同时定义了XX1、YY1两个变量，用于承接X、Y方向的插补值，例题中用了WHILE...ENDWHILE语句，大家可以先把它理解为一个循环，只要满足WHILE后面的条件，会一直执行WHILE...ENDWHILE的语句，如果不满足条件，会直接执行ENDWHILE后的语句。在循环之间，只需要将变量角度SAITA代入公式即可。

第2节　运算、控制指令及程序架构

一、学习目标

1. 进一步了解宏程序编程基本知识。
2. 掌握基本运算和控制指令的使用方法。
3. 熟练组合使用不同指令编写完整宏程序。

二、课题任务

加工图5-6所示椭圆轮廓，椭圆的长半轴为40mm，短半轴为25mm（工件原点在椭圆中心处，刀具半径为5mm），试编写加工程序。

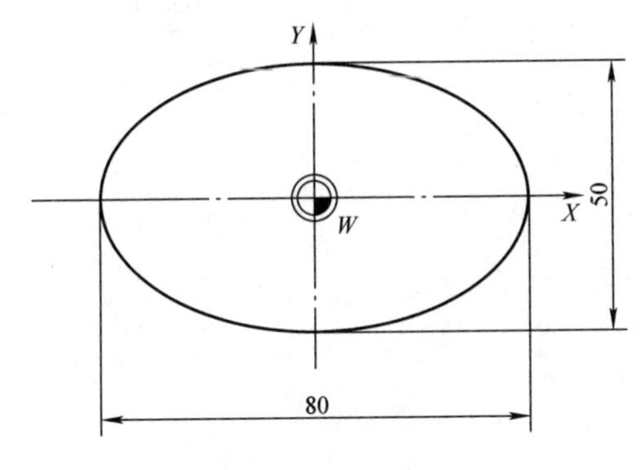

图5-6　椭圆轮廓

注：扫描二维码可查看椭圆轮廓模拟视频

三、制订加工方案

铣削工艺卡见表5-3。

表5-3　铣削工艺卡

工序	加工内容	刀具	转速/(r/min)	进给量/(mm/min)	背吃刀量/mm
1	铣削椭圆轮廓	ϕ10mm 立铣刀	1000	200	0.5

四、准备知识

1. 运算符

i5系统中自带了很多运算符，以方便客户根据实际切削状况，使用各种运算方法完成最终的程序编写。运算符包括：计算指令、比较运算符和逻辑运算符，具体含义见表5-4和表5-5。

表5-4　计算指令

函　数	含义	编程示例	说明
+	加法	R1 = 20 + 1	R1 = 21
-	减法	R2 = R3 - R4	R2 等于 R3 与 R4 之差
*	乘法	R5 = R6 * R7	R5 等于 R6 与 R7 之积
/	除法	R8 = 9/3	R8 = 3
DIV	两数相除，结果取整	R9 = 7 DIV 3	R9 = 2

（续）

函　数	含义	编程示例	说明
MOD	两数相除，结果取余	R10 = 11 MOD 4	R10 = 3
SIN（ ）	正弦，括号内参数单位为度	R11 = SIN（30）	R11 = 0.5
COS（ ）	余弦，括号内参数单位为度	R12 = COS（0）	R12 = 1
TAN（ ）	正切，括号内参数单位为度	R13 = TAN（45）	R13 = 1
ASIN（ ）	反正弦，计算结果单位为度	R14 = ASIN（0.5）	R14 = 30
ACOS（ ）	反余弦，计算结果单位为度	R15 = ACOS（0）	R15 = 1
ATAN（ ）	反正切，计算结果单位为度	R16 = ATAN（1）	R16 = 1
SQRT（ ）	平方根	R17 = SQRT（16）	R17 = 4
ABS（ ）	绝对值	R18 = ABS（ -5）	R18 = 5
POT（ ）	二次幂（平方）	R19 = POT（6）	R19 = 36
TRUNC（ ）	取整数	R20 = TRUNC（3.75）	R20 = 3
LN（ ）	自然对数	R21 = LN（1）	R21 = 0
EXP（ ）	指数函数	R22 = EXP（0）	R22 = 1

表 5-5　比较运算符和逻辑运算符

函　数	含义	编程示例	说明
= =	等于	R1 = = R2	R1 等于 R2
! =	不等于	R3！ = R4	R3 不等于 R4
>	大于	R5 > R6	R5 大于 R6
<	小于	R7 < R8	R7 小于 R8
> =	大于或等于	R9 > = R10	R9 大于等于 R10
< =	小于或等于	R11 < = R12	R11 小于等于 R12
&&	与	IF R13 > = 10&& R14 < = 12 GOTOB 10	当 R13≥10 同时满足 R14≤12 时，程序跳转到 N10
‖	或	IF R15 > = 10 ‖ R16 < = 12 GOTOB 10	当 R15≥10 或者 R16≤12 时，程序跳转到 N10
!	非	IF ! $METRIC_ SYSTEM GOTO 10	如果当前不是公制模式，跳转到程序段 N10

2. 程序跳转

NC 程序段在运行过程中是按照写入时的顺序依次执行的，如果程序在执行过程中，需要跳过某些语句执行目标语句，可以通过插入“程序跳转指令”来改变执行顺序，程序跳转过程的流程图如图 5-7 所示。

编程格式：

LABEL0：R1 = R2 + R3　　　　；LABEL0 是标记符，跳转至目标程序段

…

N100 GOTOF LABEL 1　　　　；跳转至 LABEL 1 程序段

其中，LABEL 是跳转的“标记目标”，用于指定跳转的位置；GOTOF 是跳转指令，用于实现跳转功能。

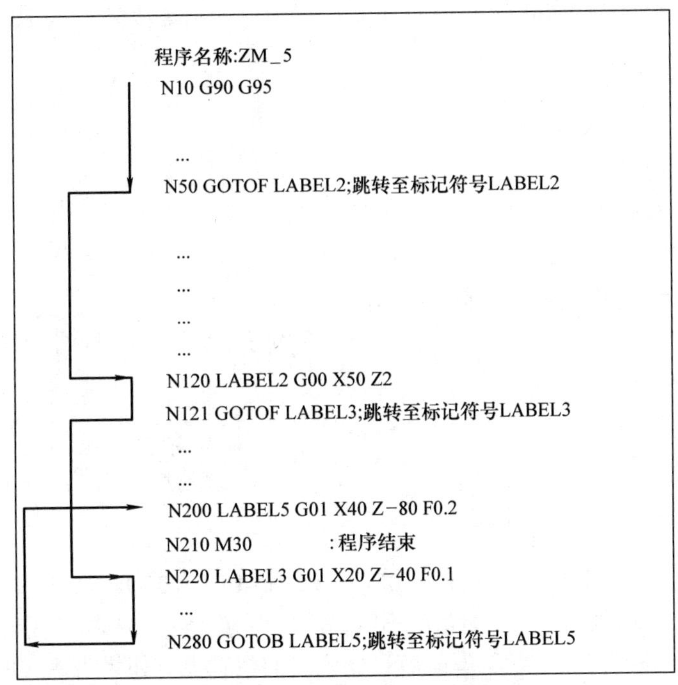

图5-7 程序跳转指令流程图

注意

程序跳转还需注意以下几点：

1）跳转目标有两种：一种是标记符，例如 LABEL 1；另一种是程序段号，例如 N100。

2）标记符可以自由选取，但必须符合相关规定（与程序名称相同），标记符后面必须跟冒号，并且必须位于程序段段首，如果程序段有段号 N，则后面无须加冒号。

3）跳转指令必须占用一个独立的程序段。

程序跳转指令可以分为：无条件跳转（GOTO 语句）和条件跳转（IF 语句）。

1）无条件跳转（GOTO 语句）。

编程格式：

```
GOTOF Label        ；向前跳转(程序结束的方向)
GOTOB Label        ；向后跳转(程序开始的方向)
GOTO Label         ；向前向后跳转皆可
```

2）条件跳转（IF 语句）。用 IF 条件语句表示有条件跳转，如果满足跳转条件，则进行跳转。跳转目标只能是有标记符或程序段号的程序段。该程序段必须在此程序之内。有条件跳转指令必须是独立的程序段。

编程格式：

```
IF 条件 GOTOF Label        ；如果条件成立，向前跳转
IF 条件 GOTOB Label        ；如果条件成立，向后跳转
```

编程示例：

```
N10 IF R1 GOTOF LABEL1        ；如果 R1 不为空，则跳转至 LABEL1 的程序段
G00 X30 Y30
N90 LABEL1：G00 X50 Y50
```

```
N100 IF R1 >1 GOTOF LABEL2        ；如果 R1 大于 1，则跳转至 LABEL2 的程序段
G00 X40 Y40
N150 LABEL2
G00 X60 Y60
G00 X70 Y70
N800 LABEL3：G00 X80 Y80
G00 X100 Y100
N1000 IF R45 = = R7 +1 GOTOB LABEL3
                                  ；如果 R45 恒等于 R7 与 1 之和，则跳转至 LABEL3 的
                                    程序段
M30
```

3. 程序架构

1）CASE 语句。

编程格式：

CASE 表达式 OF 常量 1 GOTOF LABEL1... DEFAULT GOTOF LABEL*n*

CASE－OF 模块能够根据其后常量值的不同，进行相应跳转。被 CASE 指令检测的表达式具有什么值，程序就转移到对应常量所属跳转目标确定的位置上。如果表达式的值不在常量列表中，则使用 DEFAULT 指令确定跳转目标。流程图如图 5-8 所示。

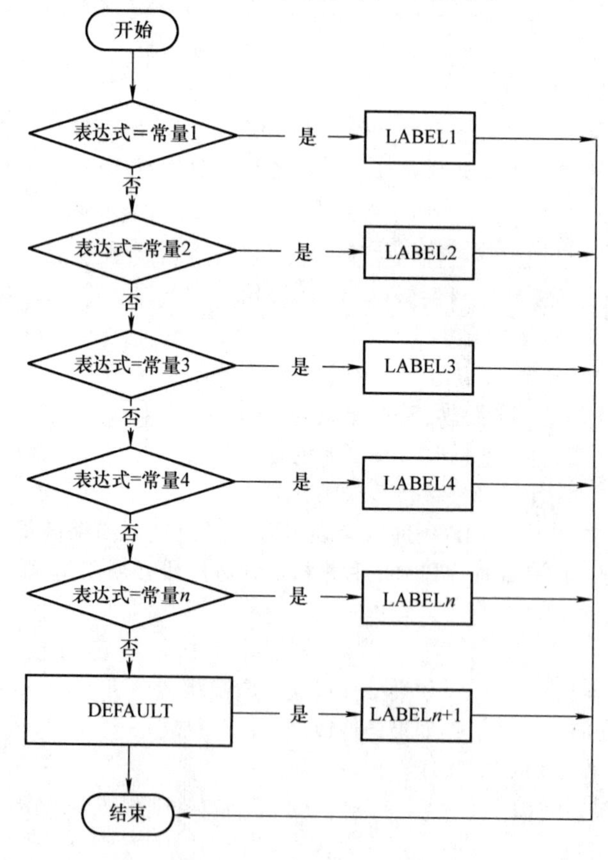

图 5-8　CASE 语句流程图

注意

使用 CASE 语句时还需注意以下几点：

1）如果 DEFAULT 指令没有被编程，且表达式的值不是执行语句前的任何一个值，则紧跟在 CASE 指令之后的程序段将成为跳转目标。

2）CASE 指令后面的表达式会产生相应的判定值，i5 系统对这个判定值是并行处理的。

编程示例（流程图如图 5-9 所示）：

```
DEF INT VAR1, VAR2
CASE (VAR1 + VAR2) OF 7 GOTOF MARK1 9 GOTOF MARK2 DEFAULT GOTOF MARK3
MARK1: G00 X1 Z1            ;VAR1 + VAR2 =7 跳转到 MARK1
MARK2: G00 X2 Z2            ;VAR1 + VAR2 =9 跳转到 MARK2
MARK3: G00 X3 Z3            ;VAR1 + VAR2≠7 或 9 跳转到 MARK3
```

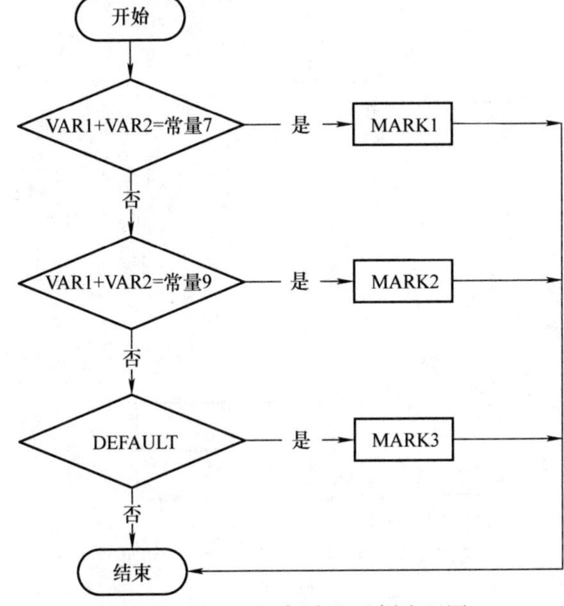

图 5-9 CASE 语句编程示例流程图

2）IF 语句。

编程格式：

```
IF 表达式
NC 程序段
ELSE
NC 程序段
ENDIF
```

IF－ELSE－ENDIF 模块用于二选一，如果表达式的值为 TRUE，则执行 IF 分支中的程序模块，否则 ELSE 分支被执行。这个 ELSE 分支可以取消。流程图如图 5-10 所示。

编程示例（流程图如图 5-11 所示）。

```
N10 G94 G90 G54                 ; 定义坐标系
N20 T3D1 M06
```

```
N30 G00 Z10 X0 Y0
N40 R1 =$T_ TRADIUS_ D1［3］          ；将刀具直径值赋值给 R1
N50 IF（R1≥4.9）&&（R1≤5.1）         ；条件判断 R1（刀具直径）的值是否满足（4.9≤R1
                                       ≤5.1），如果满足条件，则执行 IF～ELSE 程序，
                                       如不满足，则执行 ELSE～ENDIF 之间的程序
N60 G01 Z-2 F500
N70 ELSE
N80 MSG（" WRONG"," 刀补输入值超出允许范围"）
N90 M02
N100 ENDIF
N110 X50 Y50
N120 G00 X=IC（10）
N130 G90 G01 Z-2 F100
N140 G02 I=IC（-10）
N150 G00 Z100
N160 M30
```

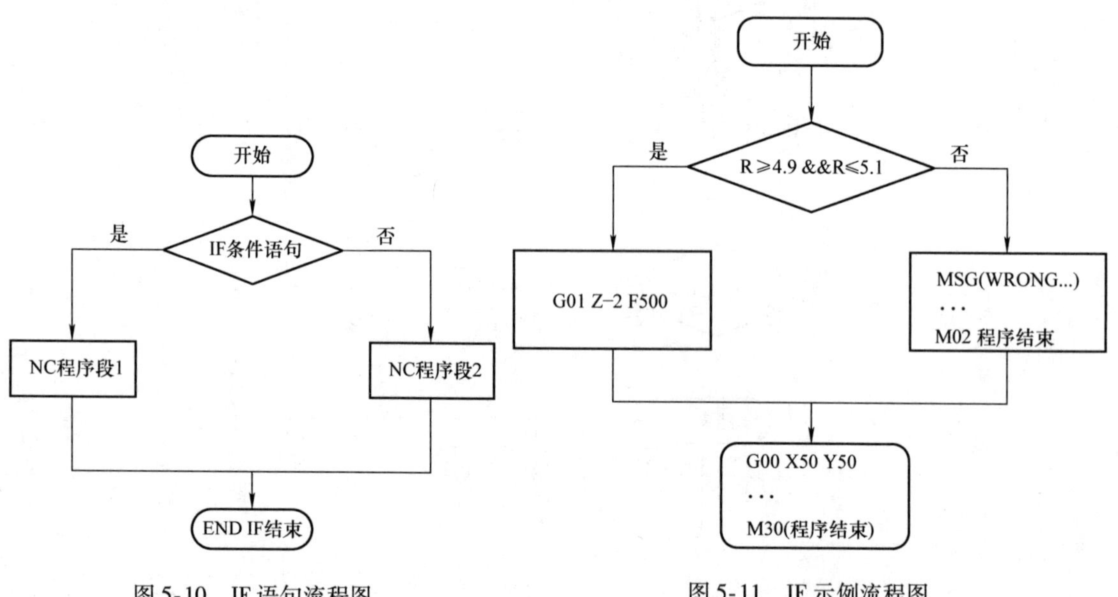

图 5-10　IF 语句流程图　　　　图 5-11　IF 示例流程图

3）WHILE 语句。

编程格式：

WHILE 表达式

NC 程序段

ENDWHILE

WHILE-ENDWHILE 模块用于实现程序循环，只要表达式的值为 TRUE，则 WHILE 循环就被执行。要想跳出循环，需要在结构体中不断修改表达式的值，直到其为 FALSE，流程图如图 5-12所示。

编程示例（流程图如图5-13所示）：

```
DEF INT NUM =0          ；定义整数 NUM 等于 0
R1 =5                   ；将 5 赋值给 R1
WHILE NUM < R1          ；当 NUM 小于 R1 值时执行以下循环
G501 X = -100 * NUM     ；每次循环 X 坐标的偏移量是 -100 乘以 NUM
…
T1 D1
M03 S600
G94 F200
G00 X0 Y0
…
G500                    ；取消偏移
NUM = NUM + 1           ；NUM 每次更新 1
ENDWHILE                ；循环结束
M05
M30
```

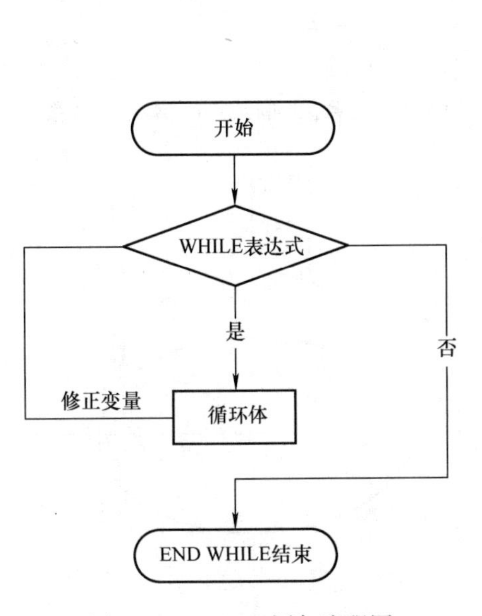

图5-12 WHILE语句流程图

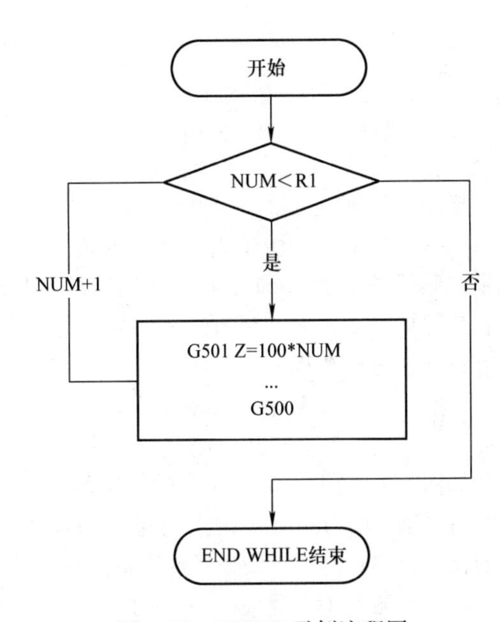

图5-13 WHILE示例流程图

注意

1）对于编写“步进循环”形式的宏程序，尽量使用 WHILE...ENDWHILE 语句，减少使用 IF...GOTO 跳转语句，这样会使程序清晰易懂，而 CASE...OF 语句主要用于判断结果产生很多分支的时候，CASE...OF 语句可以最大程度上简化编程。

2）IF 语句只能对表达式的两种情况做出判断，即“是”或者“不是”。如果表达式有多种情况，就要采用嵌套复合的 IF 语句，这样给编程带来了一些不方便，同时也为以后的阅读程序、修改程序带来不便，这时可以使用 CASE...OF 语句。

五、课题实施

加工图 5-14 所示椭圆轮廓，椭圆的长半轴为 40mm，短半轴为 25mm（工件原点在椭圆中心处，刀具半径为 5mm），试编写加工程序。

编程思路：

如图 5-15 所示，当工件的切削轮廓是非圆曲线时，就不能直接用直线或是圆弧插补指令来编程。这时可以采用插补的原理，将非圆曲线分成若干个微小的线段，每个小线段用直线或是圆弧插补来近似表示这一非圆曲线。如果分成的线段足够小，则这个近似的曲线就能够满足非圆曲线的轮廓精度要求。

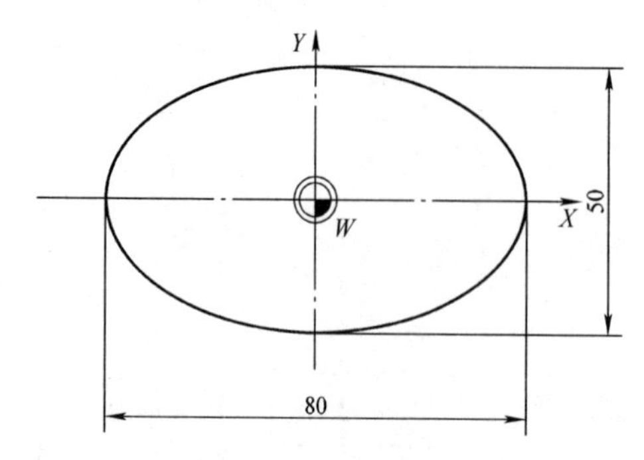

图 5-14　椭圆轮廓图样

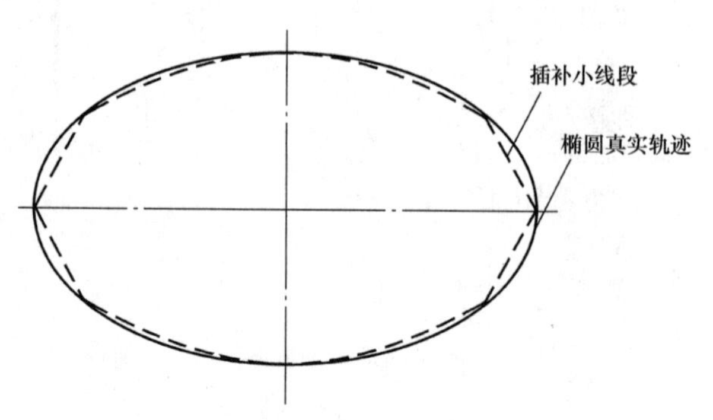

图 5-15　小线段插补逼近椭圆轮廓示意

椭圆有两种方程，一种是椭圆的标准方程 $X^2/a^2+Y^2/b^2=1$，其中 a 表示椭圆的长半轴，也就是课题任务中的 40mm，b 表示椭圆的短半轴，也就是课题任务中的 25mm；另一种是椭圆的参数方程（极坐标方程）：

$$X=a\times\cos\beta$$
$$Y=b\times\sin\beta$$

如图 5-16 所示，a 为椭圆的长半轴，b 为椭圆的短半轴，β 为椭圆上的点与圆心的连线与 X 轴的夹角，逆时针为正，顺时针为负。

在铣削加工中，我们一般采用参数方程的编程方式，以 β 为自变量，X、Y 值为因变量，这样可以保证自变量是完全单调递增的（0°~360°的范围），会给编程带来很大方便。

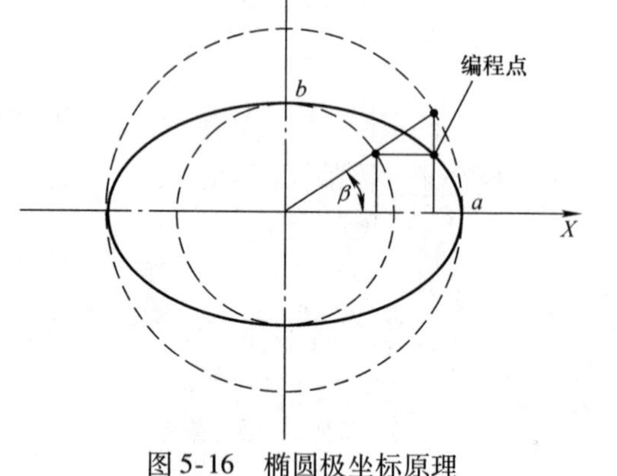

图 5-16　椭圆极坐标原理

程序：TUOYUAN

```
N0 DEF REAL RR1 =0                 ；椭圆旋转角度
N5 DEF REAL RR22 RR33              ；X、Y 值
N10 G17 G40 G90 G94 G54            ；定义模态信息
N20 T1 D1 M06                      ；调用刀具
N30 G00 Z100                       ；抬刀
N40 M3 S1000                       ；定义主轴正转
```

```
N50 G42 G00 X60 Y0                ；加刀具半径补偿
N60 G00 Z2
N70 G01 Z-2 F200
N80 X40 Y0                        ；进刀点
N90 WHILE RR1 < =360              ；循环判断语句
N100 RR22 =40 * COS(RR1)          ；X值
N110 RR33 =25 * SIN(RR1)          ；Y值
N120 G01 X = RR22 Y = RR33 F300   ；联动插补
N130 RR1 = RR1 +1                 ；自变量每次加1°
N140 ENDWHILE                     ；循环结束
N150 G40 G00 X60 Y0               ；退刀
N160 Z100                         ；抬刀
N170 M30                          ；程序结束
```

模拟仿真如图5-17所示。

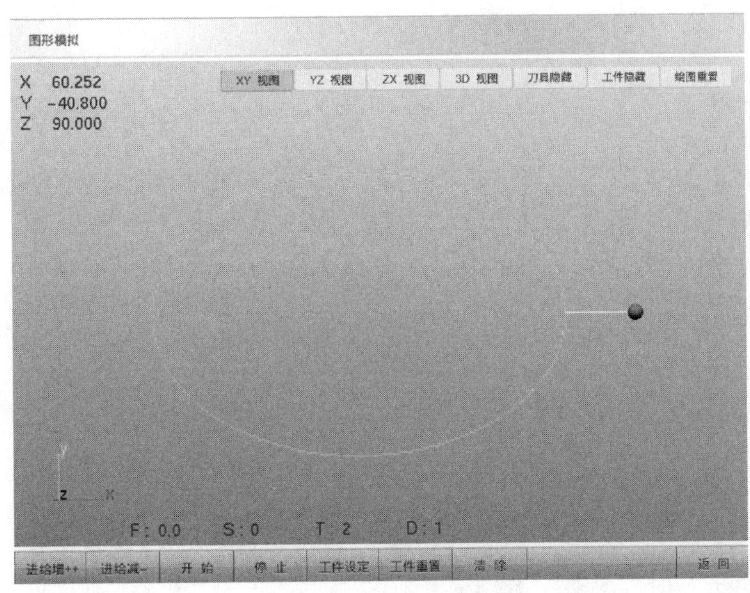

图5-17　模拟仿真

六、知识扩展

在上面的案例中，编写的是椭圆的曲线轨迹，如果椭圆有高度呢？例如高度是10mm的椭圆凸台，铣刀不能一刀完成切削，需要多刀切削。另外案例中的铣刀进、退刀的时候采用的是直线进刀，在实际加工中这种进刀方式极有可能产生“过切”。那么我们应该如何编程呢？下面以图5-18所示零件为例进行介绍。

编写程序：

```
N10 G17 G40 G90 G94 G54           ；定义模态信息
N20 T1 D1 M06                     ；调用刀具
N30 G00 X0 Y0 Z100                ；刀具定位
```

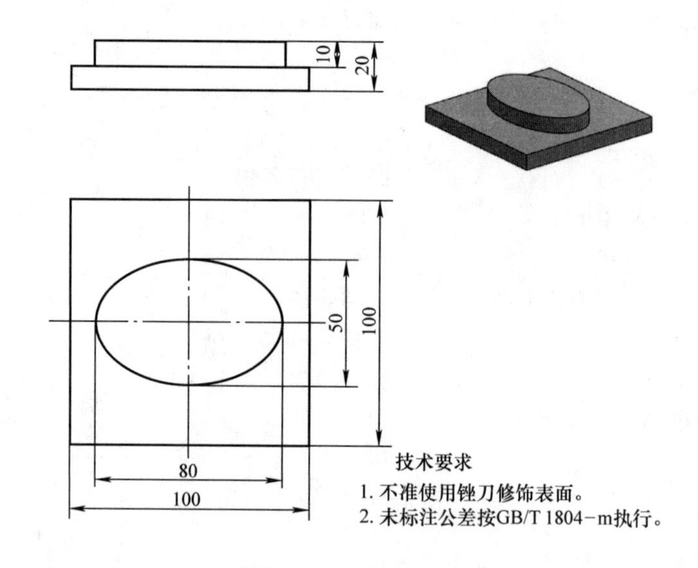

图 5-18　真实椭圆零件的加工

```
N40 M3 S1000
N50 G00 Z5
N60 DEF REAL RR4 = 1                            ; 椭圆高度自变量初始赋值
N70 DEF REAL RR5 = 5                            ; 刀具半径
N80 DEF REAL RR6 = 10                           ; 加工椭圆总高度
N90 DEF REAL RR7 = 0                            ; 椭圆角度变量初始赋值
N100 DEF REAL RR11 RR12                         ; 定义X、Y的值
N110 WHILE RR4 < = 10
N120 G00 X = 40 + 2 * RR5 Y0                    ; 定位到切入点
N130 G41 G00 Y = -2 * RR5                       ; 添加刀补
N140 G01 Z = -RR4   F = 1000                    ; Z向下刀
N150 RR7 = 0                                    ; 重置角度参数为0°
N160 G02 X = 40   Y0 CR = 2 * RR5               ; 圆弧切入工件
N170 WHILE RR7 < = 360
N180 RR11 = 40 * COS(RR7)                       ; 任意时刻椭圆X轴坐标
N190 RR12 = 25 * SIN(RR7)                       ; 任意时刻椭圆Y轴坐标
N200 G01X = RR11 Y = RR12 F = 100               ; 加工椭圆
N210 RR7 = RR7 + 1                              ; 角度递增
N220 ENDWHILE
N230 G02 X = 40 + 2 * RR5 Y = 2 * RR5 CR = 2 * RR5   ; 圆弧切出工件
N240 G01   G40 X = 40 + 2 * RR5 Y0              ; 取消刀补
N250 RR4 = RR4 + 1                              ; 深度递增
N260 ENDWHILE
N270 G00 Z100                                   ; 退刀
N280 M30                                        ; 程序结束
```

程序说明：

程序采用两层 WHILE 嵌套语句，里面一层主要是编写椭圆轨迹，与课题任务中的程序相似，外层的 WHILE 语句是控制椭圆背吃刀量，也就是最终保证背吃刀量是 10mm。

其中第 N150 行注意要将椭圆角度重新置零，否则将出现只有一刀椭圆轨迹，多刀进、退刀轨迹。因为 RR7 是角度参数，执行过一次椭圆轨迹，它的值就成为 360°了，第二次切削椭圆时就会跳过这个 WHILE 循环，所以必须清零。

进退刀时，采用圆弧切线方式，这种方式可最大程度避免过切。

程序模拟如图 5-19 所示。

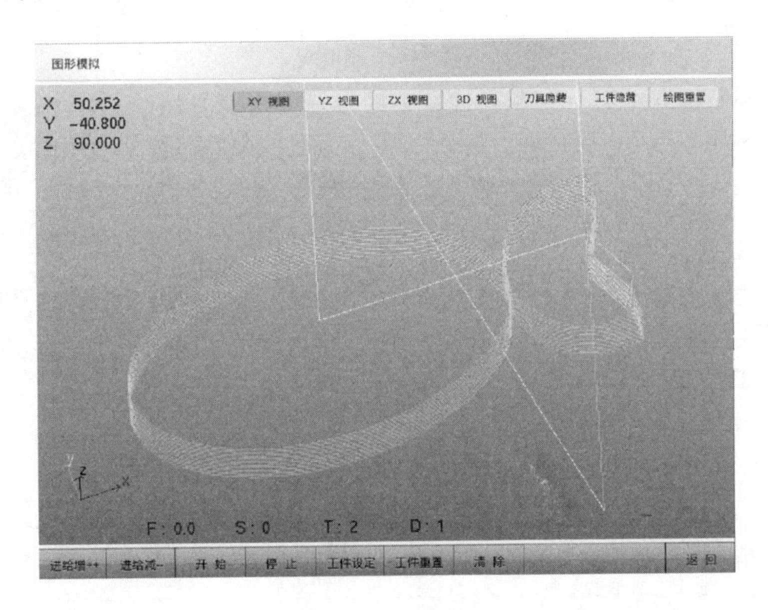

图 5-19 程序模拟

第 3 节 宏程序切削案例

本节以数控加工中宏程序的实际应用案例为主，进一步介绍宏程序的编程方法。选取的典型案例有零件上画刻度线，利用球头立铣刀精铣凸半球轮廓、锥螺纹铣削等。

例 1 画刻度线

1. 样例图示

如图 5-20 所示，要求在工件表面画出刻度线，刻度线深 0.2mm，每个刻度线间隔为 1mm，从工件原点起每隔 5mm 画长刻度线，总长为 30mm（其中，短刻度线长度是 5mm，长刻度线长度是 10mm，工件的中心为工件坐标系原点）。

2. 编程思路

（1）如何区分“长刻度线”和“短刻度线” 首先需要明确如何能区分图中的“长刻度线”和“短刻度线”，由于每隔 5mm 画长刻度线，我们设定一个实数变量 XL，当 XL 能被 5 整除，说明这个位置需要画“长刻度线”，如果 XL 不能被 5 整除，则需要画短刻度线。（这里可以使用 IF... ELSE 语句）

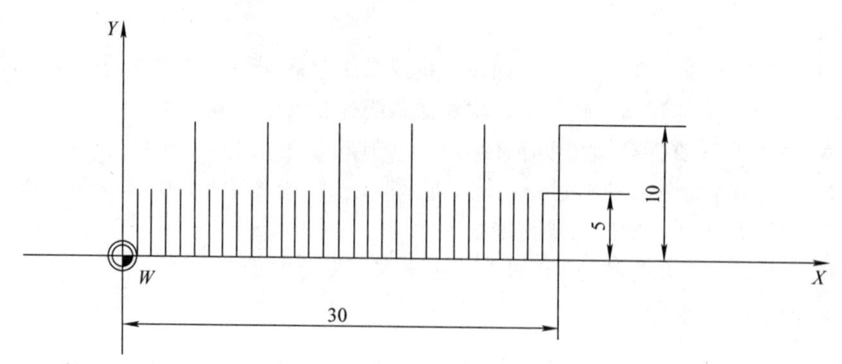

图 5-20　刻度线

（2）如何判断画线结束　判断画线结束的最好办法就是用 WHILE... ENDWHILE 语句，同样是实数变量 XL，当这个实数变量小于或等于线段数量 30 时，我们就可以结束循环语句了。

（3）巧妙使用 IC 语句　无论是“长刻度线”还是“短刻度线”都需要一个相同的过程，即 Z 方向进刀→Y 方向加工→Z 方向抬刀→Y 方向退刀→X 方向移刀的过程，采用相对位置指令 IC 会简化编程过程。

注：扫描二维码可查看画刻度线模拟视频

3. 制订加工方案

铣削工艺卡见表 5-6。

表 5-6　铣削工艺卡

工序	加工内容	刀具	转速 /(r/min)	进给量 /(mm/min)	背吃刀量 /mm
1	铣削刻字	R0.3mm 球头立铣刀	1000	100	0.2

4. 编写加工程序

```
N10 DEF REAL XL=0, YL1=5, YL2=10, YL0     ；定义实数变量，其中 XL 为计数器，
                                           YL1 为短刻度长度 5mm，YL2 为长
                                           刻度长度 10mm
N20 G94 G90 G54
N30 T1D1 M06
N40 M3 S1000
N50 G00 Z100 X0 Y0
N60 G00 Z5
N70 WHILE XL <=30                          ；当计数值小于等于 30 时，执行该循环
N80 G01 Z-0.2 F100
N90 IF XL MOD 5 ==0                        ；当计数值为 5 的倍数时
N100 YL0 = YL2                             ；将刻度长度赋值为 10mm
N110 ELSE
N120 YL0 = YL1                             ；将刻度长度赋值为 5mm
N130 ENDIF
```

```
N140 G01 Y=IC(YL0)
N150 G00 Z1
N160 Y=IC( -YL0)
N170 X=IC(1)
N180 XL=XL+1                          ；计数器更新
N190 ENDWHILE                         ；循环结束
N200 G00 Z100
N210 M02
```

模拟仿真如图5-21所示。

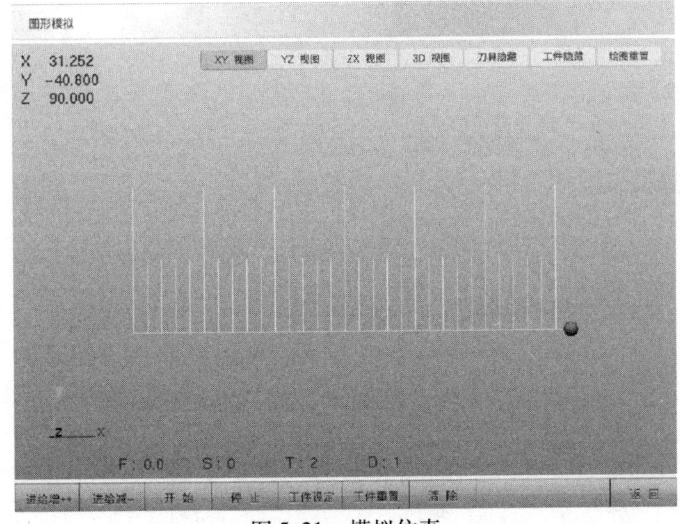

图5-21 模拟仿真

注意

例1中刻度线的长度不同，可以通过CASE语句来编写程序：

```
N10 DEF REAL XL=0, YL1=5, YL2=10, YL0   ；定义实数变量，其中XL为计数器，
                                         YL1为短刻度长度5mm，YL2为长刻
                                         度长度10mm
N20 G94 G90 G54
N30 T1D1 M06
N40 M3 S1000
N50 G00 Z100 X0 Y0
N60 G00 Z5
N70 G01 Z-0.2 F100
N80 CASE (XL MOD 5) OF 0 GOTOF 90 DEFAULT GOTOF 110   ；当计数器XL的值除以5
                                                      的余数等于0时程序跳
                                                      转到N90，当余数不等
                                                      于0时跳转到N110
N90 YL0= YL2                                          ；将刻度长度赋值为10mm
```

```
N100 G01 Y = IC (YL0)
N110 G00 Z1
N120 Y = IC ( - YL0)
N130 G00 X = IC (1)
N140 XL = XL + 1
N150 IF XL < =30 GOTO 70            ;判断当计数器的值小于等于30时程序跳转到N70

N160 G00 Z100
N170 M02
N110 YL0 =  YL1                     ;将刻度长度赋值为5mm
G01 Y = IC (YL0)
G00 Z1
Y = IC ( - YL0)
G00 X = IC (1)
XL = XL + 1
IF XL < =30 GOTO 70                 ;判断当计数器的值小于等于30时程序跳转到N70

G00 Z100
M02
```

例2 凸半球面加工

1. 样例图示

如图5-22所示半球，球半径为15mm，粗加工已经完成，球刀半径为5mm，试编写加工程序（工件原点建在球心处）。

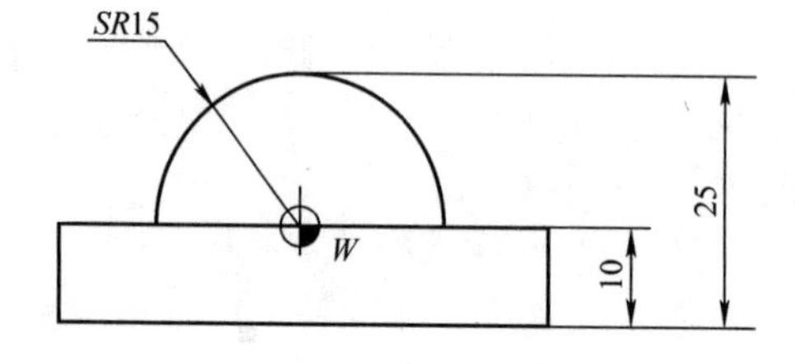

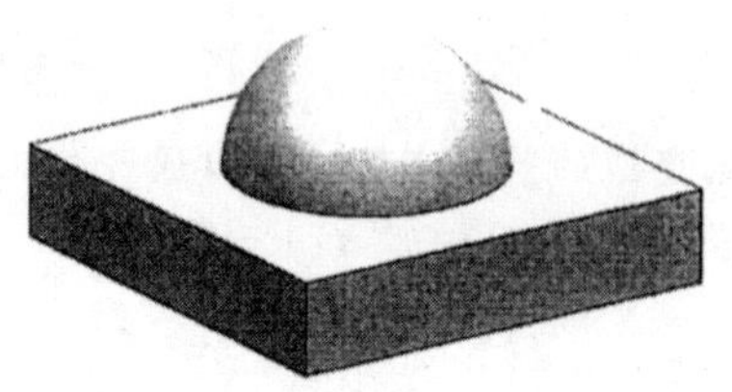

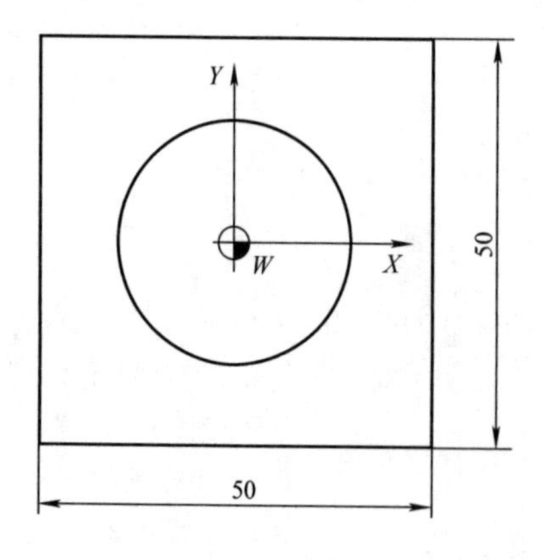

技术要求

1. 不准使用锉刀修饰表面。
2. 未标注公差按GB/T 1804-m执行。

图5-22 球面工件

2. 编程思路

（1）精加工轨迹的规划　对于凸半球零件，精加工会使用球头立铣刀，其编程轨迹为：使用一系列水平面截圆球所形成的同心圆来完成进给。进给控制有从上向下进给和从下向上进给两种，根据个人编程习惯确定，水平同心圆轨迹如图5-23所示。

注：扫描二维码可查看球面工件模拟视频

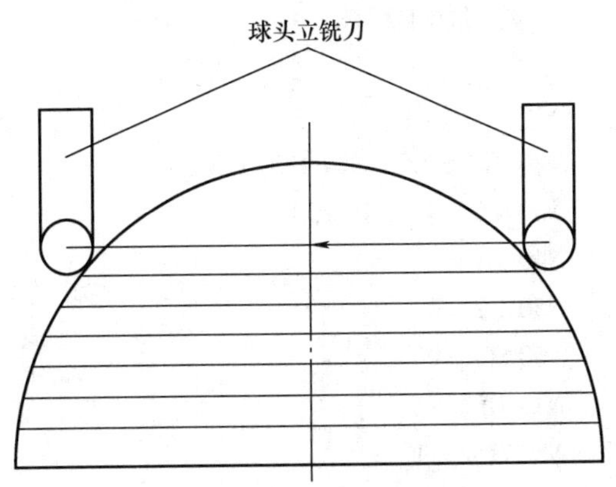

图5-23　水平同心圆轨迹

（2）确定切削点　切削几何关系如图5-24所示，球头立铣刀在加工零件时，将球头立铣刀球心作为编程轨迹，当采用自下向上加工时，Y向为0，X向坐标＝（球半径＋球头立铣刀半径）$\cos\beta$，此时的Z向高度＝（球半径＋球头立铣刀半径）$\sin\beta$，β的变化范围是0°～90°。

（3）进刀轨迹　为了避免直线进刀带来的种种问题（过切、出现刀痕等），刀具切削每一个平面时采用圆弧切线进刀的方式，这样可以最大程度上避免过切等现象。圆弧切线进刀轨迹如图5-25所示。

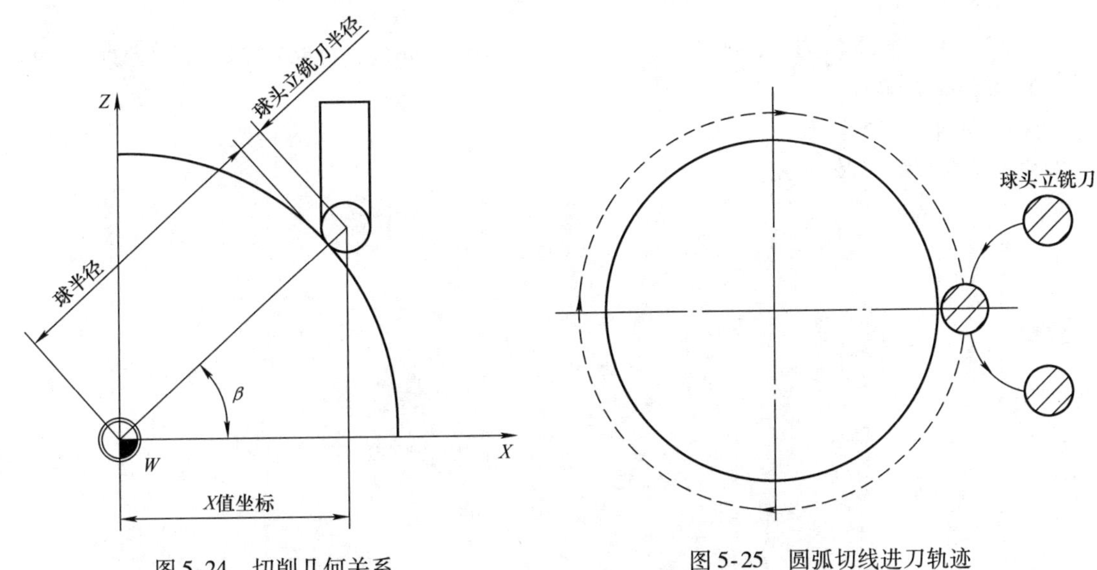

图5-24　切削几何关系

图5-25　圆弧切线进刀轨迹

3. 制订加工方案

铣削工艺卡见表5-7。

表 5-7　铣削工艺卡

工序	加工内容	刀具	转速/(r/min)	进给量/(mm/min)	背吃刀量/mm
1	精铣凸半球轮廓	*R*5mm 球头立铣刀	1000	1000	0.5

4. 编写加工程序

加工程序:

```
N10 T1D1 M06                                   ;建立工件坐标系
N20 M3 S1000 G54 G90 G94 G40
N30 G00 X0 Y0 Z100
N40 R1 =15                                     ;球半径
N50 R2 =0                                      ;角度自变量初始赋值
N60 R4 =90                                     ;终止角度
N70 R5 =5                                      ;球刀半径
N80 R12 =1                                     ;角度递增量
N90 R7 = R1 + R5                               ;刀具中心到球心的距离
N100 R8 = R7 * SIN(R2)                         ;任意角度的 Z 轴坐标
N110 R9 = R7 * COS(R2)                         ;0°的 X 轴坐标
N120 G00 X = R9 +2 * R5 Y =2 * R5              ;定位到进刀点
N130 G01 Z = R8 F1000                          ;定位到加工深度位置
N140 G03 X = R9 Y0 CR =2 * R5                  ;圆弧切入
N150 G02 I = - R9   F1000                      ;顺铣整圆
N160 G03 X = R9 +2 * R5 Y = -2 * R5 CR =2 * R5 ;圆弧切出
N170 R2 = R2 + R12                             ;角度递增
N180 IF R2 < = R4 GOTOB 90                     ;角度条件跳转,满足条件跳转到 N90
N190 G00 Z100
N200 M30
```

模拟仿真如图 5-26 所示。

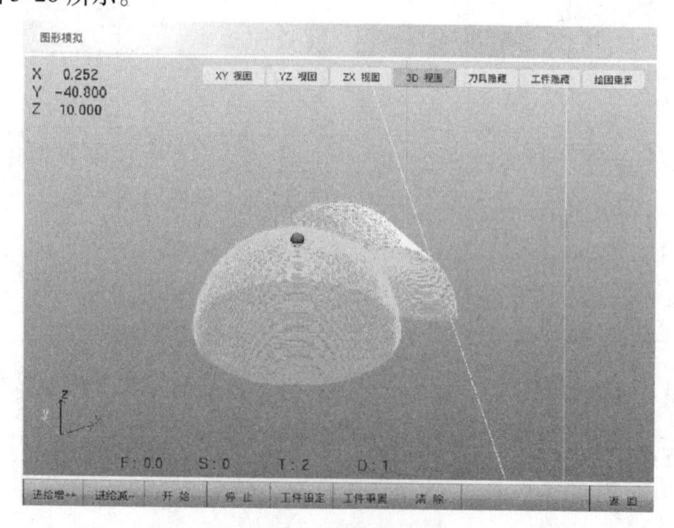

图 5-26　模拟仿真

例3 螺纹铣削案例

1. 样例图示

如图5-27所示，在零件中心位置加工一个NPT 60°密封管螺纹，螺距为2.209mm，牙型高度为1.767mm，螺纹深度为28mm，螺纹锥度为1∶16，牙型角为60°，螺纹大径为60.092mm。除螺纹外，其他尺寸已加工完成，试编写宏程序，完成螺纹铣削（工件几何中心为工件坐标系零点）。

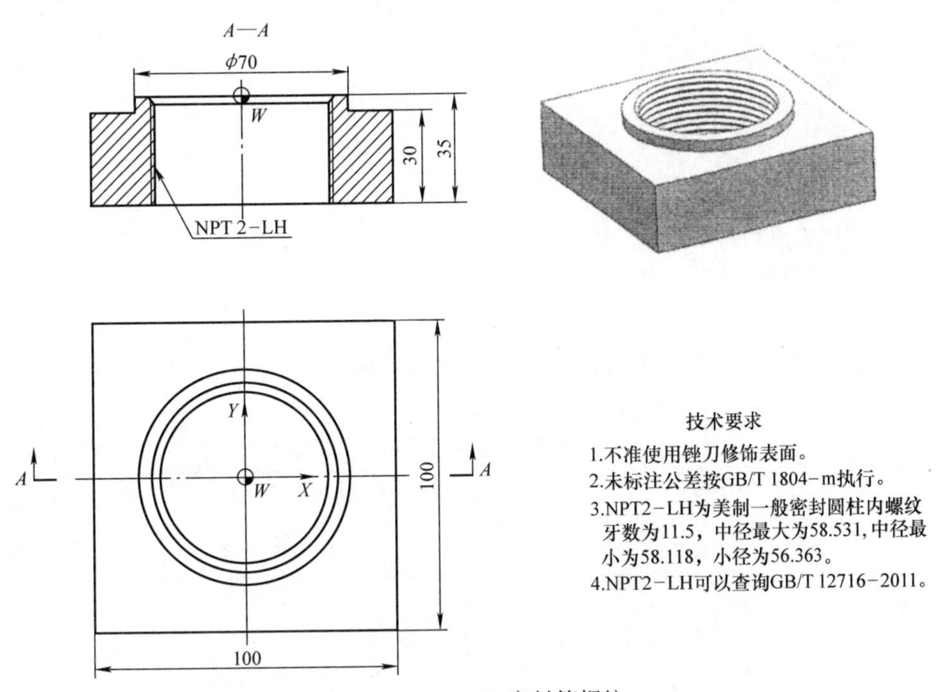

图5-27 NPT 60°密封管螺纹

2. 编程思路

传统的螺纹加工方法主要是采用螺纹车刀车削螺纹，采用丝锥、板牙手工攻螺纹以及套螺纹。随着数控加工技术的发展，特别是三轴联动数控加工系统的出现，利用数控铣床进行螺纹的铣削得以实现。在满足编程允许误差的情况下，可采用若干个微小直线段逼近的方式来实现螺纹铣削加工。

加工如图5-27所示的工件，工件其他部位已加工完成，本案例只针对螺纹加工部分。螺纹已完成底孔加工，底孔大端底径为60.092mm。NPT 60°密封管螺纹为1∶16的锥度，随着螺旋线圈数递增，其半径逐渐减小。因此螺纹铣削的运动轨迹为螺纹铣刀绕着螺纹轴线走螺旋曲线，*X*、*Y*方向进行圆周运动，且随着螺旋线圈数变化，圆周半径逐渐变小，*Z*方向做直线运动，且螺旋线每绕一周，*Z*方向移动一个螺距，如图5-28所示。

因此我们可以将螺旋线的圆周分为360°，螺旋线每旋转一周，下降的高度分成360等份，随着螺旋角的递增，*X*、*Y*、*Z*也会发生相应的变化，再计算出螺纹铣削圈数，顺次加工就能把螺纹铣削出来。螺旋线铣削作为程序循环的第一层，完成整条螺旋线的加工，但由于螺纹较深，不能一次加工完成，因此将每加工一个螺纹深度作为一次循环，在循环中判断螺纹深度是否达到要求，螺纹背吃刀量变量作为循环的第二层，完成螺纹深度的加工，即每当完成一次螺旋线加工后，螺纹深度就会增加，直至达到螺纹标准深度。

注：扫描二维码可查看 NPT 60°密封管螺纹加工模拟视频

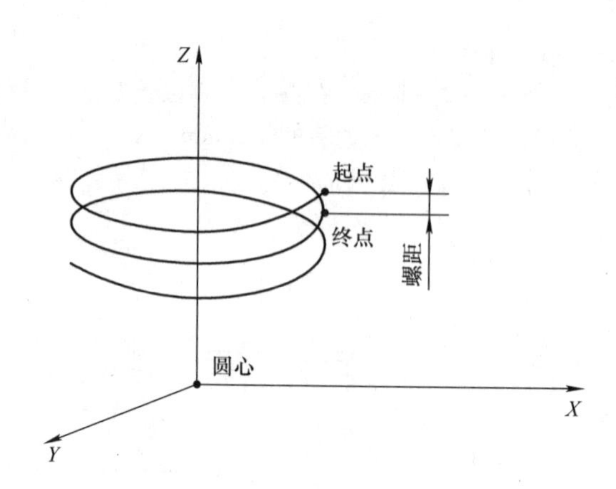

图 5-28　螺纹加工示意图

3. 制订加工方案

铣削工艺卡见表 5-8。NPT 60°密封管螺纹如图 5-29 所示。

表 5-8　铣削工艺卡

工序	加工内容	刀具	转速/(r/min)	进给量/(mm/min)	背吃刀量/mm
1	粗精铣削螺纹	螺纹铣刀	1000	300	0.5

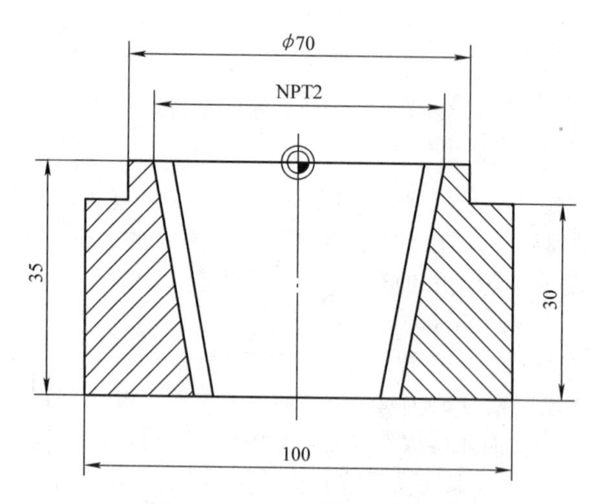

图 5-29　NPT 60°密封管螺纹

4. 编写加工程序

程序名：ZLWXX

```
M6 T1
R1 =26                              ；螺纹铣刀回转直径
R2 =2                               ；螺纹孔顶面初始坐标
```

```
R3 =2.209                                    ; 螺距
R4 =1.767                                    ; 螺纹牙高
R5 =5                                        ; 安全高度
R6 =1/16                                     ; 螺纹锥度
R7 =1000                                     ; 主轴转速
R8 =300                                      ; 切削进给量
R9 =0                                        ; 螺旋圆周起始角度
R10 =60.092                                  ; 螺纹大径
R11 =0.5                                     ; 螺纹加工牙深初始值
R12 =35                                      ; 螺纹深度
R13 =(R2 +R12)/R3                            ; 铣削螺纹圈数,可以不是整数
R14 =300                                     ; 螺纹铣削进给速度
M3S =R7                                      ; 主轴转速
G00 X0 Y0 Z100                               ; X、Y 定位到加工位置
N10 Z =R5                                    ; Z 轴定位到安全距离
G01 Z =R2 F =R8                              ; 刀具定位到螺纹铣削起点位置
G41 X =R1/2 +R11 Y0                          ; 添加刀尖半径补偿
G03 X =(R10 +2 * R2 * R6)/2 +R11 Y0 CR =(R10 +2 * R2 * R6 -R1)/4
                                             ; 圆弧切入
R16 =R3 * R6/360                             ; 螺旋线角度每增加1°后的半径变化增量值
WHILE R9 < =R13 * 360                        ; 判断圆周角是否到位
R17 =(R10 +2 * R2 * R6)/2 -R16 * R9 +R11
                                             ; 当前角度下的半径值
G01X =R17 * COS(R9) Y =R17 * SIN(R9) Z =(R2 -R3 * R9/360)
                                             ; 直线插补联动铣削螺纹
R9 =R9 +1                                    ; 角度值累加
ENDWHILE                                     ; 循环结束
G00 G40 X0 Y0                                ; 取消刀尖半径补偿
G00Z =R5                                     ; 刀具退回到安全高度
R9 =0                                        ; 螺旋圆周起始角度重置为零
IF R11 = =R4 GOTO 20                         ; 判断如果 R11 等于 R4,跳转到程序段 N20
R11 =R11 +0.5                                ; 螺纹深度值累加
IF R11 <R4 GOTO 10                           ; 判断如果 R11 小于 R4,跳转到程序段 N10
R11 =R4                                      ; 将 R4 的值强制赋值给 R11
GOTO 10                                      ; 跳转到程序段 N10
N20 G0Z100
M30
```

模拟仿真如图5-30所示。

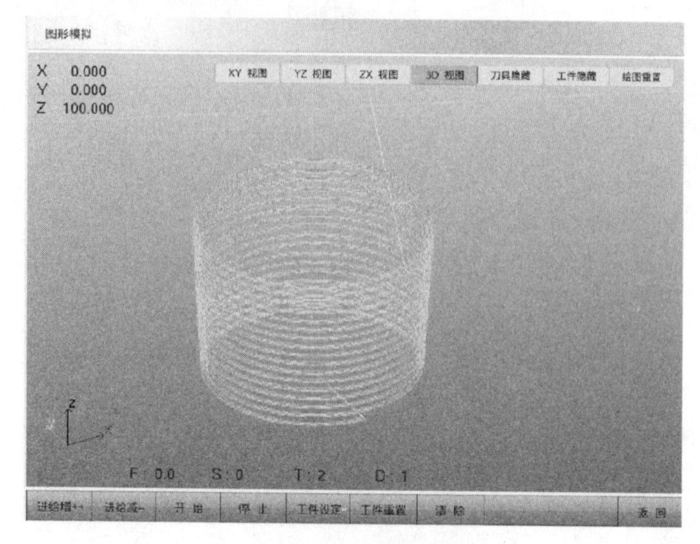

图 5-30 模拟仿真

课 后 习 题

一、选择题

1. 下列关于 i5 数控系统 R 参数描述不正确的是（　　）。

A. R 参数是一种浮点数型的全局变量

B. R 参数赋值可以给任何参数赋值

C. R 参数有 R0 ~ R99 共 100 个变量

D. R 参数可以手动输入赋值，也可以在程序中赋值

2. 下列关于 i5 系统自定义变量说法不正确的是（　　）。

A. i5 系统在程序中自定义的变量实则为局部变量，只在当前程序中生效，不能跨程序使用

B. 自定义变量可定义多种类型，例如整数型、实数型等

C. 自定义的变量名称不能与标准循环重名

D. 在定义变量时只能逐个定义，不可以连续定义

3. 在 i5 运算指令中，形式为 Ri = ASIN（Rj）的函数表示的意义是（　　）。

A. 正弦　　B. 反余弦　　C. 正切　　D. 反正弦

4. 关于程序段“N30 IF R1 > 10；…N70 ELSE；…N80 ENDIF ；N90…；”下列说法正确的是(　　)。

A. 如果变量 R1 的值大于 10，程序继续按顺序向下运行，直至程序结尾

B. 如果变量 R1 的值大于 10 的条件不成立，程序继续按顺序向下运行

C. 如果变量 R1 的值大于 10，循环执行此程序段之后的程序段至 N80 的程序段

D. 如果变量 R1 的值大于 10 不成立，循环执行程序段 N70 至 N80 的程序段，直至程序结尾

5. 执行程序段 N5 R5 = －30；N60 R4 = ABS（R5）；之后，R4 赋值为（　　）。

A. －30　　B. 30　　C. 900　　D. －0.5

6. 程序如下：

R1 = 10

```
WHILE R1 =10
G90 G00 X100
ENDWHILE
```

检查时报警：[EGI2001] 不能识别的关键字，原因是（　　）。

A. 没有变量变化而使循环结束的语句

B. G00 后面没有进给速度

C. WHILE 和 ENDWHILE 之间的程序段必须大于三段

D. R1 =10 是赋值语句，应该写成 R1 = =10，才是判断语句

7. 程序如下

```
G00 X0
R1 =0
WHILE R1 <9
G91 G00 X100
R1 = R1 +1
ENDWHILE
M30
```

下列说法正确的是（　　）。

A. 最后轴停止在 X800 位置

B. 循环内程序执行 10 次

C. 在没有限位的情况下，如果没有 R1 = R1 +1，循环将无法结束

D. 当 R1 > =9 时程序停止执行，并报警

8. 已知程序如下：

```
DEF REAL ARR [3, 4]
DEF INT BRR [2, 3] =REP (3)
ARR [0, 0] =SET (10, 20, 30, 40)
```

下列说法正确的是（　　）。(多选)

A. ARR [2, 3] 值为0

B. ARR [3, 4] 数组单元的值不能赋值小数

C. BRR [2, 3] 数组中只有4个数组单元被赋值，其余为0

D. BRR [1, 2] 值为3

二、判断题

1. CASE 语句中的 DEFAULT 如果省略的话，检查程序会出现报警。（　　）

2. i5 系统中系统变量只有可读属性，不能写入。（　　）

3. PROC ZIC (INT AA, INT VAR BB) 该参数子程序中 BB 值改变可以使上层程序受到影响。（　　）

4. IF…ELSE…ENDIF 语句中，ELSE 语句不是必需的，在一些特殊的情况下可以省略。（　　）

5. i5 自定义变量的类型有整型、实数型、布尔型、字符型、字符串类型和轴类型，必须是同种类型的变量才能相互运算。（　　）

三、编程题

1. 如图 5-31 所示，利用 ϕ16mm 立铣刀，对工件倒 R5 圆角，试编写加工程序（假定

40mm×50mm 的矩形已加工完成，工件中心为工件坐标系原点）。

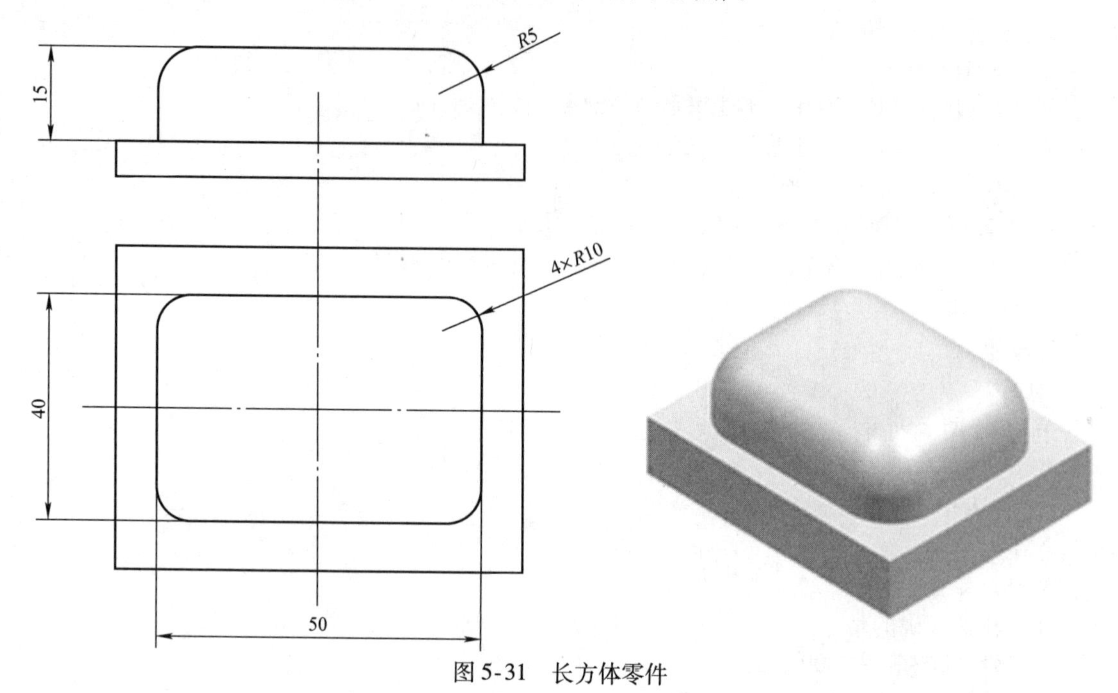

图 5-31　长方体零件

2. 加工图 5-32 所示的腔体类零件，腔体深度为 10mm，刀具半径为 10mm 的键槽铣刀，深度方向每次背吃刀量为 2mm，加工行距为 8mm，试编写加工宏程序完成整个腔体的加工（工件几何中心为工件坐标系原点）。

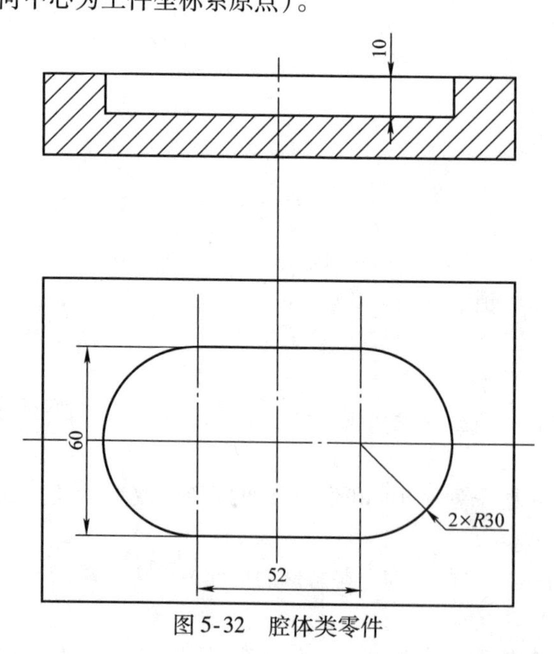

图 5-32　腔体类零件

注：扫描二维码可查看课后习题答案

计算机辅助编程

前面介绍了数控编程中的手工编程，当零件形状比较简单时，可以采用手工编程的方法进行加工程序的编制。但是，随着零件复杂程度的增加，几何计算、程序段数目也会大大增加，这时单纯依靠手工编程将极其困难，甚至是不可能完成的，于是，计算机辅助编程应运而生。所谓计算机辅助编程是指编程者依靠图形化的编程软件，将三维模型导入到编程软件中，计算机根据编程人员设定的几何信息及工艺信息，最终自动生成程序的过程。

第1节　计算机辅助编程软件

一、自动编程软件介绍

自动编程工作需要依靠编程软件，目前国内外比较流行的计算机辅助编程软件有：Mastercam、CAXA 制造工程师、UG、CATIA、Pro/Engineer 以及 CIMATRON 等。

本章所介绍的自动编程软件 CAXA 制造工程师是北航海尔软件有限公司研制开发的全中文、面向数控铣床和加工中心的三维 CAD/CAM 软件。CAXA 制造工程师基于计算机平台，采用原创 Windows 菜单和交互方式，全中文界面，便于轻松学习和操作，并且价格较低。CAXA 制造工程师可以生成 3 ~ 5 轴的加工代码，可用于加工具有复杂三维曲面的零件。CAXA 制造工程师不仅是一款高效易学，具有很好工艺性的数控加工编程软件，而且还是一套 Windows 原创风格，全中文三维造型与曲面实体完美结合的 CAD/CAM 一体化系统。CAXA 制造工程师为数控加工行业提供了从造型设计到加工代码生成、校验一体化的全面解决方案。相比较于 Mastercam、UG、CATIA、Pro/Engineer、CIMATRON 等软件，CAXA 制造工程师的优点是操作和使用都特别符合中国人的思维方式，所以很适合自动编程初学者学习和使用。

CAXA 制造工程师的特点在于其能提供可靠、精确的刀具路径，并且能直接在曲面及实体上加工；具有良好的使用者界面，多样的加工方式，便于设计组合高效率的刀具路径；完整的刀具库，加工参数库管理功能，包含 2 轴到 5 轴的铣削、线切割，大型刀具库管理，实体模拟切削，通用型后处理器等功能。

二、自动编程的操作步骤

利用计算机进行零件的自动编程，操作步骤如图 6-1 所示。

1）看懂零件图样：对加工零件进行工艺性分析，确定需要数控加工的部分。

2）加工建模：利用自动编程软件建立零件的几何模型。

3）生成加工轨迹：利用 CAXA 软件，设置合理的加工参数，包括刀具、刀杆控制方式、进给路线和进给速度优化选择，最终使刀具轨迹能满足无干涉、无碰撞、轨迹光滑、切削负荷满足要求、代码效率高等。

4）刀具轨迹仿真：由于零件形状的复杂多变以及加工环境的复杂性，因此要确保所生成的

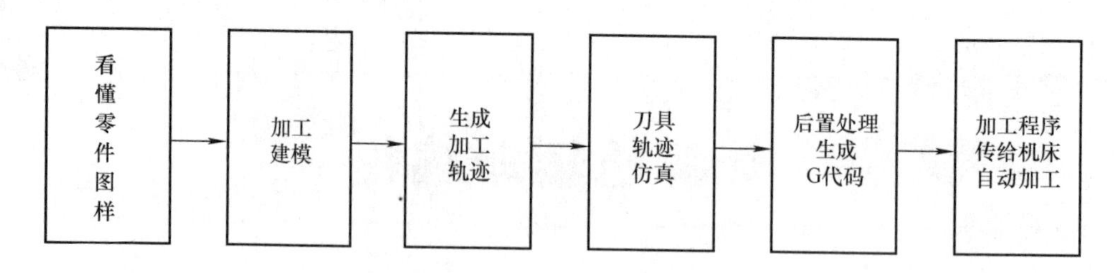

图6-1　自动编程软件的操作步骤

加工程序不存在过切与欠切或机床各部件之间干涉碰撞的情况。

5）后置处理生成代码：后置处理是数控加工编程技术的一个重要内容，它将通用前置处理生成的刀位数据转换成适合于具体机床数据的数控加工程序。

6）程序传输至机床，完成加工。生成好的加工代码，输入到机床中，检查实际加工刀具与之前设置刀具是否一致，检查无误后，完成加工。

三、CAXA制造工程师2016r1大赛专用版介绍

CAXA制造工程师加工界面如图6-2所示。

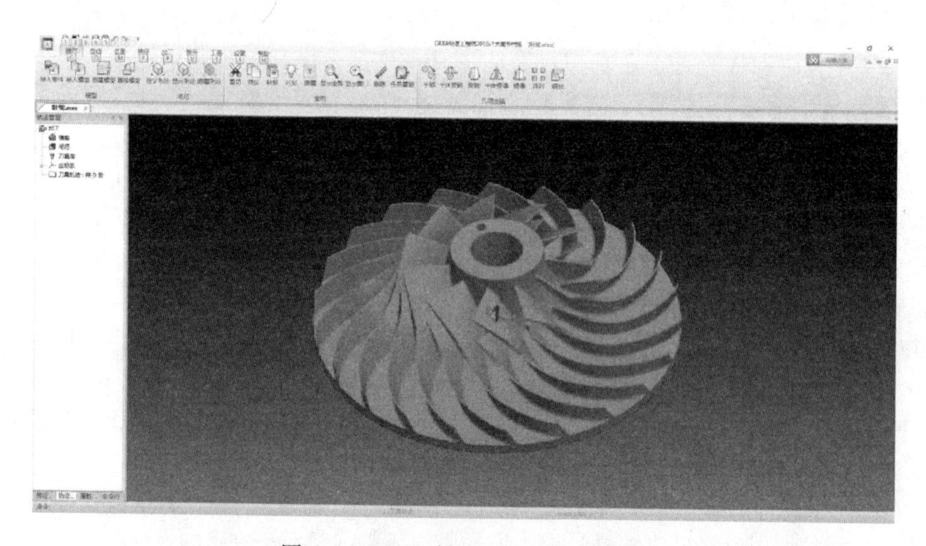

图6-2　CAXA制造工程师加工界面

CAXA制造工程师2016r1大赛专用版是专门针对全国数控大赛对外开放短期许可证的试用版本，但是为了满足比赛的需求，集成了CAXA三维设计、CAXA电子图板和CAXA制造工程师三个模块，也就是说集成了三维模型的绘制、图样制作和加工程序的自动生成。

第2节　海绵宝宝模型加工

一、实例描述

如图6-3所示为海绵宝宝模型零件，该结构下部有一个规整的长方形，上部为海绵宝宝图样，毛坯尺寸为105mm×105mm×13mm，六面平整。

二、加工方法分析

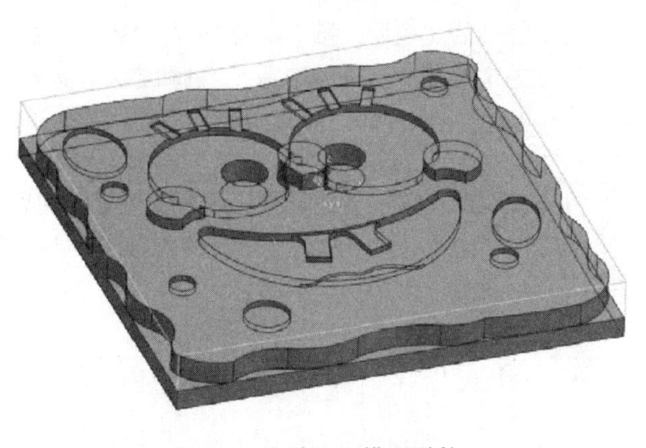

图 6-3　海绵宝宝模型零件

（1）制订加工方案　根据零件的特点，按照加工工艺的安排原则，安排加工工序为粗加工──→精加工，具体加工工序如下：

1）粗加工：海绵宝宝外轮廓粗加工，留余量 0.3mm。

2）精加工：海绵宝宝外轮廓精加工，外轮廓加工至图样尺寸要求。

3）精加工：海绵宝宝内部型腔精加工，型腔加工至图样尺寸要求。

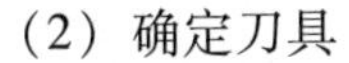

（2）确定刀具

1）D10 立铣刀，海绵宝宝外轮廓粗加工。

2）D2 立铣刀，海绵宝宝外轮廓和内部型腔精加工。

（3）确定铣削加工工艺卡（见表 6-1）

表 6-1　铣削加工工艺卡

工序	加工内容	刀具	转速/(r/min)	进给量/(mm/min)	侧吃刀量/mm	背吃刀量/mm
1	外轮廓粗加工	T1D10 立铣刀	4000	1500	7	1
2	外轮廓二次粗加工	T2D2 立铣刀	4000	1500	0.5	0.5
3	型腔侧壁精加工	T2D2 立铣刀	4000	1500	1.2	0.3
4	型腔底面精加工	T2D2 立铣刀	4000	1500	0.5	0.5

三、具体操作步骤

1. 初始化加工环境

加工模型的导入：首先打开 CAXA 制造工程师，在欢迎页面上选择【新建】，如图 6-4 所示，这时建立了一个空白的加工文档。

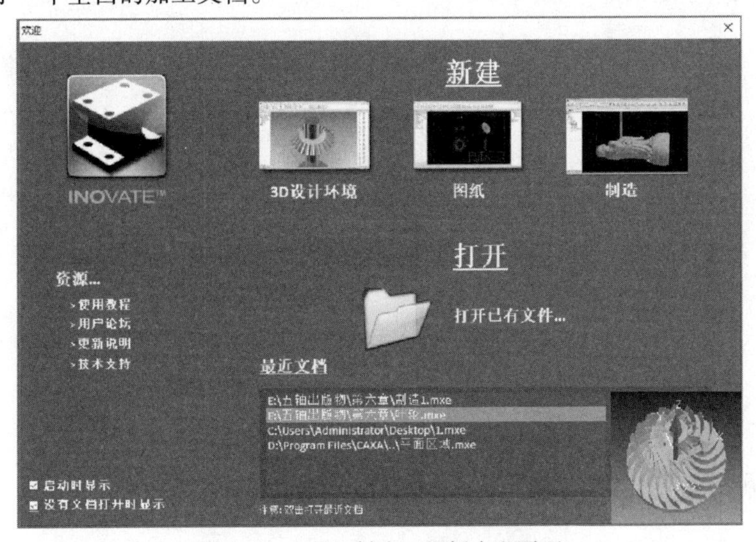

图 6-4　CAXA 制造工程师欢迎页面

建立好新的文档后，接下来就是导入现有的海绵宝宝三维模型。将海绵宝宝的三维模型导入到新建的文档中。CAXA 制造工程师可以直接导入很多格式的二维和三维文档，例如 dwg、dxf、jgs、dat、bmp、eps、x_ t、stl 等格式。具体操作为选择【常用】/【导入模型】。在打开的“路径”对话框中选择海绵宝宝的模型即可，如图 6-5 所示。

导入模型的时候需要注意模型的放置位置，即以什么元素定位来把模型放置在三维空间中。CAXA 制造工程师提供了两种定位工件的方法，本案例通过给定旋转角度的方式将海绵宝宝的三维模型进行定位，如图 6-6 所示。

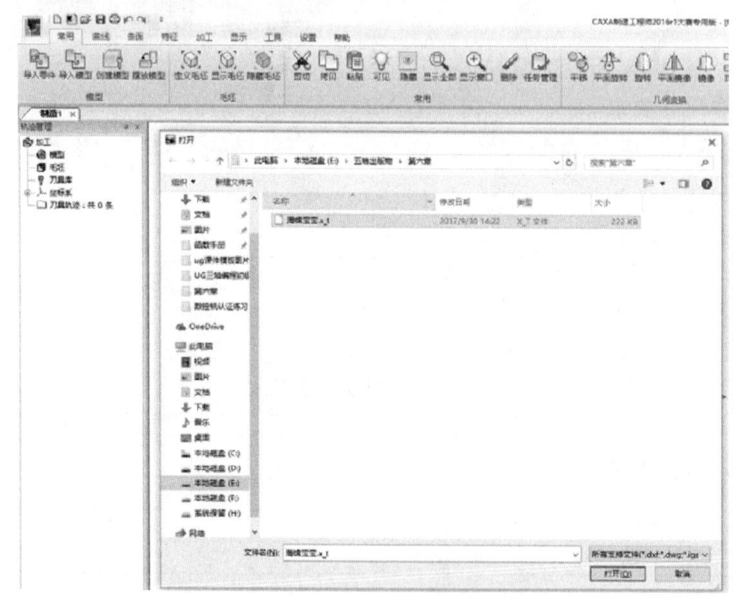

图 6-5　CAXA 制造工程师导入模型

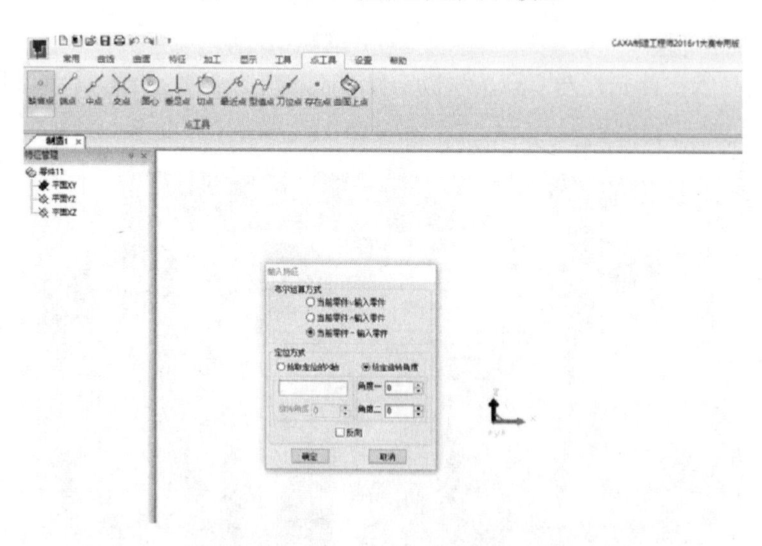

图 6-6　CAXA 制造工程师模型定位

导入的海绵宝宝模型，可以旋转、平移等，并可进行模型着色切换。海绵宝宝模型如图 6-7 所示。

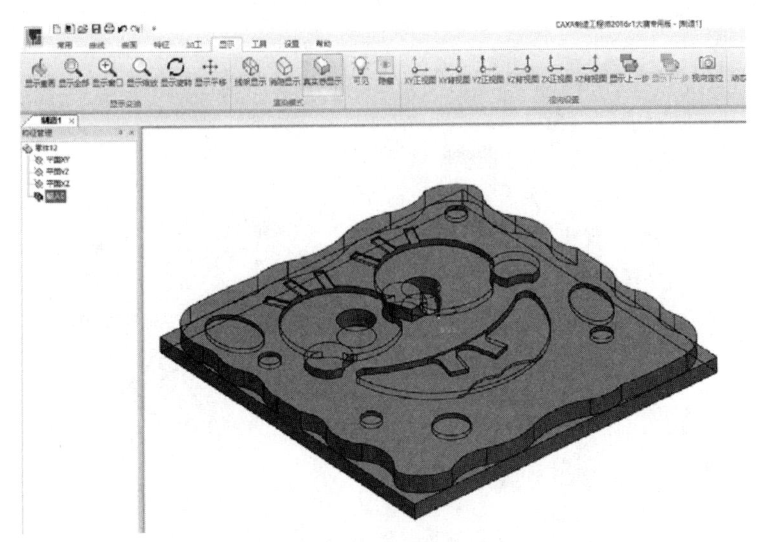

图 6-7　CAXA 制造工程师中的海绵宝宝模型

2. 创建加工父级组

（1）加工坐标系的建立　在加工中加工坐标系是最重要的加工元素。在导航器中，切换选项卡到“轨迹管理”，单击坐标系前面的“+”，可以看到“. sys.（装卡）”绝对坐标系。CAXA 制造工程师系统默认是将 . sys. 设置为加工坐标系。海绵宝宝的模型属于对称零件，建立加工坐标系的方法是四面分中，顶面为零，如图 6-8 所示。

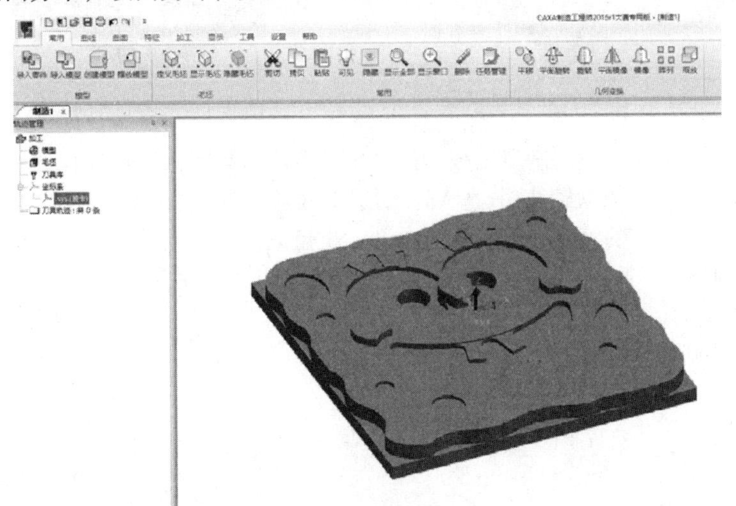

图 6-8　CAXA 制造工程师加工坐标系的定义

（2）毛坯的建立　毛坯在加工中起到确定加工范围的作用，尤其在粗加工中显得尤为重要。CAXA 制造工程师定义加工毛坯的方法方便快捷，选择【常用】/【毛坯】/【毛坯定义】。CAXA 制造工程师为用户提供了 6 种定义毛坯的类型，用户可以随心所欲地定义毛坯的形状和大小。海绵宝宝模型结构是一个规整的长方体，六面平整，根据实际加工需求，可以定义一个矩形的毛坯，如图 6-9 所示。

矩形毛坯的定义方法很简单，只需要单击“参照模型”按钮，CAXA 制造工程师会自动抓取海绵宝宝模型的最大外形，从而确定毛坯的长、宽、高。CAXA 制造工程师还可以切换毛坯的显示方法，线框或者真实感相互切换。如图 6-10 所示为毛坯真实感显示，如图 6-11 所示为毛坯线框显示。

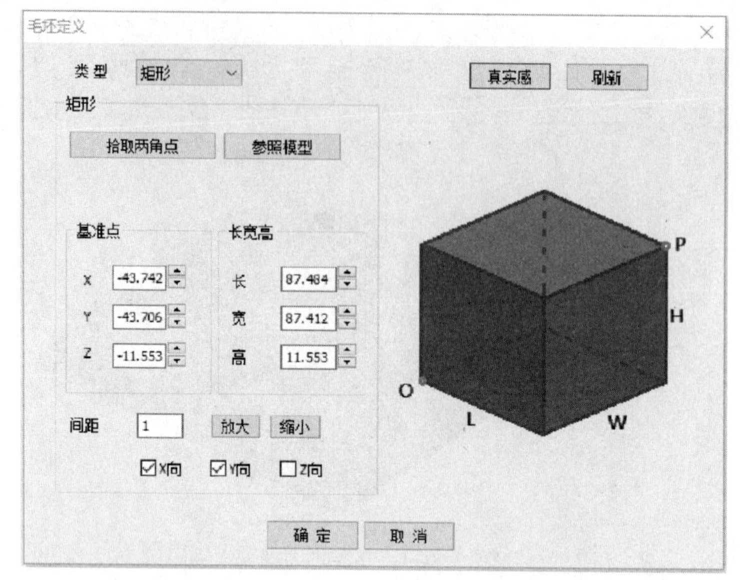

图 6-9　毛坯定义

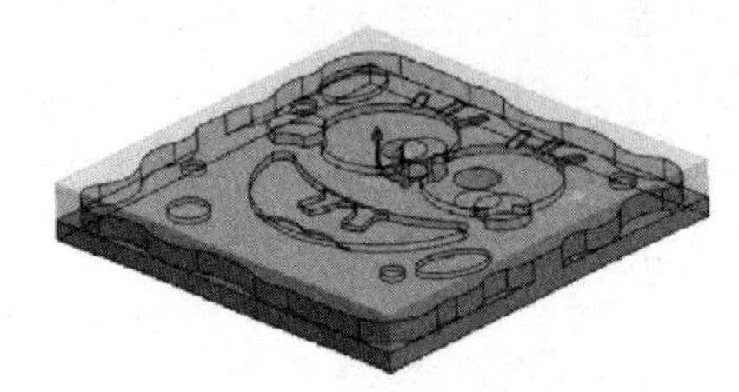

图 6-10　毛坯真实感显示

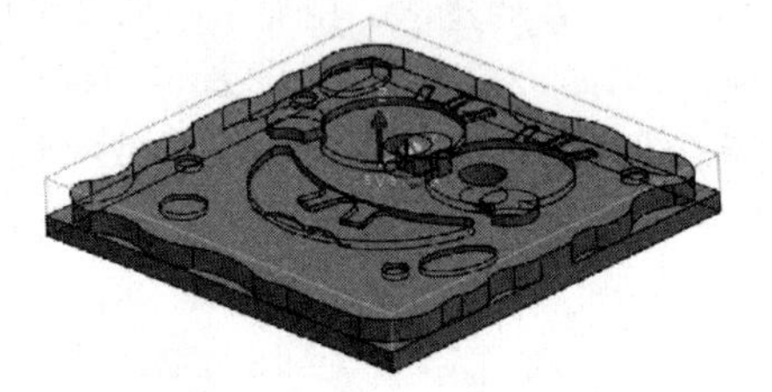

图 6-11　毛坯线框显示

（3）创建加工刀具　CAXA 制造工程师提供了完整的刀具库供用户选择使用，并且刀具可以刀具库的形式保存起来方便以后使用。CAXA 制造工程师对每一个铣削刀具添加了默认的切削速度参数，用户可以在相应的策略里修改切削参数，也可以使用刀具默认的切削参数。操作中只需要双击“轨迹管理”下的“刀具库”即可打开刀具库，可以增加刀具，删除系统默认刀具，也可以导入已有的刀具库，或者导出已经制作好的刀具库，备份后方便以后使用。如图 6-12 所示为 CAXA 制造工程师刀具库。

刀具库

共 66 把　　增加　清空　导入　导出

类型	名称	刀号	直径	刃长	锥角	全长	刀杆类型	刀杆直径	半径补偿号	长度补偿号
激光刀	Lasers_0	0	5.000	50.000	0.000	80.000	圆柱	--	0	0
立铣刀	EdML_0	0	10.000	50.000	0.000	80.000	圆柱	10.000	0	0
立铣刀	EdML_0	1	10.000	50.000	0.000	100.000	圆柱+圆锥	10.000	1	1
圆角铣刀	BulML_0	2	10.000	50.000	0.000	80.000	圆柱	10.000	2	2
圆角铣刀	BulML_0	3	10.000	50.000	0.000	100.000	圆柱+圆锥	10.000	3	3
球头铣刀	SphML_0	4	10.000	50.000	0.000	80.000	圆柱	10.000	4	4
球头铣刀	SphML_0	5	12.000	50.000	0.000	100.000	圆柱+圆锥	10.000	5	5
燕尾铣刀	DvML_0	6	20.000	6.000	45.000	80.000	圆柱	20.000	6	6
燕尾铣刀	DvML_0	7	20.000	6.000	45.000	100.000	圆柱+圆锥	10.000	7	7
球形铣刀	LoML_0	8	12.000	12.000	0.000	80.000	圆柱	12.000	8	8
球形铣刀	LoML_1	9	10.000	10.000	0.000	100.000	圆柱+圆锥	10.000	9	9

确定　取消

图 6-12　CAXA 制造工程师刀具库

根据工艺卡片，海绵宝宝的加工需要两把刀具，D10 立铣刀和 D2 立铣刀。由于刀具库中没有想要的刀具，那就需要新增加这两把刀具。单击“增加”，在“刀具类型”中选择“立铣刀”，刀具名称“D10R0”，刀杆类型选择“圆柱”，刀具号为“1”，再单击“DH同值”，最重要的参数是直径、刃长和刀杆长三个参数，直径表示刀具大小，千万不能输入错误，要和实际加工匹配。如图6-13所示为CAXA工程师刀具定义。

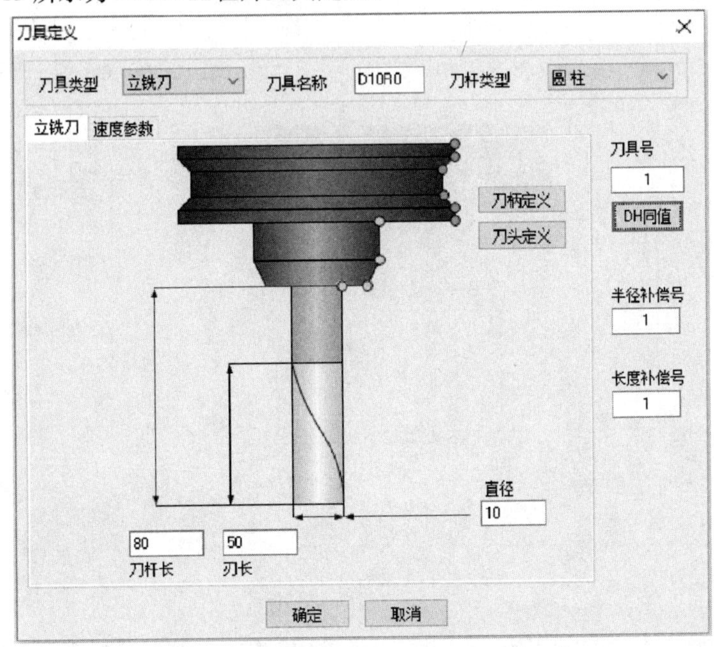

图6-13 CAXA制造工程师刀具定义

完成铣刀形状参数的定义之后，CAXA制造工程师可以对刀具设置一个默认的切削参数，这样可以简化操作，只需要在操作里面稍加修改既可。CAXA制造工程师对刀具默认切削参数设置简单明了，图例交互式界面显得很直观，如图6-14所示为D10R0刀具切削参数定义。

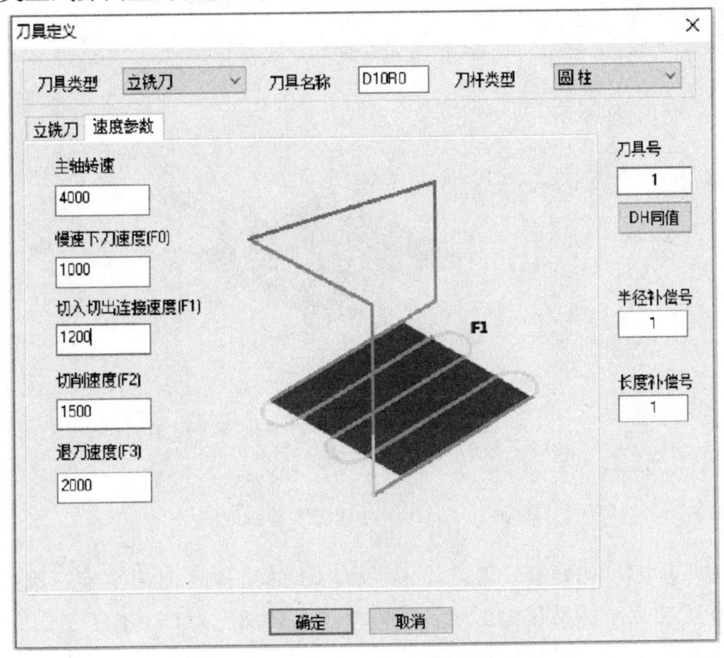

图6-14 D10R0刀具切削参数定义

设置完成缺省的切削参数后单击“确定”，就完成了 D10R0 刀具的定义。下面再增加一把 D2R0 的立铣刀，单击“增加”，刀具类型选择“立铣刀”，刀具名称为“D2R0”，刀杆类型选择“圆柱 + 圆锥”。刀具号为“2”，再单击“DH 同值”。最重要的是直径、刃长和刀杆长三个参数。如图 6-15 所示为 D2R0 刀具定义。

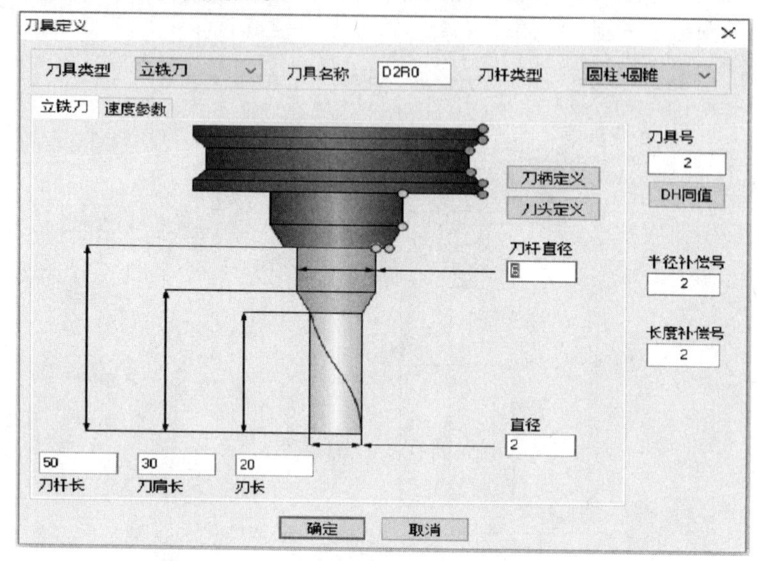

图 6-15　D2R0 刀具定义

完成铣刀 D2R0 形状参数的定义之后，对刀具 D2R0 设置一个默认的切削参数，这样可以简化操作，只需要在操作里面稍加修改即可。如图 6-16 所示为 D2R0 刀具切削参数定义。

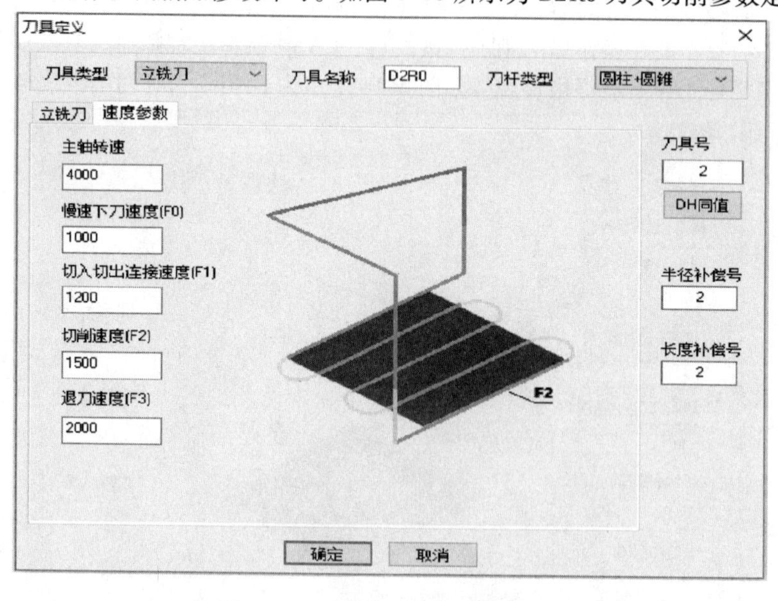

图 6-16　D2R0 刀具切削参数定义

到此我们完成了加工的四要素设置：导入了要加工的工件（海绵宝宝三维模型）；对此工件设置了毛坯；建立了加工坐标系和根据加工工艺单建立了加工刀具。有了上面的准备，就可以按照不同的策略做刀具路径了。

3. 创建加工程序

创建加工程序就是根据加工的零件形状和毛坯形状选择不同的加工策略，设置合理的加工参数，生成刀轨的过程。CAXA 制造工程师 2016r1 大赛专用版为用户提供了丰富的加工策略，其中包括二轴加工、三轴加工、四轴加工、五轴加工、轮加工和孔加工等。

海绵宝宝的模型简单，使用二轴加工和三轴加工策略即可完成加工。一般加工遵循的原则是先粗加工再精加工，加工海绵宝宝的模型也采用先粗加工，再精加工的顺序。等高线粗加工是 CAXA 制造工程师给用户提供的毛坯粗加工的策略，以等高的方式生成粗加工的轨迹。

（1）等高线粗加工　单击“加工”，在三轴加工策略中选择“等高线粗加工”。弹出“等高线粗加工（创建）”对话框，如图 6-17 所示。

图 6-17　“等高线粗加工（创建）”对话框

通过图 6-17 可以看出，等高线粗加工策略简洁明了，总共分为 8 项，分别为：加工参数、区域参数、连接参数、干涉检查、切削用量、坐标系、刀具参数和几何。也就是说，只需要合理地设置这 8 项参数，即可完成等高线粗加工的轨迹。

1）加工参数：加工方式选择“往复”，加工方向选择“顺铣”，优先策略选择“区域优先”，走刀方式选择“环切”，行距和残留高度根据刀具和被加工的材料设置，最大行距为“9”，期望行距为“8”，层高为“1”，加工余量为“0.3” mm，加工精度为“0.03”，勾选“使用毛坯”，其他参数使用默认参数，如图 6-18 所示。

2）区域参数：区域参数的主要作用是选择边界，限制一些没有用的刀具路径，还有就是限制加工区域，这样不但可以节省计算时间，还可以使刀具路径更加整洁。由于海绵宝宝的模型简单，不需要边界限制，但是可以对高度范围做限制，使用“曲面和毛坯的最大 Z 范围”，其他参数选择默认参数，如图 6-19 所示。

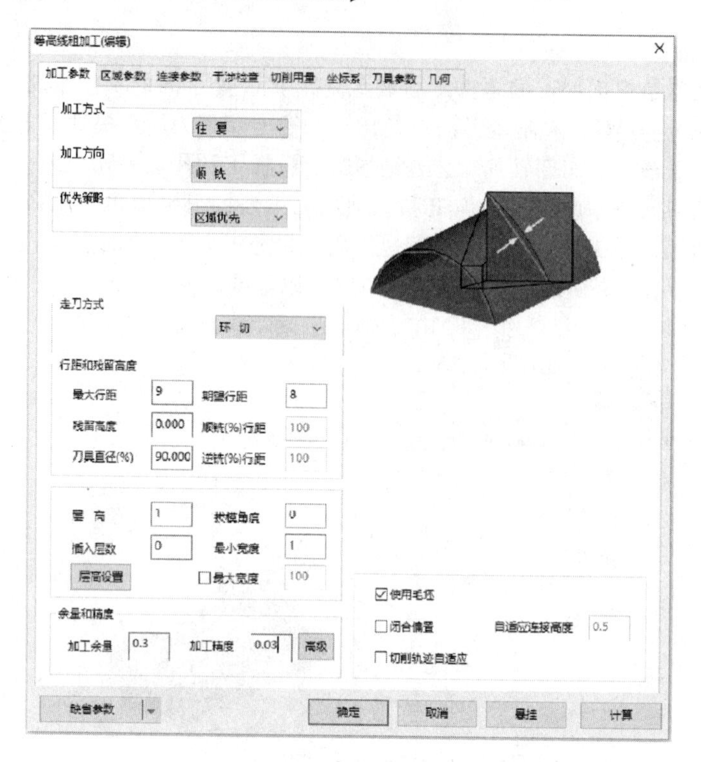

图 6-18　等高线粗加工加工参数设置

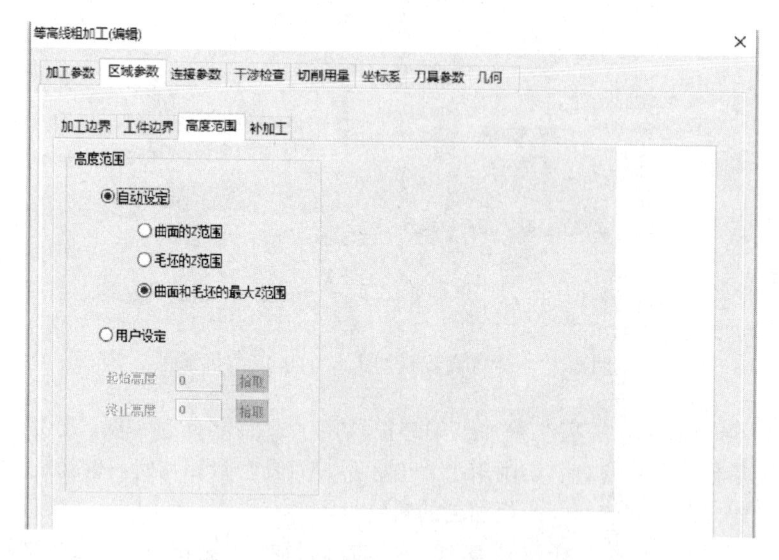

图 6-19　等高线粗加工区域参数设置

3）连接参数：连接参数主要是控制进退刀、层间连接和区域间连接，还可以通过设置参数保护底部没有切削能力的刀具下刀时不被损坏、合理的设置能有效地优化刀具路径。其中连接方式中，层间连接选择“抬刀到快速移动距离”，区域间连接选择“抬刀到快速移动距离”，其余都使用默认参数，如图 6-20 所示。

4）干涉检查：干涉检查是当刀具设置了刀柄数据，选择了干涉检查，在生成刀具路径的时候，软件就会自动计算刀柄和零件是否发生干涉，这样程序的安全性才可以得到保证，因此是自

图 6-20　等高线粗加工连接参数设置

动编程必不可少的参数设置。由于海绵宝宝的模型简单，刀柄和工件发生干涉的可能性很小，就不进行设置了。等高线粗加工干涉检查设置如图 6-21 所示。

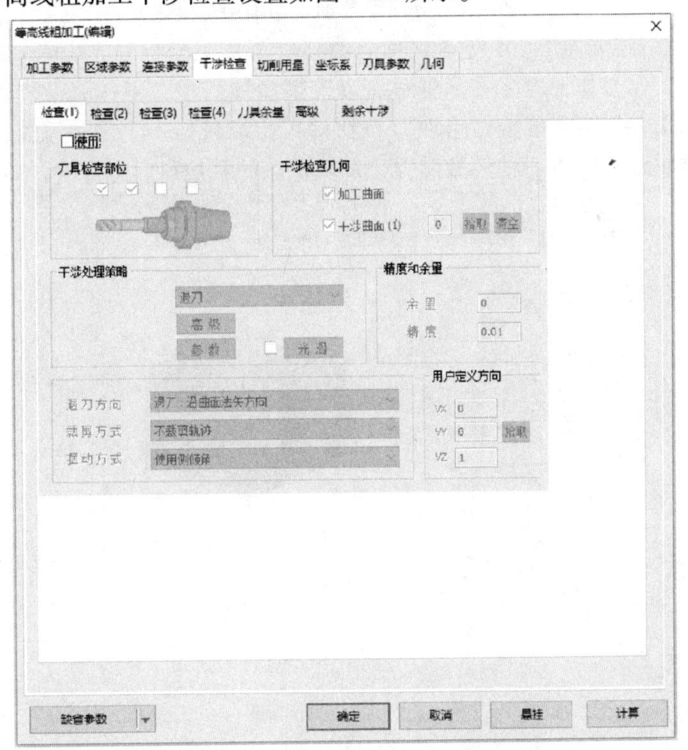

图 6-21　等高线粗加工干涉检查设置

5）切削用量：切削用量和刀具的切削用量一样，如果选择的刀具已经定义了缺省的切削用量，只需要单击“参考刀具速度”即可，如图 6-22 所示。

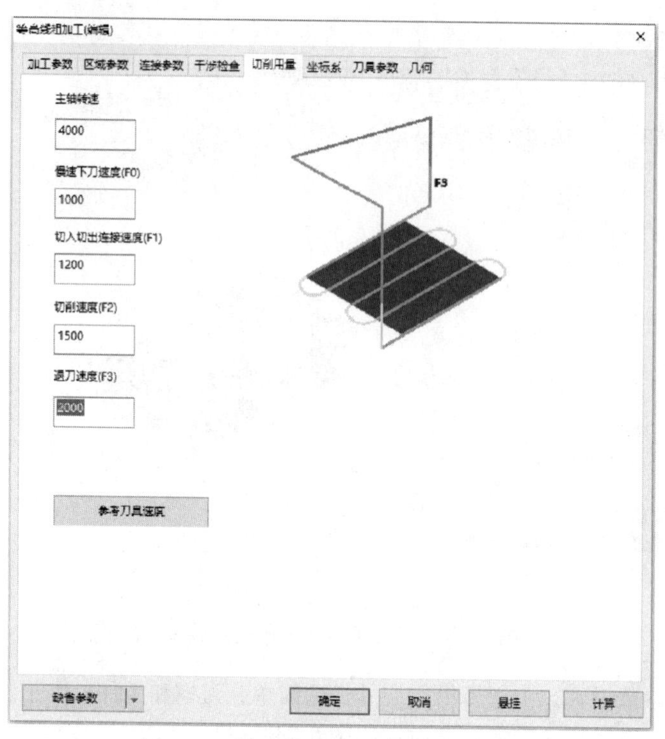

图 6-22　等高线粗加工切削用量设置

6）坐标系：就是建立加工坐标系，之前已经建立了加工坐标系，CAXA 制造工程师默认是以“. sys.（装卡）”作为加工坐标系，在海绵宝宝模型加工中，不作修改。也可以拾取别的坐标系作为加工坐标系，只需要单击“拾取”按钮即可拾取任何一个坐标系作为该轨迹的加工坐标系。还需要注意原点坐标和 Z 轴矢量设置，系统默认的就是我们想要的，如图 6-23 所示。

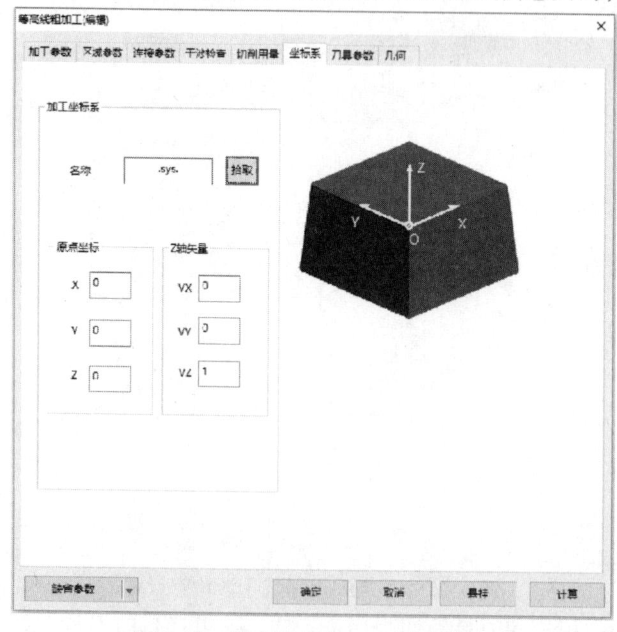

图 6-23　等高线粗加工坐标系设置

7）刀具参数：之前已经将刀具添加到刀具库了，只需要单击右下角的“刀库”就可以把之前建立好的 D10R0 刀具选择为等高线粗加工的切削刀具。也可以在等高线粗加工策略里临时建立刀具。如图 6-24 所示为等高线粗加工刀具参数设置。

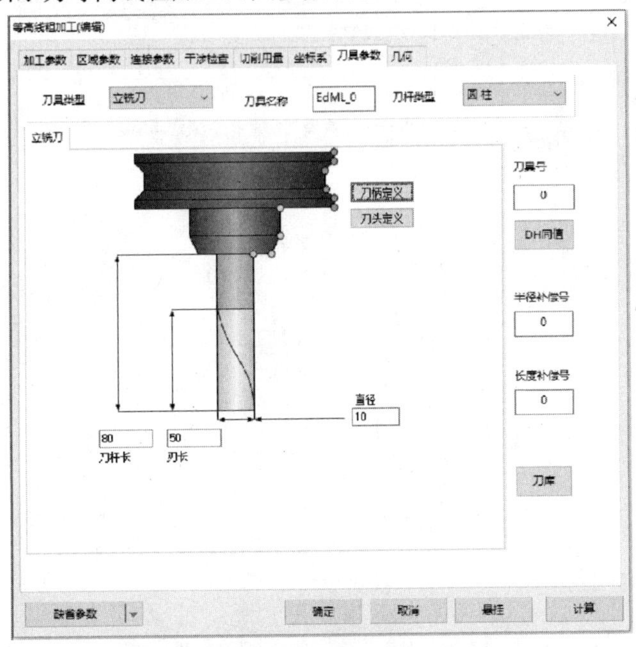

图 6-24　等高线粗加工刀具参数设置

8）几何：就是加工哪个工件，哪些曲面，即选择加工区域。选择加工区域是产生刀具轨迹的依据，并有防止过切的作用，这个是必须设置的，不选择加工区域，是不能生成刀具轨迹的。单击“加工曲面”，选择海绵宝宝模型即可，如图 6-25 所示。

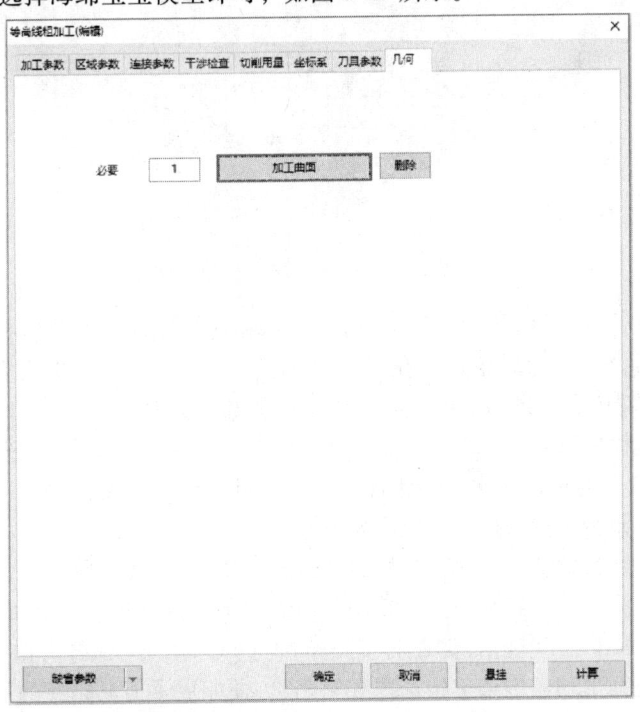

图 6-25　等高线粗加工几何设置

设置完所有的参数，单击“确定”就会弹出“加工参数已被改变，需要立即重新生成刀具轨迹吗?”询问窗口，如图6-26所示，单击“是(Y)”，就会生成刀具路径，如图6-27所示。

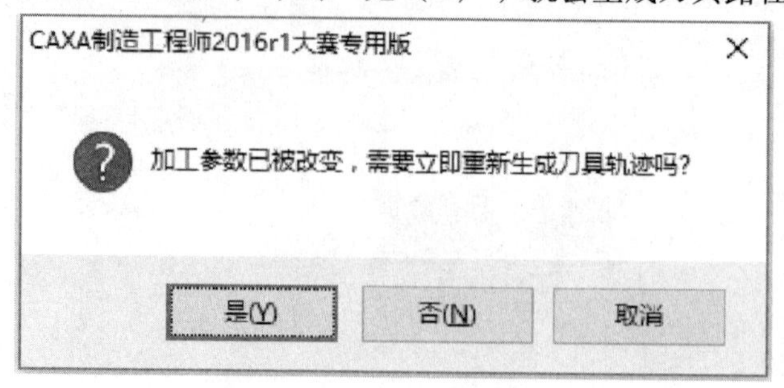

图6-26　等高线粗加工计算请求

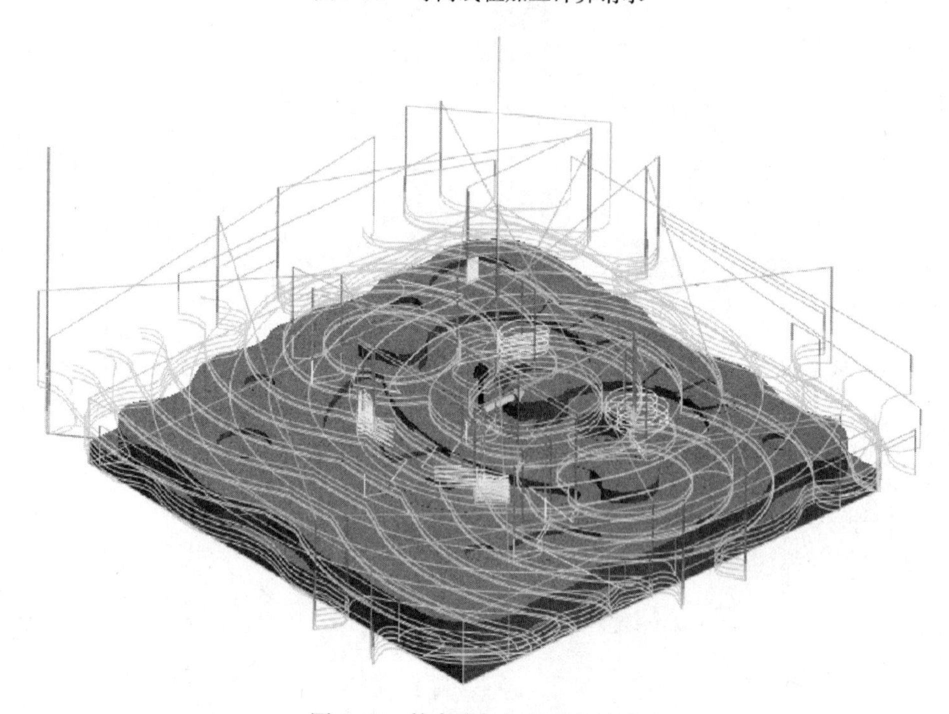

图6-27　等高线粗加工刀具轨迹

生成完刀具轨迹，可以用实体模拟查看切削过程和切削完成的结果。首先左键单击选择等高线粗加工这个刀具路径，然后单击“仿真”下面的“实体仿真”，进入实体仿真界面，单击“允许”按钮即可观看仿真结果和切削完成的结果，如图6-28所示。

完成粗加工，和模型比较后发现有些小的区域没有初加工，需要换一把直径比较小的刀具。把D10R0刀具没有加工的特征再次进行粗加工，这个过程就是经常说的二次开粗，或者继承毛坯粗加工。在CAXA制造工程师进行二次开粗很方便。

因为都是粗加工，参数基本一致，就是加工的刀具换为D2R0，所以只需要复制上次做好的等高线粗加工的刀具路径，复制过来就是复制了所有参数。具体操作如图6-29和图6-30所示：选择“1－等高线粗加工”，单击右键在右键菜单中选择“拷贝”，再次选择“1－等高线粗加工”并点击右键，在弹出的右键菜单中选择“粘贴”，便完成了刀具路径的复制。

完成程序的粘贴后，接下来只需要修改简单的参数就可以完成海绵宝宝模型的二次粗加工，

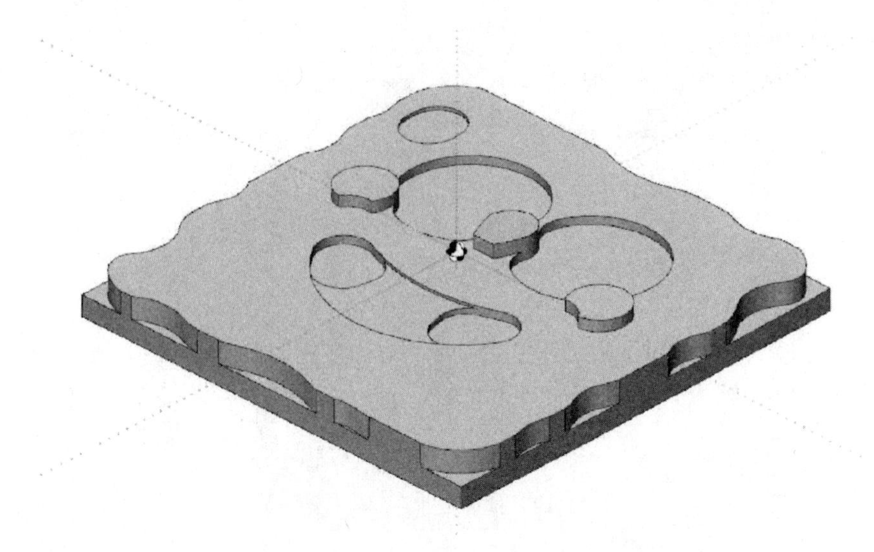

图 6-28　等高线粗加工刀具轨迹实体仿真

具体操作如下：双击“加工参数”弹出“等高线粗加工”编辑界面，切换到“刀具参数”选项卡选择刀库里的 D2R0 刀具，再切换到“区域参数”选项卡，在“补加工”选项卡的“使用”选项上打勾，填写正确的参数即可，如图 6-31 所示。

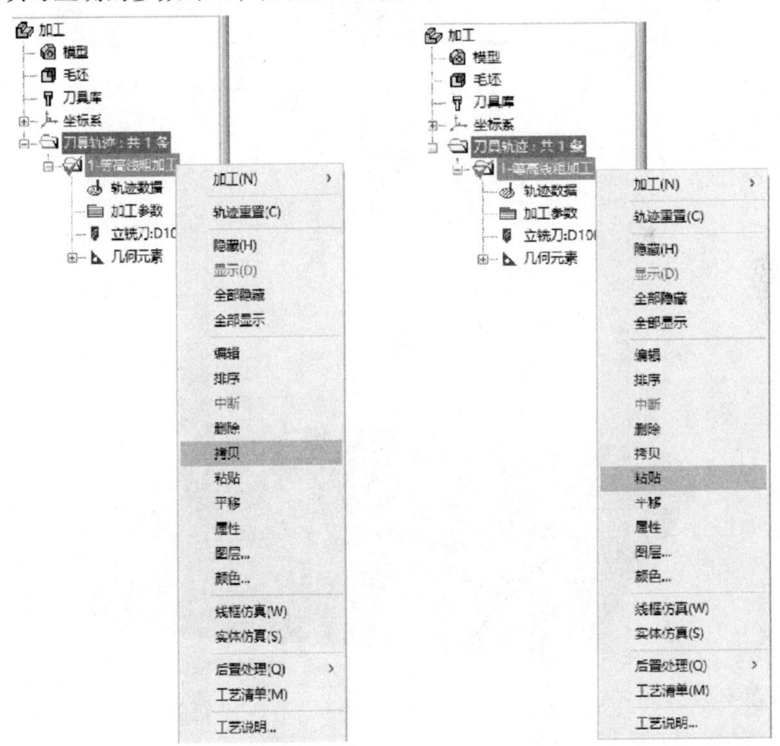

图 6-29　等高线刀具路径的复制　　　　图 6-30　等高线刀具路径的粘贴

设置完成后单击“确定”，计算刀具路径即可。等高线粗加工补加工刀具路径轨迹如图 6-32 所示。

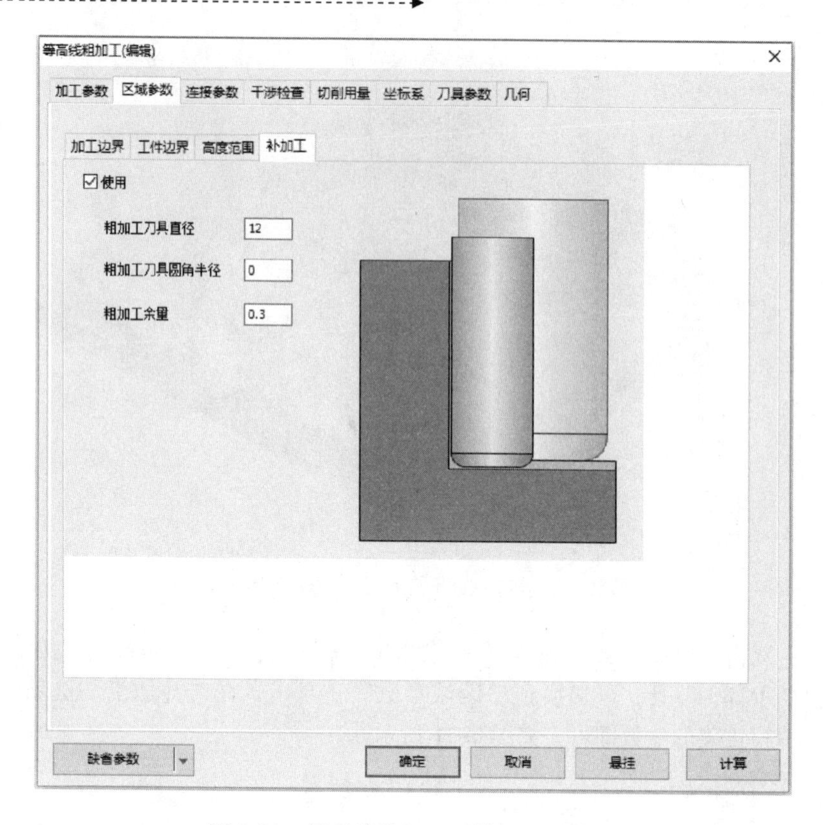

图 6-31　等高线粗加工“补加工”设置

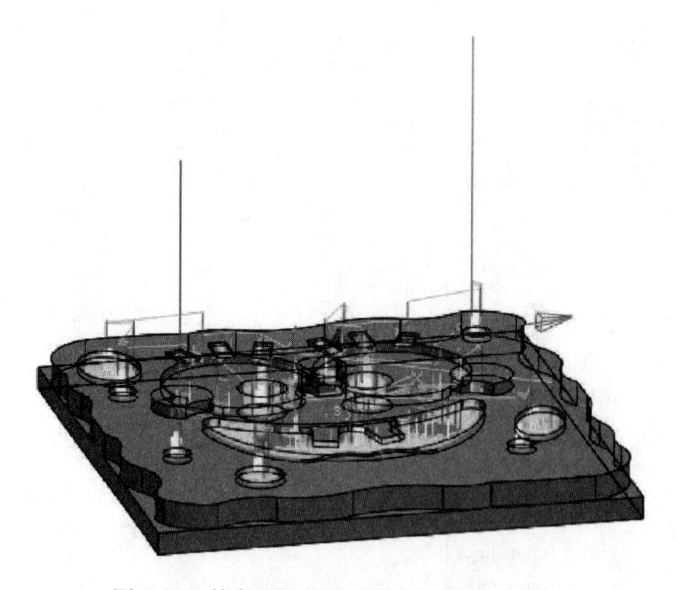

图 6-32　等高线粗加工“补加工”刀具轨迹

从图 6-32 中发现这粗加工的是 D10R0 刀具没有加工到的特征，刀路很整洁，进退刀都符合切削加工的要求。将 1－等高线粗加工和 2－等高线粗加工一起实体仿真，如图 6-33 所示。

至此完成了海绵宝宝的粗加工，所有被加工的表面都留有均匀的 0.3mm 的余量，待精加工。精加工分为垂直面的加工和平面的加工，根据加工工艺应该先加工垂直面再加工平面，由于工

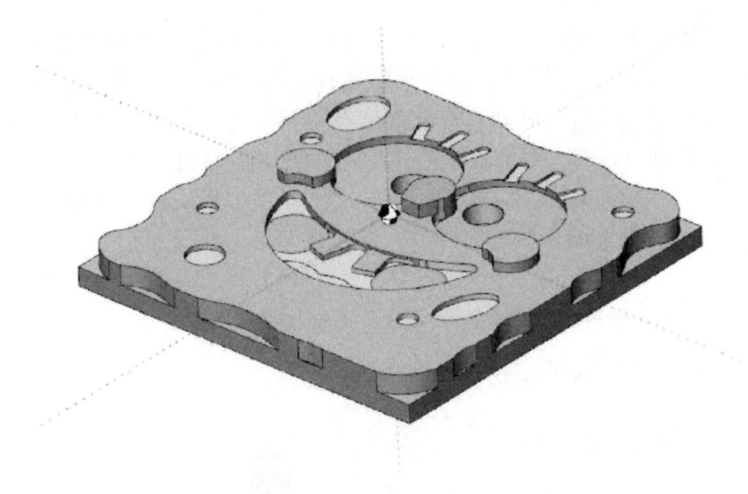

图6-33　等高线粗加工及补加工两次粗加工实体仿真

件比较小，精加工时全部选择D2R0刀具。

（2）等高线精加工

1）垂直面的精加工：对于垂直面的精加工，CAXA制造工程师提供了等高线精加工策略，等高线精加工主要针对陡峭面的加工，以等高的方式生成精加工轨迹。单击“加工”，在三轴加工策略中选择“等高线精加工”。弹出“等高线精加工（编辑）”对话框，如图6-34所示。

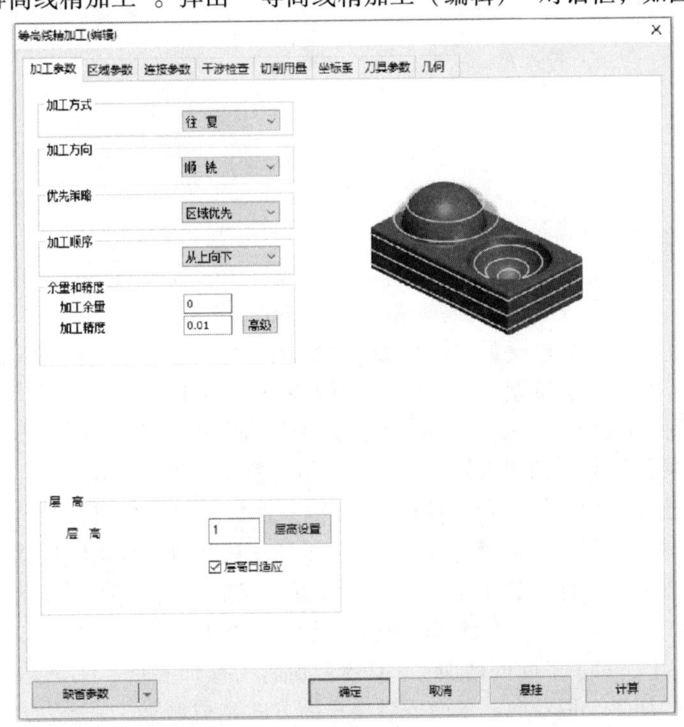

图6-34　“等高线精加工（编辑）”对话框

与等高线粗加工相同，等高线精加工的参数总共有8项，分别为：加工参数、区域参数、连接参数、干涉检查、切削用量、坐标系、刀具参数和几何。也就是说，只需要合理的设置这8项参数，即可完成等高线精加工的轨迹。等高线精加工和等高线粗加工参数基本一致。

加工参数中加工方式选择“螺旋”，优先顺序选择“区域优先”，把层高的“层高自适应”打开，这样系统会自动分层切削。最重要的设置是在连接参数中设置进退刀：切换到“行间连接”选项卡将小行间连接方式和大行间连接方式均切换为“抬刀到快速移动距离”，把小行间切入切出和大行间切入切出都切换到“切入/切出”，这样程序中所有的切入切出都会按照“切入参数”和“切出参数”所设置的参数进行加工。如图6-35所示。

图6-35　等高线精加工“行间连接”参数设置

2）切入参数和切出参数的设置：切入参数的选项切换为“水平相切圆弧”，参数设置为“长度/宽度”，由于海绵宝宝模型比较小，使用的刀具是D2R0，长度设置为“1”，宽度也为“1”，如图6-36所示，其余的切入参数都选择默认参数即可。切出参数和切入参数一样，CAXA制造工程师为了方便设置相同的切入切出参数，专门设置了“拷贝切出”和“拷贝切入”。那么切出参数只需要将选项卡切换到“切出参数”，单击“拷贝切出”即可。

选择加工刀具时直接调用刀具库的D2R0刀具即可，其余的参数使用默认参数，或者和等高线粗加工的参数设置方式一样，这里不再介绍。设置完成后单击“确定”会弹出计算程序的请求信息，然后单击“是”，程序计算刀具轨迹，等待轨迹计算完成，如图6-37所示。

3）平面的精加工：对于平面的精加工，CAXA制造工程师提供了平面精加工策略。平面精加工主要针对平面的加工，以双向、单向或者偏置的方式生成精加工轨迹。单击“加工”，在三轴加工策略中选择“平面精加工”，弹出“平面精加工（编辑）”对话框，如图6-38所示。

需要注意的是平面精加工只能加工平面，不能加工有曲率的面。由于海绵宝宝模型底面都是平面，因此可以使用平面加工策略。平面精加工的参数总共8项，分别为：加工参数，区域参数，连接参数，干涉检查，切削用量，坐标系，刀具参数和几何，也就是说只需要合理地设置这

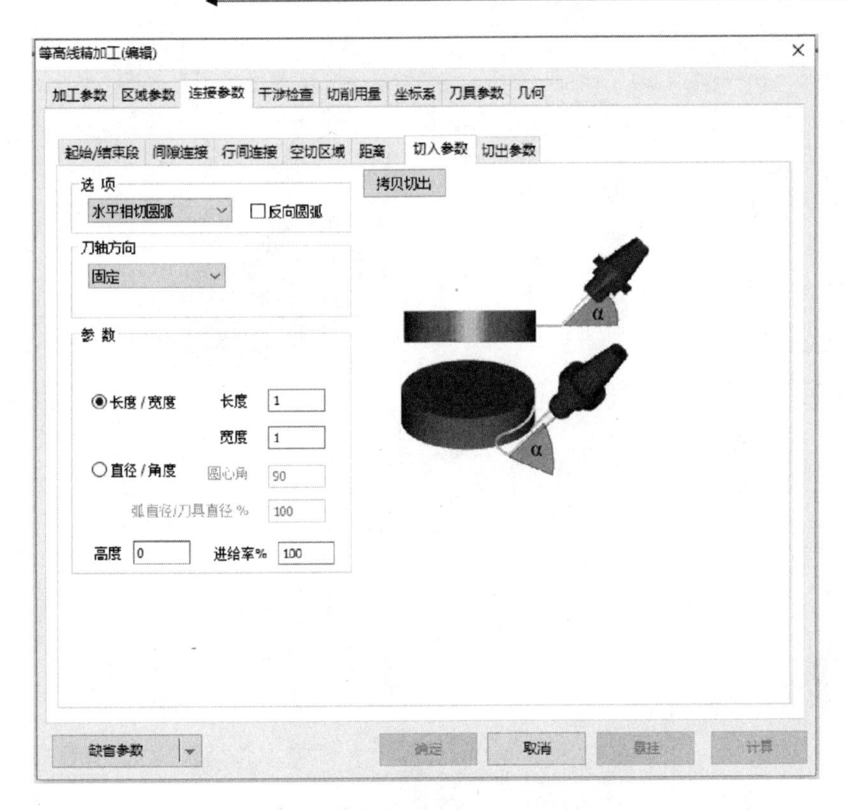

图 6-36　等高线精加工切入参数设置

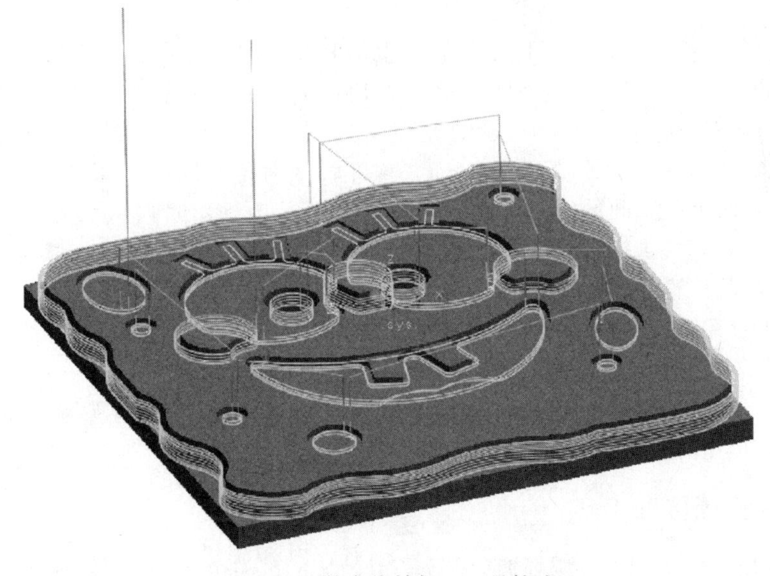

图 6-37　等高线精加工刀具轨迹

8 项参数，即可完成平面精加工的轨迹。平面精加工和等高线精加工参数基本一致，这 8 项参数不再做一一解释，只针对海绵宝宝模型加工需要注意的参数做一下解释。

4）刀具参数：刀具只需要选择已经添加到刀具库的 D2R0 刀具即可。切换到刀具参数选项卡后只需要单击右下角的“刀库”就可以把之前建立好的 D2R0 刀具选择为平面精加工的切削

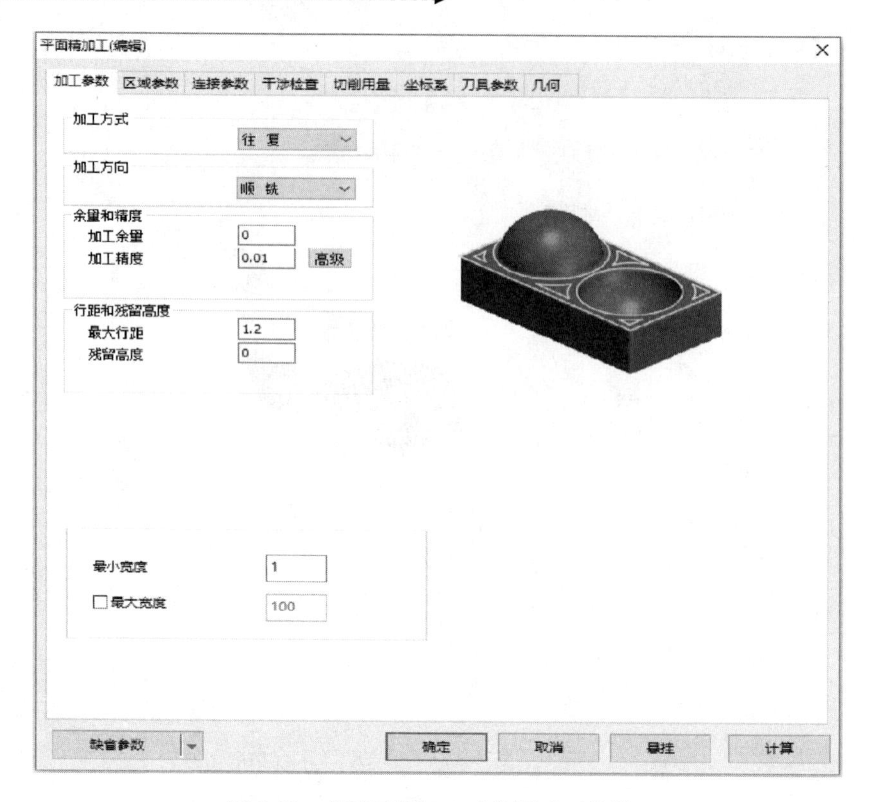

图 6-38 “平面精加工（编辑）”对话框

刀具。

5）连接参数：连接参数是保证刀具轨迹整洁和安全的重要参数，切换到间隙连接选项卡，将间隙阈值设置为“5”，小间隙连接方式切换为“直接连接”，大间隙连接方式切换为“抬刀到快速移动距离”。这样设置的原理是先用间隙阈值把区域区分开是小间隙还是大间隙，如果两个区域间的距离小于5mm，软件就认为是小间隙，采用小间隙连接方式：直接连接；如果两个区域间的距离大于5mm，软件就认为是大间隙，采用大间隙连接方式：抬刀到快速移动距离。这样设置的好处是优化了轨迹，减少移动路径，提高切削效率。平面精加工连接参数设置如图 6-39 所示。

其余参数都使用默认参数，当设置完成后单击“确定”，会弹出计算程序的请求信息，然后单击“是”，计算刀具轨迹，等待轨迹计算完成，如图 6-40 所示。

到此完成了所有刀具路径的生成。海绵宝宝的模型比较简单，仅仅需要 4 个简单的程序就可以完成海绵宝宝模型的加工。生成的刀具轨迹还需要验证其可靠性。

四、刀具轨迹仿真

生成了合理的刀具轨迹，还需要验证一下刀具轨迹的可靠性，主要是检查是否有过切漏切，是不是发生了碰撞等。CAXA 制造工程师 2016r1 大赛专用版集成了“实体仿真”功能，供用户在生成刀具轨迹之后验证轨迹的可靠性。选择 4 个刀具轨迹，单击实体仿真，进入实体仿真界面，单击“允许”按钮即可观看仿真结果和切削完成的结果，CAXA 制造工程师刀具轨迹实体仿真效果如图 6-41 所示。

图 6-39　平面精加工连接参数设置

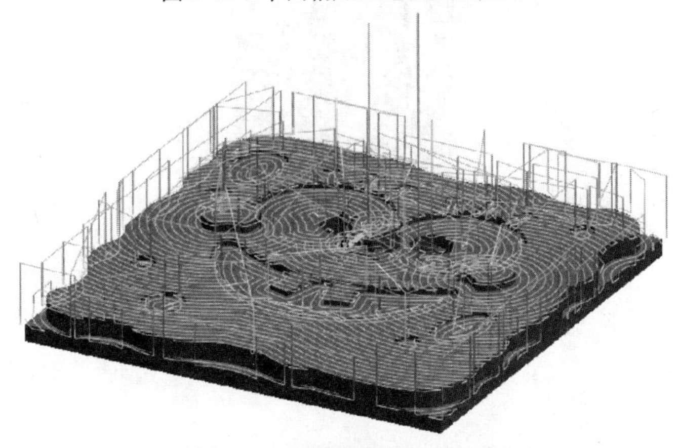

图 6-40　平面精加工刀具轨迹

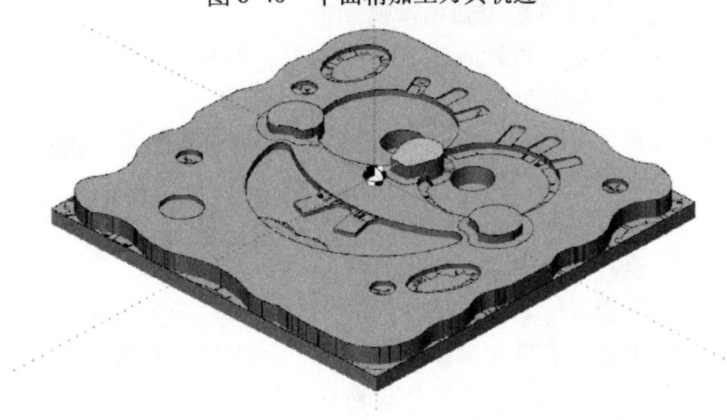

图 6-41　CAXA 制造工程师刀具轨迹实体仿真效果

五、后置处理生成程序

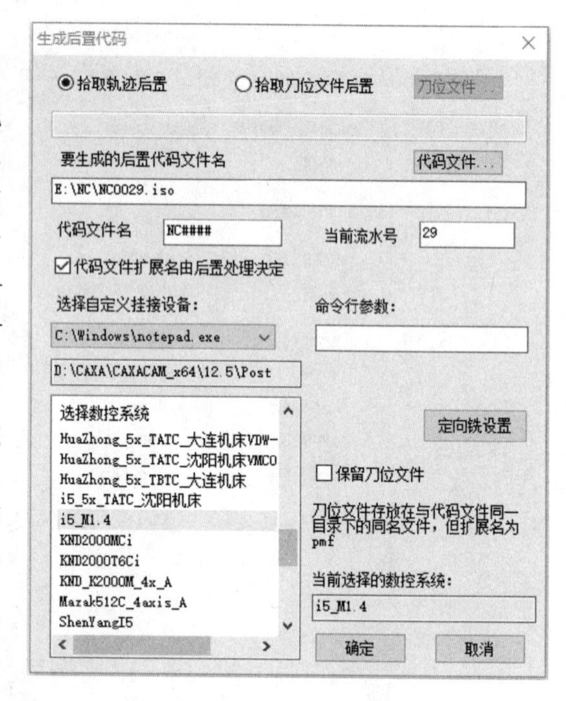

图 6-42　CAXA 后置处理

后置处理就是通过后置处理器把刀具轨迹转换为数控机床能识别的数控代码的过程。CAXA 制造工程师为用户提供了很多机床的后置处理，例如：i5_3x_TATC_沈阳机床、huazhong、Mazak512C_4axis_A、Siemens840D_5x_TATC_沈阳机床 VMC0656e、fanuc_18i_MB5 等。

单击“加工”工具栏上的“后置处理”按钮，弹出“生成后置代码”对话框。在“选择数控系统”列表框中选择“i5_M1.4”，在“要生成的后置代码文件名”文本框中输入“iso”。单击“确定”按钮，生成程序。CAXA 后置处理如图 6-42 所示。

由于程序较大，在此不再全文列出，可扫描二维码下载电子版程序。

注：扫描二维码可查看海绵宝宝模型、刀路轨迹及电子版程序

课后习题

一、填空题

1. 目前国内外比较流行的计算机辅助编程软件有：____________（至少写出 4 种）。

2. CAXA 制造工程师可以实现铣削加工，其中包括：两轴加工、________加工、________加工、________加工、________加工等。

3. CAXA 制造工程师可以直接导入很多格式的二维和三维图档，例如______________等（至少写出 5 种）。

4. 在 CAXA 制造工程师中系统自动创建的坐标系称为________，而用户也可以根据需要创建坐标系称为________。

5. CAXA 制造工程师全面支持 SIEMENS、FANUC 和 i5 等多种主流机床控制系统。其提供的后置处理器，无须生成中间文件就可直接输出________。不仅可以提供常见的数控系统的后置格式，用户还可以定义专用数控系统的后置处理格式。可生成详细的________，方便 G 代码文件的应用和管理。

6. CAXA 制造工程师 2016 r1 大赛版是一款集________和________于一体的软件，主要功能有零件几何建模、加工代码生成等。

7. CAD/CAM 技术的发展方向是________、________及________。

二、选择题

1. 计算机辅助制造的英文缩写是（　　）。

A. CAD　　B. CAM　　C. CAE　　D. CAPP

2. 铣削的主运动是（　　）。

A. 铣刀的旋转运动　　B. 铣刀的轴向运动　　C. 工件的水平移动　　D. 工件的旋转运动

3. CAXA 制造工程师中的等高线精加工一般用于（　　）。

A. 轮廓加工　　B. 平面加工　　C. 陡峭的曲面加工　　D. 平坦的曲面加工

4. CAXA 制造工程师中的等高线粗加工切削轨迹自适应主要用于（　　）。

A. 低速铣床　　B. 中速铣床　　C. 高速铣床　　D. 加工中心

5. CAXA 制造工程师 2016 r1 大赛版本提供了（　　）仿真模式（多选）。

A. 实体仿真　　B. 虚拟机床仿真　　C. 线框仿真　　D. 自定义机床仿真

6. 在进行数控编程时，交互指定加工图形时，如果加工是由轮廓界定的加工区域，这时候轮廓是（　　）的。

A. 封闭　　B. 不封闭　　C. 可封闭，也可不封闭

7. 在对型腔粗加工的时候，为了保护刀具，下/抬刀方式最好选择（　　）（多选）。

A. 螺旋　　B. 自动　　C. 直线　　D. 沿轮廓

8. 在 CAXA 制造工程师中，不需要加工的部分称为（　　）。

A. 区域　　B. 岛屿　　C. 轮廓　　D. 沿轮廓

9. 安全高度一般来说要（　　）零件的最大高度。

A. 高于　　B. 低于　　C. 等于　　D. 都可以

三、CAM 编程题

1. 如图 6-43 所示为摩擦圆盘模型零件，该结构是一个规整的圆形，下面底部是一个底座，用于装夹，上面是一个标准的类似可乐瓶底的结构，试用 CAM 软件生成完整程序（完整模型及程序，请扫描下方二维码，登录 i5 在线文库 http：//doc. i5cnc. com/下载）。

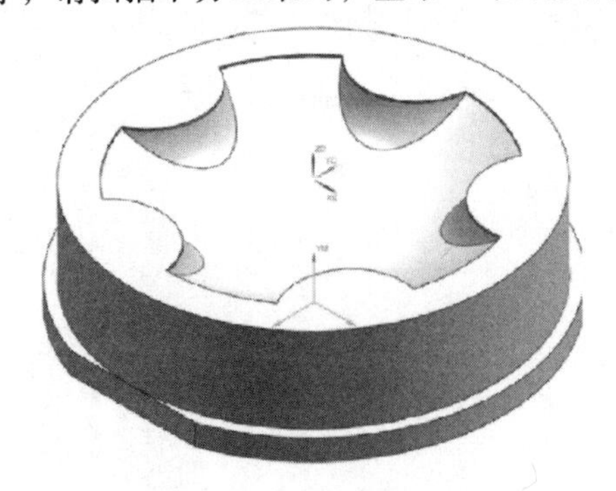

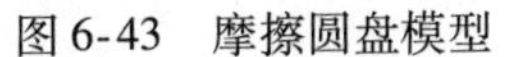

图 6-43　摩擦圆盘模型

注：扫描二维码可查看摩擦圆盘模型及电子版程序

2. 如图 6-44 所示为跳棋盘模型零件，该结构是一个规整的六边形，下面是一个底座，上面是一个标准的棋盘，试用 CAM 软件生成完整程序（完整模型及程序，请扫描下方二维码，登录 i5 在线文库 http：//doc. i5cnc. com/下载）。

图 6-44　跳棋盘模型

注：扫描二维码可查看跳棋盘模型及电子版程序

注：扫描二维码可查看课后习题答案

WIS（车间信息系统）

第1节　WIS简介

WIS（Workshop Information System）是沈阳机床股份有限公司上海研究院自主研发的一套面向机械加工领域，以制造业车间制造执行为主，涵盖信息采集、工厂管理等功能的车间信息系统。如图7-1所示，WIS系统可提供信息化管理解决方案和云端应用服务，可以帮助企业实现从管理层到生产执行层的有效结合，使企业运营、订单管理、生产安排、过程安排与工序流转等实现全流程管控。例如，通过登录WIS，车间管理人员可在计算机上实时掌握车间内实际生产情况，完成生产计划调度、统计等工作；车间工人可以在数控机床上获取工单与工艺图样，实现一键加工。

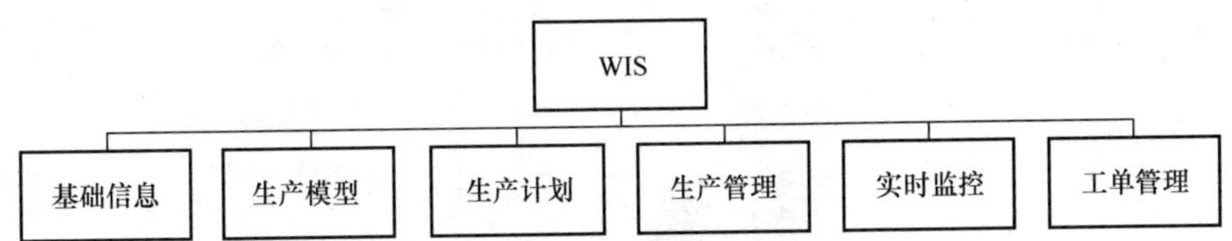

图7-1　WIS主要功能模块

传统的企业车间管理具有6大问题，见表7-1。

表7-1　传统的企业车间管理6大问题

序号	问题	详细说明
1	易出错	缺乏全面准确收集生产过程状态数据的手段，数据易遗漏、不一致甚至错误
2	易滞后	以日或者班次填报生产报表，不能实时查看当时生产状况
3	难考核	因为对生产过程的数据采集缺失与不准确，无法对人员做出基于实际绩效的量化考核
4	难追溯	生产过程中缺乏对产品、物料、机台、人员、工艺参数建立生产档案的手段，因此无法做到正反向追溯
5	难实时监控	监控力度为日或者班次，在设备不联网的情况下，难以对生产现场进行实时监控
6	处理效率低	人工统计记录，生产任务、工艺文件采用纸质进行下发，效率低下

WIS有效解决了以上6大难题，通过管理与优化从订单下达到产品完工的整个生产过程的软硬件集合，控制与利用准确的制造信息，对车间生产活动中的实时事件做出快速响应，同时向企业决策支持过程提供相关生产活动的重要信息，实现了企业生产管理的闭环管控与数据透明，可有效节约成本并增加收益，提升企业的市场竞争力。WIS生产流程和WIS的特点如图7-2、图7-3所示。

WIS有3种部署方式，如图7-4所示。第一种本地WIS是在用户本地建设私有数据管理中心，适用于由于技术、法规、用户意愿等原因无法进行互联网连接的场合。第二种云端WIS则是将i5接入isesol平台，在云端运行解决方案，适用于小型、非定制通用需求的用户。第三种是WIS在isesol平台与本地协同运行，可将WIS业务功能简单地跨平台运行。

工艺办公室
研发&工艺
刀夹具办公室
夹具管理
采购
物料仓库
物料管理
入库
支付
车间线路
订单签订
生产计划
人员及设备调度
加工
检验&打标
分析&统计
车间生产办公室

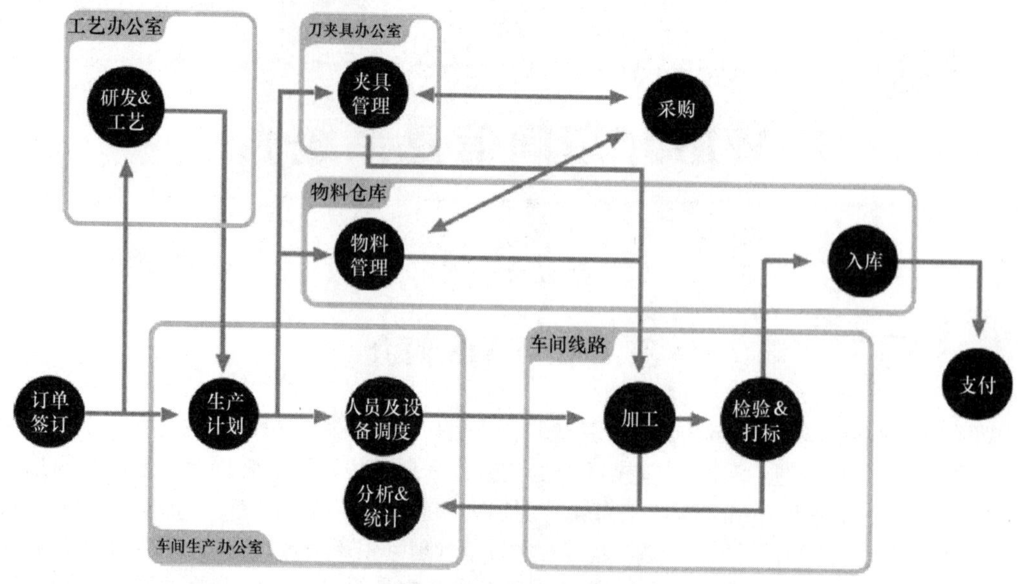

图 7-2　WIS 生产流程

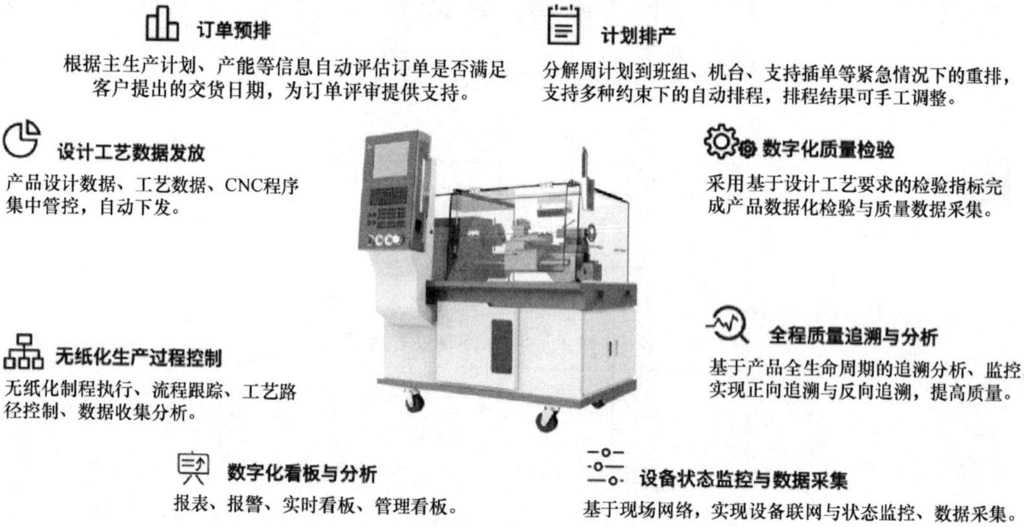

订单预排
根据主生产计划、产能等信息自动评估订单是否满足客户提出的交货日期，为订单评审提供支持。
计划排产
分解周计划到班组、机台、支持插单等紧急情况下的重排，支持多种约束下的自动排程，排程结果可手工调整。
设计工艺数据发放
产品设计数据、工艺数据、CNC程序集中管控，自动下发。
数字化质量检验
采用基于设计工艺要求的检验指标完成产品数据化检验与质量数据采集。
全程质量追溯与分析
基于产品全生命周期的追溯分析、监控，实现正向追溯与反向追溯，提高质量。
无纸化生产过程控制
无纸化制程执行、流程跟踪、工艺路径控制、数据收集分析。
数字化看板与分析
报表、报警、实时看板、管理看板。
设备状态监控与数据采集
基于现场网络，实现设备联网与状态监控、数据采集。

图 7-3　WIS 的特点

isesol
WIS
WIS
i5
i5
i5
WIS
其他
i5
i5
i5
i5
WIS
其他
i5
i5
i5

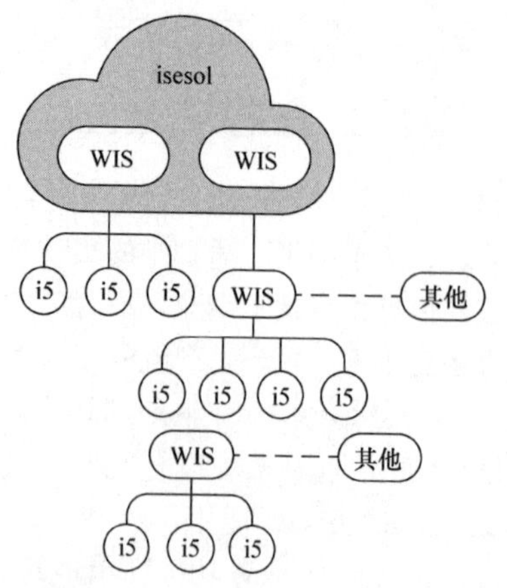

图 7-4　WIS 部署方式示意图

第 2 节 WIS 功能介绍

WIS 根据车间角色进行功能划分，包括制造数据基础信息、生产模型管理、供应商管理、订单管理、生产计划、生产管理、系统维护、生产看板、现场管理和实时监控 10 大功能模块，此外还包括安装在加工终端设备上的工单管理模块。WIS 涵盖工艺、计划、物料、生产、仓库、质量、车间管理以及系统管理等多个角色，对每个角色及功能进行定义，使得各个角色的用户只关注与自身工作相关的功能。例如，工艺员只需要在计算机上根据零件特点对零件进行分类，将相应的加工程序、工艺方案上传至 WIS，而生产员在计算机上查看车间的实际生产状况后，只需创建出符合生产状况的批次计划、生产任务与工单，系统会根据机台的实际类型自动将工单下发至符合类型的机台，然后由机床操作人员选择工单加工并进行报工。WIS 使用流程如图 7-5 所示。

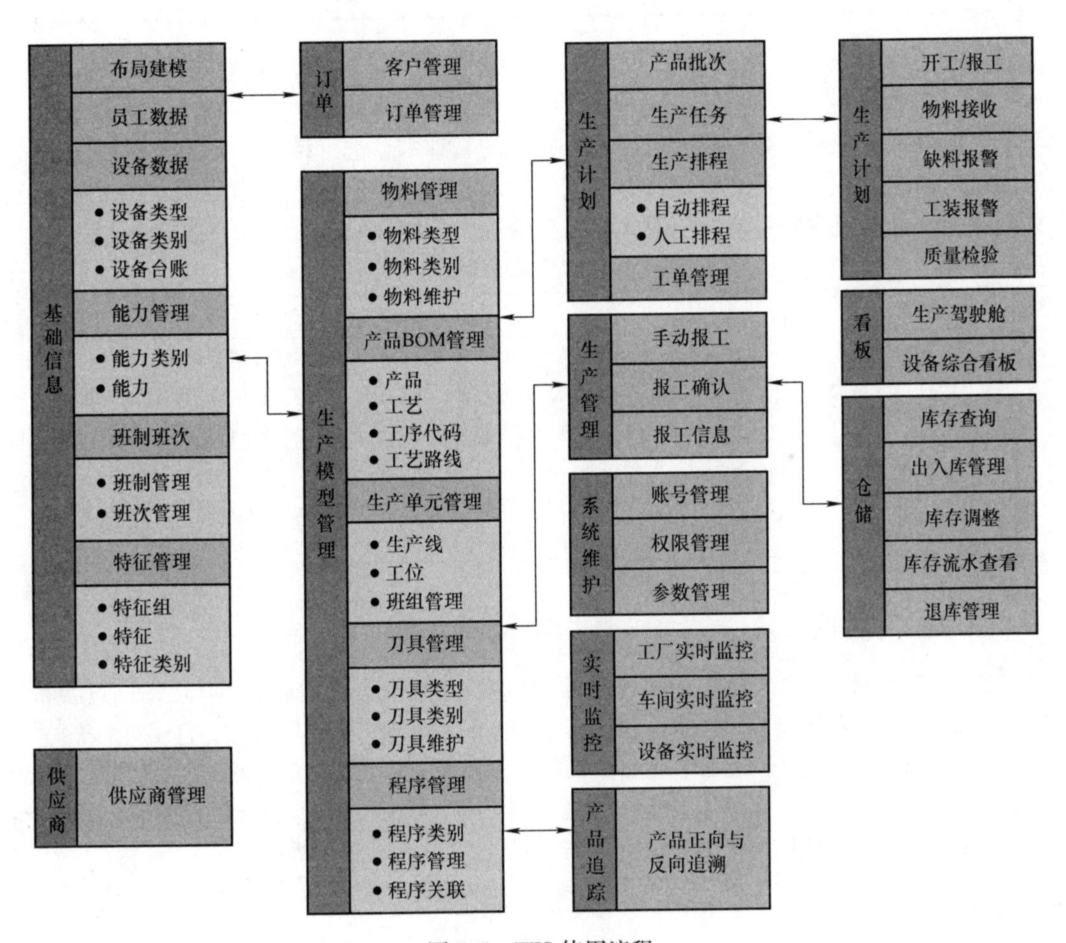

图 7-5 WIS 使用流程

一、制造数据基础信息

制造数据基础信息是 WIS 的基础功能，需要在 WIS 运行前建设完成，主要用来搭建企业组织与设备。该模块的各项功能见表 7-2。

表 7-2　制造数据基础信息模块功能说明

序号	模块	详细说明
1	布局建模	建立工厂组织单元与设备可视化图形界面，动态展示生产过程中的信息
2	员工数据	对企业员工信息进行统一管理，可以为每一个员工添加姓名、编号、部门、照片等相应信息，实现员工名单的信息化
3	设备数据	建立基于企业的设备名录，通过设置设备类别与设备类型，录入企业现有的制造设备，形成设备台账，便于企业进行设备统一管理
4	能力管理	企业制造能力的整体管理，对于能力的类别进行增加与删除，配合制造能力的不断提升进行编辑优化
5	班制班次	工作时间安排管理，对班制与班次信息进行新增、修改、删除、查询等操作，维护班制下的班次信息与班次下的人员信息
6	特征管理	在人员、设备、工序、库房等业务对象上扩展自定义的属性，满足企业对这些业务对象信息的扩展

二、生产模型管理

生产模型管理主要是对产品工艺与设备物料的基础信息进行维护，尤为重要的是产品工艺的信息维护。WIS 提供了比较完善的工艺管理及生产 BOM 功能，同时提供了数控加工程序管理功能，可实现数据程序的集中式网络化管理。该模块的各项功能见表 7-3。

表 7-3　生产模型管理模块功能说明

序号	模块	详细说明
1	物料管理	对企业现有物料的类型、类别进行管理，形成物料清单进行维护
2	产品 BOM 管理	维护企业可生产的产品物流清单，并对工艺、工序代码、工艺路线进行维护
3	生产单元管理	企业可对生产单元进行维护操作，包括工位、生产线、班组的新增、修改、删除、查询操作，包括所属的人员信息、设备信息与班制信息
4	刀具管理	对生产过程中使用的刀具按照类型与类别进行登记，形成刀具管理列表
5	程序管理	对加工工序进行分类并形成列表，设置程序关联管理列表

三、监控与看板

监控与看板模块提供综合信息的实时查看，不仅能查看到三维展示的工厂、车间设备布局，还能实时监控到设备状态与加工信息，包括正常、停机、故障、脱机等状态。各模块的维护人员可以根据实际需求查询到生产任务、物料、设备、库存等工厂动态信息，此外还可以查询设备信息，包括设备当前状态、设备基本信息、设备统计信息、设备故障、维修保养和设备成本分析等。监控与看板模块的功能说明见表 7-4，监控与看板模块如图 7-6 所示。

表 7-4　监控与看板模块功能说明

序号	模块	详细说明
1	生产驾驶舱	观看车间内生产现场的总体信息汇总
2	设备综合看板	查看生产任务的进度，并以图形列表方式显示
3	实时监控	通过工厂布局的图形化界面，查看工厂、车间与设备的实时状况，包括设备停开机与运行状况、车间加工信息等内容

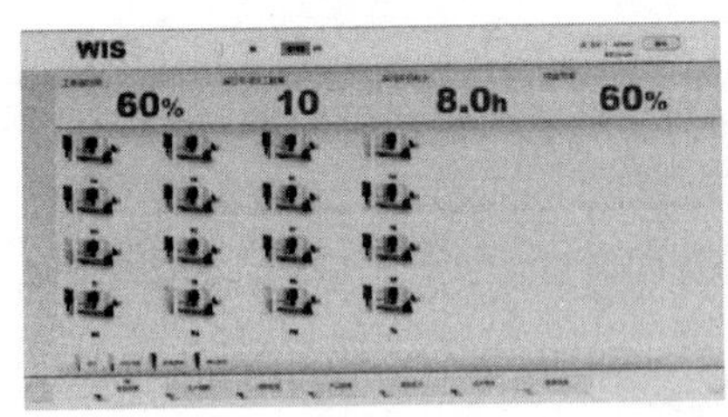

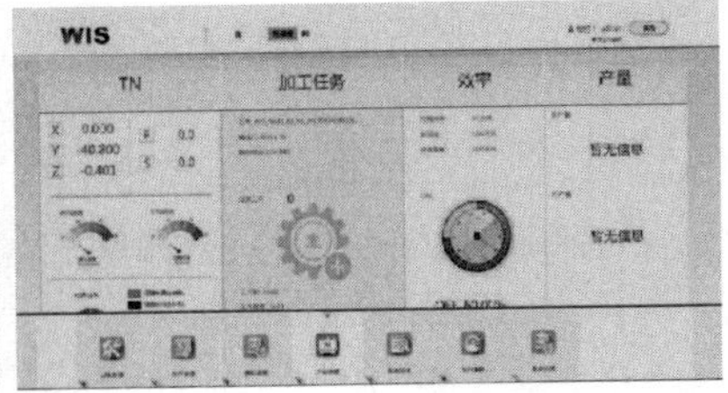

图 7-6　监控与看板模块

四、生产计划

生产计划模块主导了整个系统的业务流程，在企业接到订单后，生产计划模块负责将订单分解并制订生产计划，还可对执行结果进行跟踪，维持生产的基本运转。生产计划模块功能说明见表 7-5，生产计划模块如图 7-7 所示。

表 7-5　生产计划模块功能说明

序号	模块	详细说明
1	产品批次	企业自定义不同产品批次，实现产品多批次管理
2	生产排程	通过自动或人工方式进行生产排程，生成工单与子工单信息，指导加工生产过程
3	生产任务	创建生产任务并指定生产加工的相关信息 查看与维护生产任务所对应的物料清单、工装清单信息
4	工单管理	管理工单信息的下发、打印、查询等，并实时查看订单进度情况

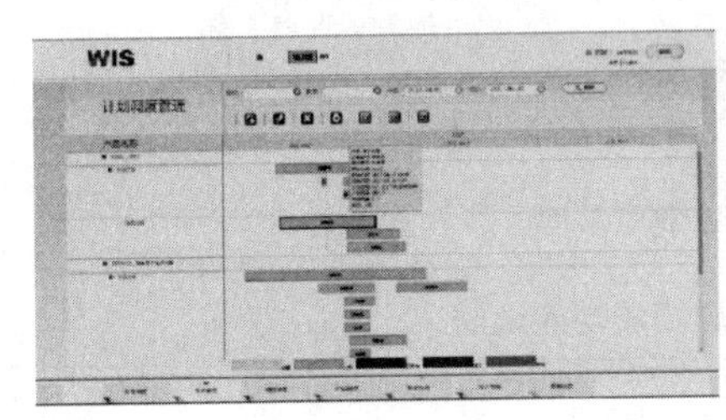

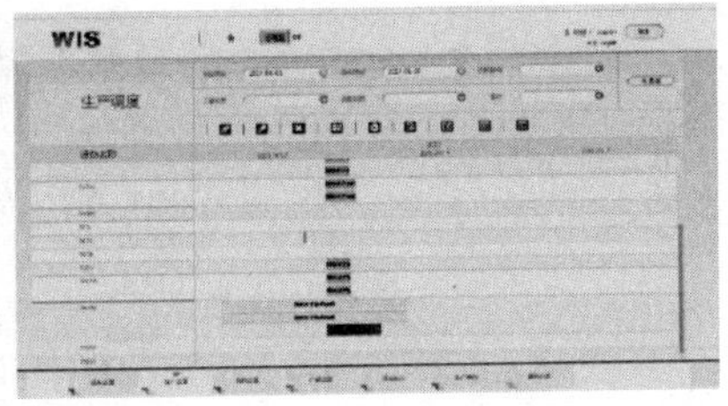

图 7-7　生产计划模块

五、生产管理

生产管理模块包含报工信息、报工确认和手动报工功能，主要对当前已报工工单进行管理。生产管理模块功能说明见表 7-6，生产管理模块如图 7-8 所示。

表 7-6　生产管理模块功能说明

序号	步骤	详细说明
1	报工信息	显示所有工单的报工信息
2	报工确认	管理者对报工信息进行确认操作
3	手动报工	在生产过程中通过手动报工功能进行生产工单的报工操作

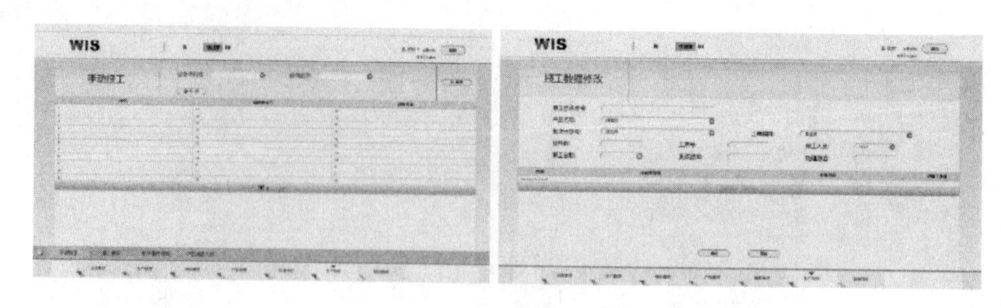

图 7-8　生产管理模块

六、工单管理

工单管理是一个综合管理工具，安装在终端加工设备上，配合对接上层的 WIS，使工人在生产中能直接与上层管理进行交流互动。工人可直接在终端设备的操作界面进行接收任务工单、下载或上传加工程序、查看工艺图样、报工和质检等操作。工单数据传输如图 7-9 所示。

这些操作功能集成在终端加工设备中，无须通过其他的外置终端设备来实现，可以节约成本、提升效率，实现无纸化管理，以及生产信息的实时化、透明化。该模块的功能说明见表 7-7，“工单管理”模块如图 7-10 所示，“程序管理”模块如图 7-11 所示。

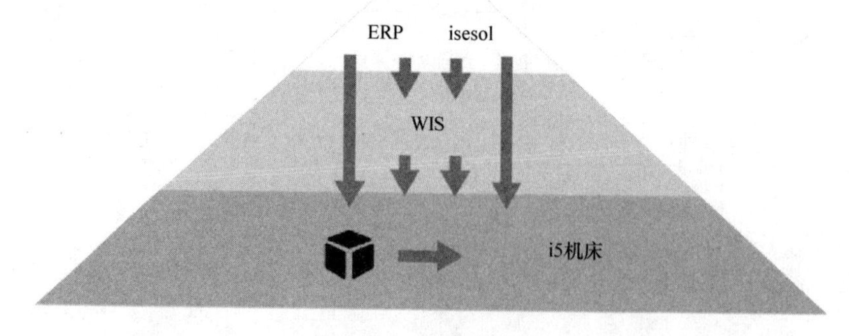

图 7-9　工单数据传输

表 7-7　工单管理模块功能说明

序号	步骤	详细说明
1	工单管理	实时获取加工任务 支持向上进行自动报工 可查看工单的图样及工艺卡片 支持自动下载/加载加工程序 支持多种不同类型的手动报工
2	程序管理	支持在线的零件工艺库 支持指定程序的下载/上传功能 支持查看零件的工艺图样
3	质检管理	支持对工单分批质检 支持对检测样本的管理 每个检验项支持多个测量点 支持无线连接测量设备

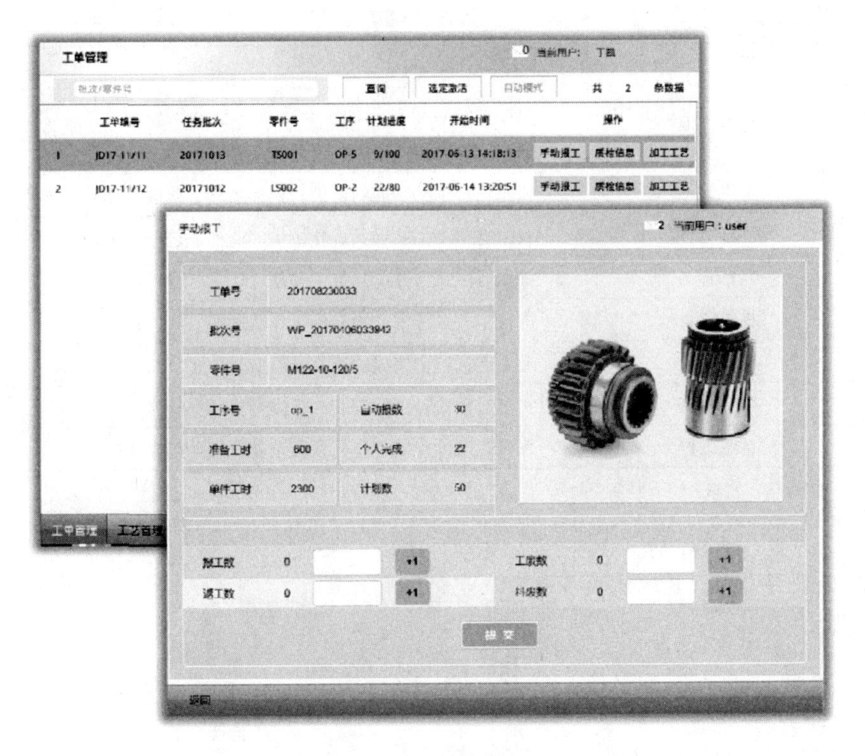

图 7-10　“工单管理”模块

图 7-11　“程序管理”模块

七、其他模块

此外 WIS 还有订单管理、供应商管理、现场管理、系统维护等模块辅助生产及系统维护。其他模块的功能说明见表 7-8。

表 7-8 其他模块功能说明

序号	模块	详细说明
1	订单管理	企业销售订单列表的维护操作，包括销售订单的新增、修改、删除、查询
2	客户管理	企业客户信息列表的维护，包括新增、修改、删除、查询
3	供应商管理	对原材料、工装夹具、外协供应商列表进行维护操作
4	开工/报工	操作者可执行开工、报工操作
5	物料接收	进行生产过程中的物料接收确认操作
6	质量检验	对生产过程中完成的成品进行质量检验
7	工装报警	实现对需要补充的工装夹具进行报警操作
8	系统维护	账号管理，权限管理，设置企业应用功能模块

⚠注意

WIS 界面仅供示意，具体使用请以系统最新版本为准。

课后习题

一、选择题

1. 下列关于 WIS 的介绍错误的是（　　）。

A. WIS 是沈阳机床股份有限公司上海研究院自主研发的一套车间生产信息管理系统，面向的是机械加工领域

B. WIS 能提供车间管理解决方案和云端应用服务，实现企业运营、订单管理、生产安排、过程安排与工序流转的全流程管控

C. WIS 根据车间角色进行功能划分，例如车间工人可在计算机上实时掌握车间内实际生产情况，完成生产计划调度、统计等工作

2. 为解决车间生产管理问题，WIS 需要有效管理从订单下达到产品完工的整个生产过程，其中对于“难实时监控”这个问题，WIS 的哪个模块可以有效解决（　　）。

A. 生产管理　　B. 生产计划　　C. 工单管理　　D. 看板与监控

3. 如果用户无法进行互联网连接，并且有定制 WIS 的需求，那么可以实施的 WIS 部署方式是（　　）。

A. 在本地建设服务器，搭建本地 WIS

B. 将工厂加工设备接入 isesol 云平台，开通云端 WIS

C. 将 WIS 在 isesol 云平台与本地协同运行

4. WIS 运行之前，需要根据工厂基础数据信息进行工厂建模，WIS（　　）模块项目的功能是建立工厂组织单元与设备可视化图形界面，动态展示生产过程中的信息。

A. 布局建模　　B. 班制班次　　C. 物料管理　　D. 程序管理

5. （　　）属于生产模型管理的功能。

A. 对生产过程中完成的成品进行质量检验

B. 企业销售订单列表的维护操作，包括销售订单的新增、修改、删除、查询

C. 在生产过程中通过手动报工功能进行生产工单的报工操作

D. 生产过程中使用的刀具按照类型与类别进行登记，形成刀具管理列表

二、判断题

1. 用户在 WIS 的监控与看板模块中可实时监控到设备状态与加工信息，包括正常、停机、故障、脱机等状态。（　）

2. 工人在生产管理模块中可接收任务工单、下载或上传加工程序，还可查看工艺图样、报工和质检信息。（　）

3. 生产员在计算机上查看车间的实际生产状况后，创建出符合生产状况的批次计划、生产任务与工单，然后系统会根据机台的实际类型自动将工单下发至符合类型的机台，这些操作是在生产计划模块完成的。（　）

4. WIS 涵盖工艺、计划、物料、生产、仓库、质量、车间管理以及系统管理等多个项目，使得各个项目的工作人员只关注与自身工作相关的功能，这样分工明确，大大提高了工厂生产率。（　）

5. 除了本地化应用外，WIS 还能够给用户提供一个网络化云端的使用环境。用户可以根据自身的需求，将数据放在云端，实时监控生产，管理更加方便，同时可充分利用大数据带来的便利性。（　）

注：扫描二维码可查看课后习题答案

附　　录

附录 A　指令大全

地址	含义	编程及注释
T	刀具号	T...
D	刀具补偿号 用于某个刀具 T... 的补偿参数，D0 表示不使用刀补，一个刀具最多有 9 个 D 号	D...
F	进给速度 刀具/工件的进给速度，对应 G94 或 G95，单位分别为 mm/min 或 mm/r	F...
FA =	主轴和定位轴的定位速度 FA 始终为 G94 类型，单位为（°）/min 或 mm/min	FA =...
S	主轴转速，单位为 r/min	S...
G00	快速定位	G00 X... Y... Z...
G01	直线插补	G01 X... Y... Z... F...
G02	顺时针圆弧插补	圆心和终点： G02 X... Y... Z... I... J... K... F... 半径和终点： G02 X... Y... Z... CR =... F... 张角和圆心： G02 AR =... I... J... K... F... 张角和终点： G02 AR =... X... Y... Z... F...
G03	逆时针圆弧插补	G03...；其他同 G02
CIP	中间点圆弧插补	CIP X... Y... Z... IM =... JM =... KM =... F... *IM*、*JM*、*KM* 是中间点
CT	切线过渡圆弧插补	N10 ... N20 CT X... Y... Z... F... 圆弧，与前一段轮廓切线过渡
CIPD	三维圆弧插补	CIPD X... Y... Z... IM = ... JM = ... KM = ... F... 通过终点和中间点进行三维圆弧插补

（续）

地址	含义	编程及注释
POLY	多项式插补	三次多项式插补 POLY X = PM（Xe，a1，a2，a3）Y = PM（Ye，b1，b2，b3）Z = PM（Ze，c1，c2，c3）PT = n 五次多项式插补 POLY X = PM（Xe，a1，a2，a3，a4，a5）Y = PM（Ye，b1，b2，b3，b4，b5）Z = PM（Ze，c1，c2，c3，c4，c5）PT = n
AKIMA	AKIMA 样条插补	N10 AKIMA SPBN/SPBC/SPBT SPEN/SPEC/SPET X... Y... Z... N20 X... Y... Z... ...
NURBS	NURBS 样条插补	N10 NURBS X... Y... Z... SD =... PW =... N20 X... Y... Z... PW =... ... B 样条不需要指定开始和结束处的过渡方式
CUBIC	CUBIC 样条插补	N10 CUBIC SPBN/SPBC/SPBT SPEN/SPEC/SPET X... Y... Z... N20 X... Y... Z... ...
G22	顺时针螺旋线插补	G17 G22 X_ Y_ I_ J_ Z_ { K_ / Q_ / L_ / P_ } F_
G23	逆时针螺旋线插补	G17 G23 X_ Y_ I_ J_ Z_ { K_ / Q_ / L_ / P_ } F_
G04	暂停给定时间	G04 H...，单独程序段
G17	*XY* 平面	
G18	*ZX* 平面	
G19	*YZ* 平面	
G40	取消刀具半径补偿	
G41	调用刀具半径补偿，刀具在轮廓左侧移动	
G42	调用刀具半径补偿，刀具在轮廓右侧移动	
G54	第 1 个可设定零点偏移	
G55	第 2 个可设定零点偏移	
G56	第 3 个可设定零点偏移	
G57	第 4 个可设定零点偏移	
G58	第 5 个可设定零点偏移	

（续）

地址	含义	编程及注释
G59	第 6 个可设定零点偏移	
G540 ~ G599	第 7 到第 66 个可设定零点偏移	
G500	取消可编程框架	
G53	取消可设定框架和可编程框架	
TRANS	可编程平移	TRANS X... Y... Z... *X*、*Y*、*Z* 的值为零点偏移值，单独程序段
SCALE	可编程缩放	SCALE X... Y... Z... *X*、*Y*、*Z* 的值为缩放比例系数，单独程序段
ROT	可编程旋转	ROT X... Y... Z... 直接定义旋转角度进行旋转，单独程序段
MIRROR	可编程镜像	MIRROR X0 Y0 Z0 N10 G17 N20 MIRROR X0 在 G17 平面内以 *Y* 轴做镜像，单独程序段
ATRANS	附加的可编程平移	ATRANS X... Y... Z...
ASCALE	附加的可编程缩放	ASCALE X... Y... Z...
AROT	附加的可编程旋转	AROT X... Y... Z...
AMIRROR	附加的可编程镜像	AMIRROR X0 Y0 Z0
G70	英制尺寸（长度），F 不受影响	
G71	公制尺寸（长度），F 不受影响	
G90	绝对尺寸	
G91	增量尺寸	
G25	工作区下限	
G26	工作区上限	
WALIMON	工作区限制开始	
WALIMOF	工作区限制取消	
G74	多轴回参考点	G74 X10 Y10；经中间点 *X*10，*Y*10 回参考点
G740	单轴回参考点	G74 X0；*Y* 轴回参考点
G75	多轴回固定点	G75 X10 Y10；经中间点 *X*10，*Y*10 回固定点
G750	单轴回固定点	G75 X0；*Y* 轴回固定点
AP =	极坐标下的极角	
RP =	极坐标下的极半径	
G110	相对于上次编程点定义极点。G110 后的极坐标都是以这个极点为基准进行编程的	
G111	相对于当前的工件坐标系的零点定义极点	
G112	相对于最后有效的极点定义极点	

（续）

地址	含义	编程及注释
G94	直线进给速度，单位为 mm/min	N10 G94 F100 进给速度：100mm/min
G95	旋转进给速度，单位为 mm/r	N10 G95 F1.5 进给速度：1.5mm/r
M00	程序无条件暂停	
M01	程序有条件暂停	
M02	主程序结束，主轴停止	
M03	主轴顺时针旋转	
M04	主轴逆时针旋转	
M05	主轴停止	
M06	刀具更换	
M66	虚拟换刀	
M17	子程序结束	
M19	主轴定位	M19 SP...，单独程序段
M30	程序结束，复位到程序开始	
SPOS	主轴定位，单位为（°）	N10 SPOS =... N10 SPOS = ACP（11.1） N10 SPOS = ACN（11.1） 单独程序段
X	几何轴 X	
Y	几何轴 Y	
Z	几何轴 Z	
I	插补参数，圆弧插补时圆心的 X 轴坐标	参见 G02，G03
J	插补参数，圆弧插补时圆心的 Y 轴坐标	参见 G02，G03
K	插补参数，圆弧插补时圆心的 Z 轴坐标	参见 G02，G03
IM =	插补参数，圆弧插补时中间点的 X 轴坐标	参见 CIP，CIPD
JM =	插补参数，圆弧插补时中间点的 Y 轴坐标	参见 CIP，CIPD
KM =	插补参数，圆弧插补时中间点的 Z 轴坐标	参见 CIP，CIPD
AR =	圆弧插补张角	参见 G02 和 G03
CR =	圆弧插补半径	参见 G02 和 G03
CHF =	倒角，在两个轮廓之间插入给定长度的倒角	N10 X... Y... Z... CHF =... N11 X... Y... Z...
CHR =	倒角，在两个轮廓之间插入给定边长的倒角	N10 X... Y... Z... CHR =... N11 X... Y... Z...
RND =	圆角	N10 X... Y... Z... RND =... N11 X... Y... Z...
PT =	多项式插补时的参数范围	必须与 POLY 在同一程序段中
SD =	NURBS 样条次数	必须与 NURBS 在同一程序段中

（续）

地址	含义	编程及注释
PW =	NURBS 样条权重	参见 NURBS，必须与控制点在同一程序段中
H	暂停时间	必须与 G04 在同一程序段中
SP =	使用 M19 时的主轴定位角度	必须与 M19 在同一程序段中
AC	绝对坐标，既可用于旋转轴，也可用于线性轴	N10 G91 X10 Z = AC（20） *X* 为增量坐标，*Z* 为绝对坐标
IC	增量坐标，既可用于旋转轴，也可用于线性轴	N10 G90 X10 Z = IC（20） *X* 为绝对坐标，*Z* 为增量坐标
DC	绝对坐标，以最短路径逼近位置，用于旋转轴	参见 SPOS
MCALL	模态调用子程序	N10 MCALL SUBPROGRAM（ ）；模态调用一个子程序 …… N50 MCALL；取消模态调用
MSG（ ）	信息	N10 MSG（“MESSAGE TEXT”）；显示一条自定义的信息
G60	准停，模态有效	按照 G601 默认设置进行准停 N10 G60 N20 X... Y... Z...
G09	准停，非模态有效	按照 G601 默认设置进行准停 N10 G09 N20 X... Y... Z...
G601	到达精准停定位窗口后，程序段转换	指定运行到精准停窗口时，在拐角处短暂停顿后，转换到下一个程序段 N10 G601 N20 X... Y... Z...
G602	到达粗准停定位窗口后，程序段转换	指定运行到粗准停窗口时，在拐角处短暂停顿后，转换到下一个程序段 N10 G602 N20 X... Y... Z...
G64	连续路径运行，模态有效	运用 LOOK - AHEAD 算法对速度进行规划 N10 G64 X... Y... Z...
BRISK	直线加减速	N10 BRISK N20 X... Y... Z
SOFT	S 形加减速	N10 SOFT N20 X... Y... Z...
COMPON	微段压缩功能打开	
COMPOF	微段压缩功能关闭	

附录 B　标准螺纹螺距表

公称直径 d/mm	螺距 t/mm		钻头直径 d_z/mm
M1	粗	0.25	0.75
	细	0.2	0.8
M2	粗	0.4	1.6
	细	0.25	1.75
M3	粗	0.5	2.5
	细	0.35	2.65
M4	粗	0.7	3.3
	细	0.5	3.5
M5	粗	0.8	4.2
	细	0.5	4.5
M6	粗	1	5
	细	0.75	5.2
M8	粗	1.25	6.7
	细	1	7
		0.75	7.2
M10	粗	1.5	8.5
	细	1.25	8.7
		1	9
		0.75	9.2
M12	粗	1.75	10.2
	细	1.5	10.5
		1.25	10.7
		1	11
M14	粗	2	11.9
	细	1.5	12.5
		1.25	12.7
		1	13
M16	粗	2	13.9
	细	1.5	14.5
		1	15
M18	粗	2.5	15.4
	细	2	15.9
		1.5	16.5
		1	17
M20	粗	2.5	7.4
	细	2	17.9
		1.5	18.5
		1	19
M22	粗	2.5	19.4
	细	2	19.9
		1.5	20.5
		1	21
M24	粗	3	20.9
	细	2	21.9
		1.5	22.5
		1	23
M30	粗	3.5	26.3
	细	3	26.9
		2	27.9
		1.5	28.5
		1	29
M42	粗	4.5	37.3
	细	4	37.8
		3	38.9
		2	39.9
		1.5	40.5

参考文献

[1] 缪德建，顾雪艳．数控加工工艺与编程［M］．南京：东南大学出版社，2013.

[2] 陈为国，陈昊．FANUC 0i 数控铣削加工编程与操作［M］．沈阳：辽宁科学技术出版社，2010.

[3] 曹亚军．数控铣床及加工中心操作与编程疑难问答［M］．沈阳：辽宁科学技术出版社，2012.

[4] 吕斌杰，蒋志强，高长银，等．SIEMENS 系统数控铣床和加工中心培训教程［M］．北京：化学工业出版社，2012.

[5] 徐衡．数控铣床和加工中心工艺与编程诀窍［M］．北京：化学工业出版社，2015.

[6] 杜军．轻松掌握 FANUC 宏程序——编程技巧与实例精解［M］．北京：化学工业出版社，2011.

[7] 北京兆迪科技有限公司．UG NX 10.0 数控加工教程［M］．北京：机械工业出版社，2015.